길잡이

토목시공 기술사

장판지랑 암기법

권유동 • 김우식 • 이맹교 지음

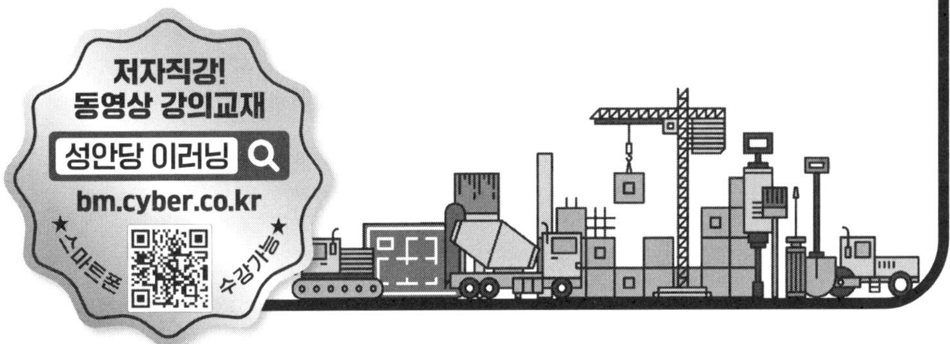

BM (주)도서출판 성안당

■ 도서 A/S 안내

성안당에서 발행하는 모든 도서는 저자와 출판사, 그리고 독자가 함께 만들어 나갑니다.

좋은 책을 펴내기 위해 많은 노력을 기울이고 있습니다. 혹시라도 내용상의 오류나 오탈자 등이 발견되면 **"좋은 책은 나라의 보배"**로서 우리 모두가 함께 만들어 간다는 마음으로 연락주시기 바랍니다. 수정 보완하여 더 나은 책이 되도록 최선을 다하겠습니다.

성안당은 늘 독자 여러분들의 소중한 의견을 기다리고 있습니다. 좋은 의견을 보내주시는 분께는 성안당 쇼핑몰의 포인트(3,000포인트)를 적립해 드립니다.

잘못 만들어진 책이나 부록 등이 파손된 경우에는 교환해 드립니다.

저자 문의 : acpass@daum.net, sadangpass@naver.com

본서 기획자 e-mail : coh@cyber.co.kr(최옥현)

홈페이지 : http://www.cyber.co.kr 전화 : 031) 950-6300

머리말

현대를 살아가는 이들에게는 국제·세계화·정보화가 필연적이다. 이러한 무한경쟁에서 앞서가기 위해서는 자신의 실력을 연마하고 노력하는 자세가 꼭 필요하다 하겠다.

건설업에 종사하는 기술인들에게는 이제 기술사 취득이 더 이상 선택요건이 아닌 필수요건이 되어가고 있다.

이에 바쁜 일상생활에서 좀 더 효율적으로 공부하기 위해 기술사 준비의 핵심을 정리하여 기술사 취득에 도움이 되고자 이 책을 발간한다.

그간 공부와 자격증 취득에 필요성을 느끼고 있으면서 시간의 제약 때문에 많은 시간을 할애하지 못한 분들과 장기간 공부를 하면서 핵심을 제대로 간파하지 못하여 자격증 취득이 늦어지고 있는 분들을 위하여 단기간에 기술사 준비를 완성할 수 있도록 하는 것이 이 책의 목적이다.

학원과 인터넷 강의 및 이 책의 내용을 함께 습득한다면 최대한 빠른 시일 내에 자격증을 취득할 수 있을 것이다. 따라서 이 책이 학습의 편의를 위해 꼭 필요하다고 생각한다.

✎ 이 책의 특징

1. 토목시공기술사 길잡이 중심의 요약·정리
2. 각 공종별로 핵심사항을 일목요연하게 전개
3. 암기를 위한 기억법 추가
4. 강사의 다년간의 Know-How 공개
5. 주요 부분의 도해화로 연상암기 가능

끝으로 현장 실무와 공법 상세에 대해 감수해주신 오광영 교수님을 비롯하여 이 책을 발간하기까지 도와주신 주위의 여러분들과 성안당 이종춘 회장님 및 편집부 직원분들의 노고에 감사드리며, 이 책이 출간되도록 허락하신 하나님께 영광을 돌린다.

저자 일동

출제기준

■ 필기시험

직무분야	건설	중직무분야	토목	자격종목	토목시공기술사	적용기간	2023. 1. 1.~ 2026. 12. 31.

직무내용 : 토목시공분야의 토목기술에 관한 고도의 전문지식과 실무경험에 입각한 계획, 연구, 설계, 분석, 시험, 운영, 시공, 평가 또는 이에 관한 지도, 건설사업관리 등의 기술업무를 수행하는 직무이다.

검정방법	단답형/주관식 논문형	시험시간	400분(1교시당 100분)

시험과목	주요 항목	세부항목
시공계획, 시공관리, 시공설비 및 시공기계 그 밖의 시공에 관한 사항	1. 토목건설사업관리	1. 건설사업관리계획 수립 2. 공정관리, 건설품질관리, 건설안전관리 및 건설환경관리 3. 건설정보화기술 4. 시설물의 유지관리
	2. 토공사	1. 토공시공계획 2. 사면공, 흙막이공, 옹벽공, 석축공 3. 준설 및 매립공 4. 암 굴착 및 발파
	3. 기초공사	1. 지반 조사 및 분석 2. 기초의 시공(지반안전, 계측관리) 3. 지반개량공 4. 수중구조물시공
	4. 포장공사	1. 포장시공계획 수립 2. 연성재료포장(아스팔트콘크리트포장) 3. 강성재료포장(시멘트콘크리트포장) 4. 도로의 유지 및 보수관리
	5. 상하수도공사	1. 시공관리계획 2. 상하수도시설공사 3. 상하수도관로공사
	6. 교량공사	1. 강교 제작 및 가설 2. 콘크리트교 제작 및 가설 3. 특수 교량 4. 교량의 유지관리
	7. 하천, 댐, 해안, 항만공사, 도로	1. 하천시공 2. 댐시공 3. 해안시공 4. 항만시공 5. 시공계획 6. 시설공사
	8. 터널 및 지하공간	1. 터널계획 2. 터널시공 3. 터널계측관리 4. 터널의 유지관리 5. 지하공간
	9. 콘크리트공사	1. 콘크리트 재료 및 배합 2. 콘크리트의 성질 3. 콘크리트의 시공 및 철근공 4. 특수 콘크리트 5. 콘크리트구조물의 유지관리
	10. 토목시공법규 및 신기술	1. 표준시방서/전문시방서 기준 및 관련 사항 2. 주요 시사이슈 3. 기타 토목시공 관련 법규 및 신기술에 관한 사항

■ 면접시험

직무분야	건설	중직무분야	토목	자격종목	토목시공기술사	적용기간	2023. 1. 1.~ 2026. 12. 31.

직무내용 : 토목시공분야의 토목기술에 관한 고도의 전문지식과 실무경험에 입각한 계획, 연구, 설계, 분석, 시험, 운영, 시공, 평가 또는 이에 관한 지도, 건설사업관리 등의 기술업무를 수행하는 직무이다.

검정방법	구술형 면접시험	시험시간	15~30분 내외

시험과목	주요 항목	세부항목
시공계획, 시공관리, 시공설비 및 시공기계 그 밖의 시공에 관한 전문지식/기술	1. 토목건설사업관리	1. 건설사업관리계획 수립 2. 공정관리, 건설품질관리, 건설안전관리 및 건설환경관리 3. 건설정보화기술 4. 시설물의 유지관리
	2. 토공사	1. 토공시공계획 2. 사면공, 흙막이공, 옹벽공, 석축공 3. 준설 및 매립공 4. 암 굴착 및 발파
	3. 기초공사	1. 지반조사 및 분석 2. 기초의 시공(지반안전, 계측관리) 3. 지반개량공 4. 수중구조물시공
	4. 포장공사	1. 포장시공계획 수립 2. 연성재료포장(아스팔트콘크리트포장) 3. 강성재료포장(시멘트콘크리트포장) 4. 도로의 유지 및 보수관리
	5. 상하수도공사	1. 시공관리계획 2. 상하수도시설공사 3. 상하수도관로공사
	6. 교량공사	1. 강교 제작 및 가설 2. 콘크리트교 제작 및 가설 3. 특수 교량 4. 교량의 유지관리
	7. 하천, 댐, 해안, 항만공사, 도로	1. 하천시공 2. 댐시공 3. 해안시공 4. 항만시공 5. 시공계획 6. 시설공사
	8. 터널 및 지하공간	1. 터널계획 2. 터널시공 3. 터널계측관리 4. 터널의 유지관리 5. 지하공간
	9. 콘크리트공사	1. 콘크리트 재료 및 배합 2. 콘크리트의 성질 3. 콘크리트의 시공 및 철근공 4. 특수 콘크리트 5. 콘크리트구조물의 유지관리
	10. 토목시공법규 및 신기술	1. 표준시방서/전문시방서 기준 및 관련 사항 2. 주요 시사이슈 3. 기타 토목시공 관련 법규 및 신기술에 관한 사항
품위 및 자질	11. 기술사로서 품위 및 자질	1. 기술사가 갖추어야 할 주된 자질, 사명감, 인성 2. 기술사 자기개발과제

차 례

제1장 토 공

제4장 도 로

제5장 교 량

제6장 터 널

제7장 댐

CONTENTS

제1장 토공

- 엄연한 사실 -

사람이 행복하게 산다는 것은 쉬운 일이 아닌 듯합니다.
몸이 건강하면 물질적으로 어렵고, 물질의 형편이 좋아지면 건강이 나빠집니다.
건강도 물질도 다 좋으면 부부문제, 자녀문제로 아픔을 안고 살기도 합니다.

엊그제까지 건강했던 분이 갑자기 병상에 눕거나,
잠시 소식이 끊겼던 친지가 한 두 달 사이에 세상을 떠났다는 슬픈 소식도 가끔 듣습니다.
사람은 유일한 존재이기에 빠르고 늦은 차이가 있을 뿐 언젠가는
좋든 싫든 육신의 생명은 지상에서 사라지게 마련입니다.

그러나 사람의 영혼은 영원하다고 성경은 말씀하십니다.
평화와 사랑만이 있는 천국, 유황불이 이글거리는 지옥 …
사람의 눈으로 볼 수 없다고 이 엄연한 사실을 부인하다가 임종이 가까워지면
그제야 후회하는 사람을 많이 보아왔습니다.
선생님은 어떻게 생각하십니까?

성경에는 이렇게 말씀하고 있습니다. "육은 본래의 흙으로 돌아가고,
영은 그것을 주신 하나님께로 돌아가기 전에 너의 창조자를 기억하라."

하나님의 귀하신 가정에 행복이 넘치시기를 기원합니다.

토질조사

— 조사

예비조사	현지답사	본조사
자료조사 지형도 지질도 기존공사자료 지하매설물 인근 구조물 지하수	지표조사 지하수조사 지하매설물 Boring Sounding Sampling 인근 현황조사	PBT Boring Sounding Sampling 흙분류시험 토성시험 강도시험

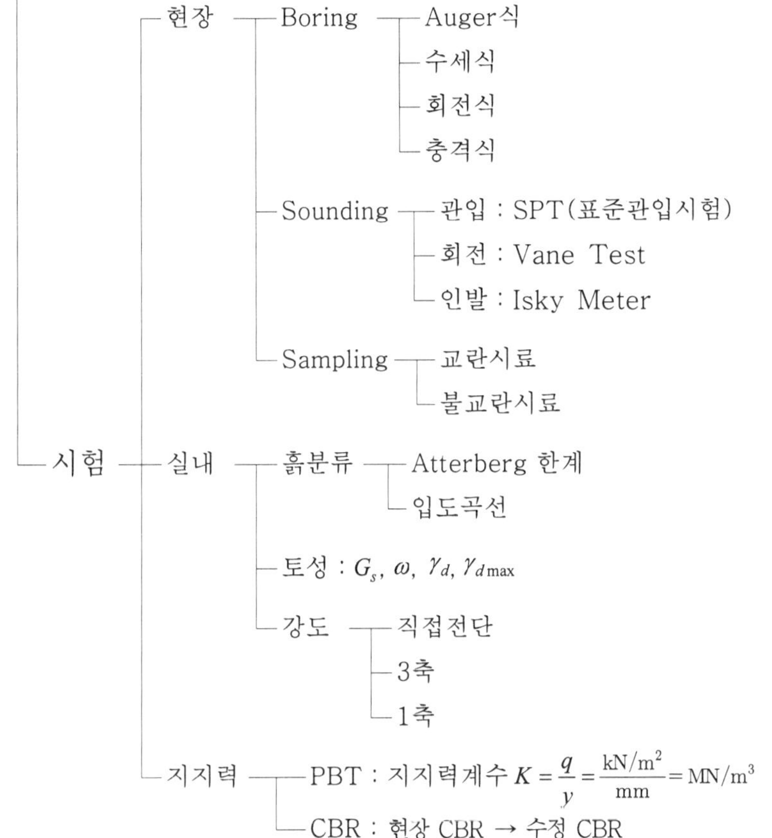

흙의 주상도

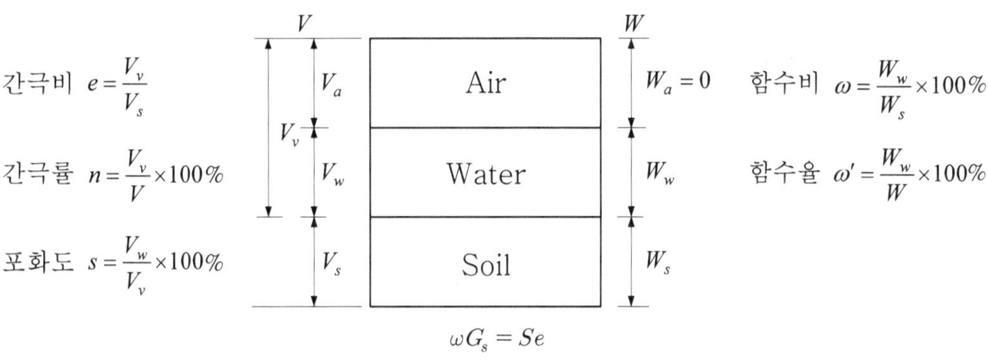

Atterberg 한계

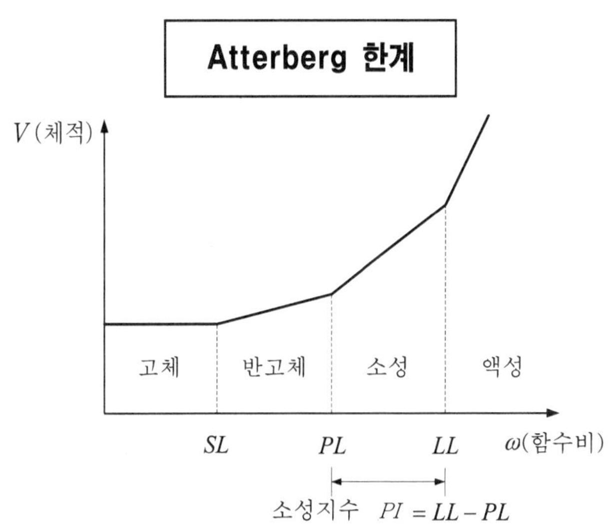

입도곡선

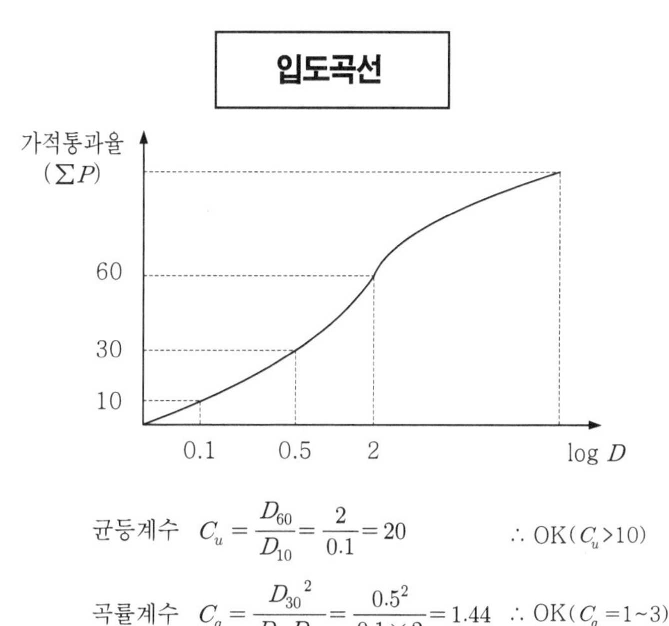

제1장 제1절 일반 토공 Ⅱ

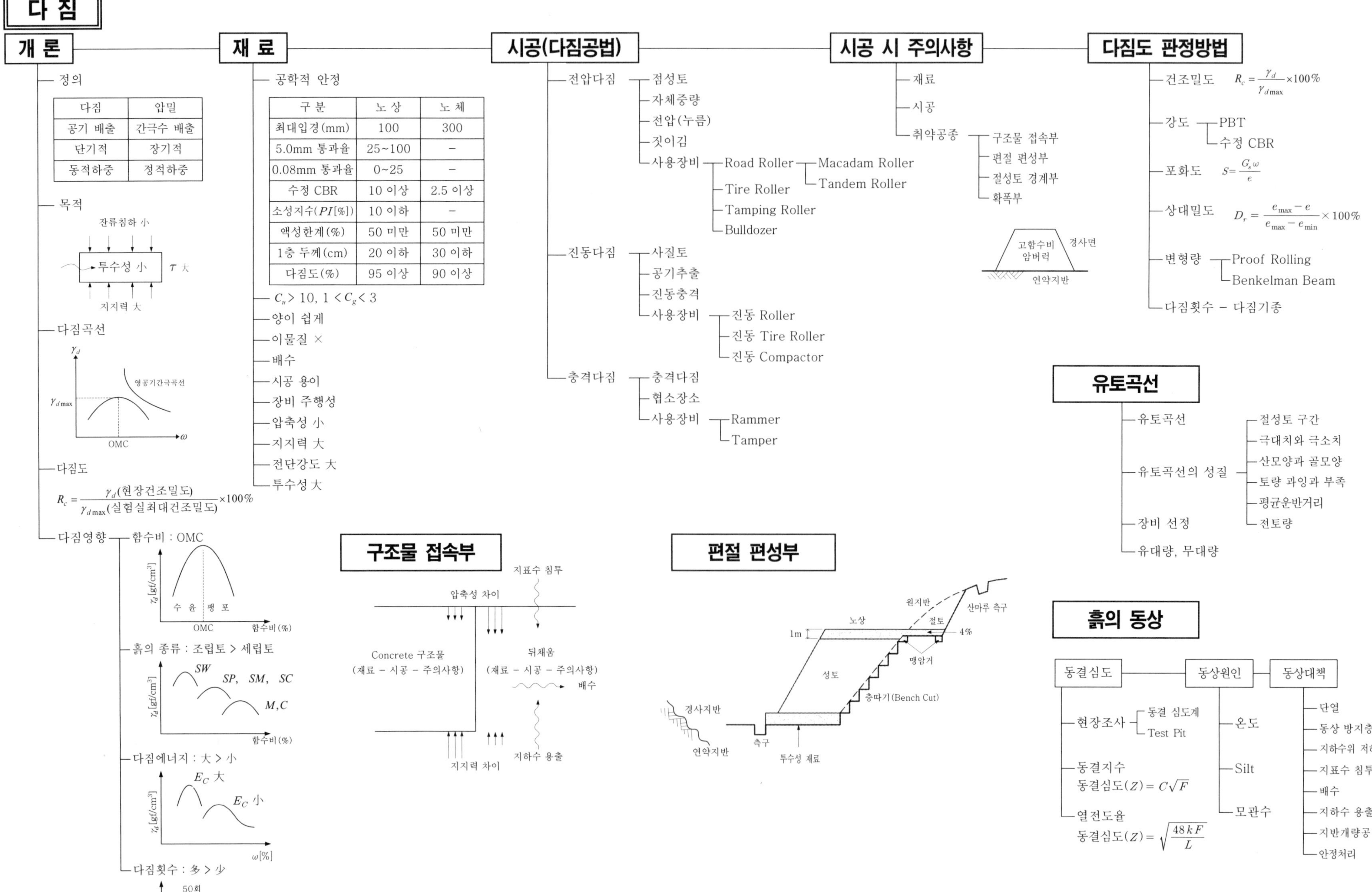

다짐	압밀
공기 배출	간극수 배출
단기적	장기적
동적하중	정적하중

구 분	노 상	노 체
최대입경(mm)	100	300
5.0mm 통과율	25~100	–
0.08mm 통과율	0~25	–
수정 CBR	10 이상	2.5 이상
소성지수(PI[%])	10 이하	–
액성한계(%)	50 미만	50 미만
1층 두께(cm)	20 이하	30 이하
다짐도(%)	95 이상	90 이상

제1절 일반 토공

토질조사

1 조 사

> **Memory**
> •자 지 지 기 지 인 지
> •지 지 지 S B S 인
> •P S B S 흙 토 강

예비조사	현지답사	본조사	
• 자료조사	• 지표조사	• PBT	
• 지형도	• 지하수조사	• Sounding	현장조사
• 지질도	• 지하매설물	• Boring	현장조사
• 기존공사자료	• Sounding	• Sampling	현장조사
• 지하매설물	• Boring	• 흙분류시험	실내시험
• 인근 구조물	• Sampling	• 토성시험	실내시험
• 지하수	• 인근 현장조사	• 강도시험	실내시험

① 설계도서 : 설계도면, 시방서, 계산서, 현장설명서, 질의응답서, 계획서, 기타 등

② 계약조건 : 계약금액, 공사기간, 선급금, 기성청구, 인센티브, 페널티(지체보상금)

2 시 험

1. 현장조사

1) Boring

① 정의 : 천공하는 행위
(오거로 천공하는 행위를 Boring이라 한다.)

② 목적

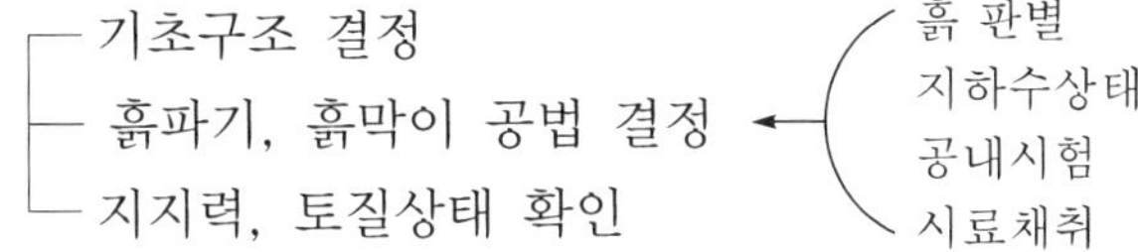

③ 종류 : 오거(Auger)식, 수세식, 회전식, 충격식 → 토질주상도

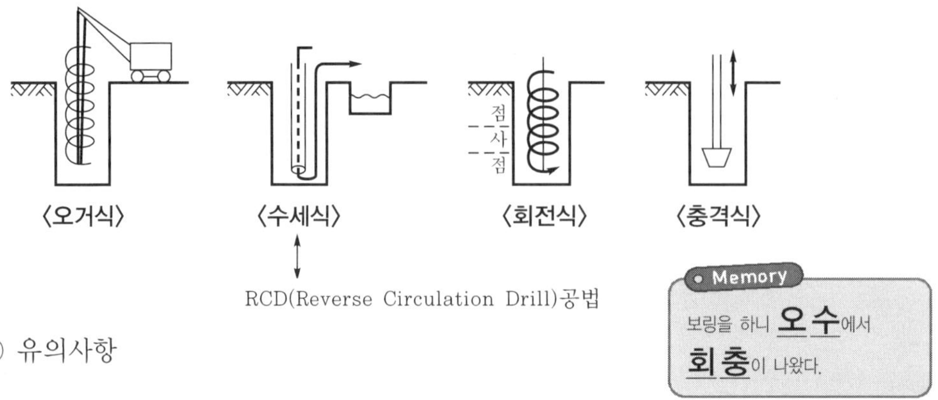

〈오거식〉 〈수세식〉 〈회전식〉 〈충격식〉

④ 유의사항

2) Sampling

① 교란시료 : Auger식, 수세식, 충격식(SPT)
흙을 교란시켜 채취 → 다짐성 판단

② 불교란시료 : 회전식
흙을 교란시키지 않고 채취 → 전단 · 압축 강도 판단

③ 예민비$(S_t) = \dfrac{q_u}{q_{ur}}$

여기서, q_u : 불교란시료로 1축 압축강도시험, q_{ur} : 교란시료로 1축 압축강도시험

3) Sounding

① 관입 : SPT(Standard Penetration Test ; 표준관입시험)

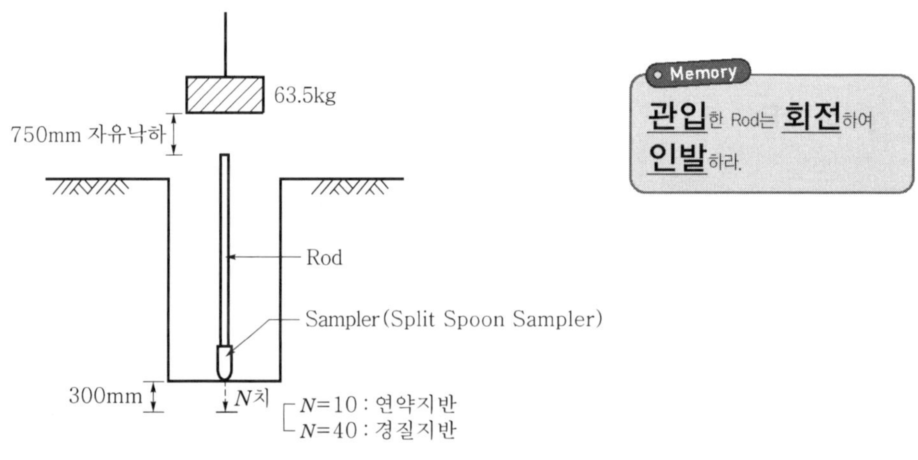

〈관입시험〉

63.5kg의 추를 750mm 높이에서 자유낙하시켜 Sampler가 300mm 관입되는 타격횟수 N치를 구하는 시험

모래지반의 N치	점토지반의 N치	상대밀도
0~4	0~2	대단히 연약
4~10	2~4	연약
10~30	4~8	중간(보통)
30~50	8~15	단단한 모래, 점토
50 이상	15~30	아주 단단한 모래, 점토
–	30 이상	경질(硬質)

② 회전 : Vane Test

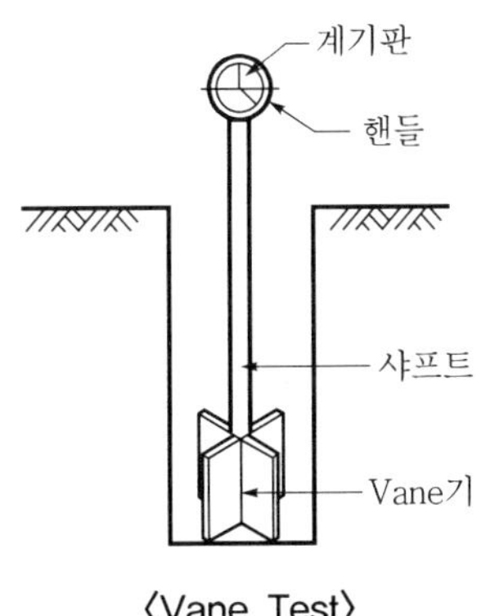

〈Vane Test〉

- 공내에서 Vane기를 삽입하여 회전시켜 점토의 점착력을 판별하는 시험
- 깊이 10m 이내에 적용

③ 인발 : Isky Meter

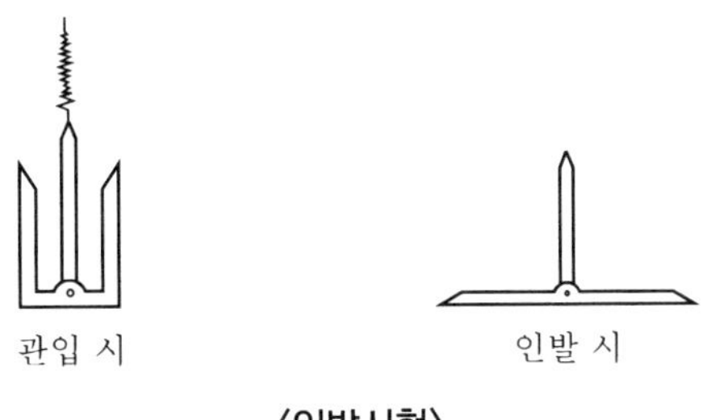

〈인발시험〉

관입 후 인발 시 저항을 측정하는 시험

2. 실내시험

Memory
실내에서 **흙**으로 쌓은 **토성**은 **강**하**지**.

1) 흙분류시험

흙의 연경도(Atterberg 한계)

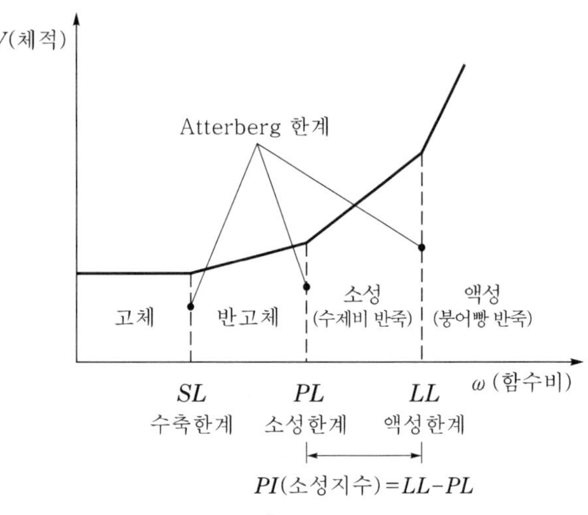

〈Atterberg 한계〉

① 소성지수가 크면 흙의 함수비 범위가 크며, 나쁜 흙이다.
② 소성지수가 작으면 흙의 함수비 범위가 작으며, 좋은 흙이다.
③ 노상에서의 소성지수는 $PI < 10$으로 규정한다.

입도곡선

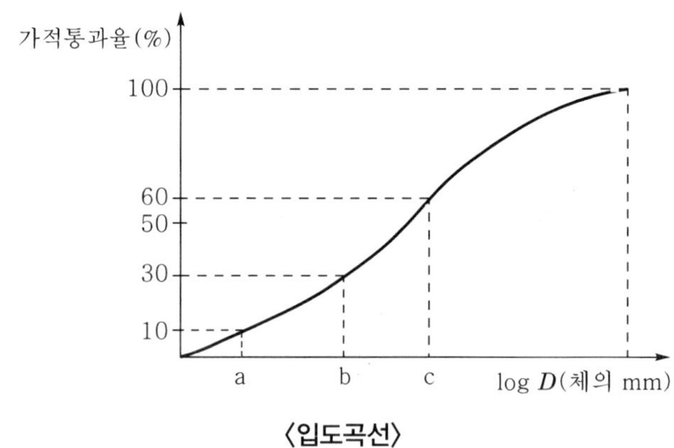

〈입도곡선〉

흙분류

	0.08mm		0.04mm		5mm	
Silt		흙		모래		자갈

균등계수 $C_u = \dfrac{D_{60}}{D_{10}} = \dfrac{c}{a}$ ⇒ $C_u > 10$이면 좋은 흙이라고 보고
⇒ $C_u < 10$이면 나쁜 흙이라고 본다.

└ 곡률계수 $C_g = \frac{{D_{30}}^2}{D_{10}D_{60}} = \frac{b^2}{ac} \Rightarrow C_g = 1 \sim 3$

2) 토성시험

G_s (흙의 비중), ω (함수비), γ_d (건조밀도), $\gamma_{d\max}$ (최대건조밀도) 등을 구하는 시험

3) 강도시험

① 전단강도

입자로 이루어진 흙을 하중 재하 시, 파괴면을 따라 전단파괴 발생

② 전단응력(τ)과 전단강도(S)

τ 〈안정상태〉 ─점점 증가→ $S = C + \bar{\sigma}\tan\phi$ 〈파괴〉

(C: 점토 점착력, $\bar{\sigma}$: 유효 응력, ϕ: 사질토 내부마찰각)

- 모래지반 $S = \bar{\sigma}\tan\phi$
- 점토지반 $S = C$

③ 지반의 지지력(전단강도) 증대

- 점착력(C) 증대 : Grouting
- 유효응력($\bar{\sigma}$) 증대 : 다짐, 배수공법

④ 시험(실내시험)

- 직접전단 : 흙을 직접 어긋나게 하여 실시하는 시험
- 1축 압축시험 : 콘크리트 공시체시험처럼 흙의 시료의 연직방향에 하중을 가해서 하는 시험
- 3축 압축시험 : 시료의 수평방향(2방향)으로 등방압축시킨 뒤 연직방향에 하중을 가해서 하는 시험

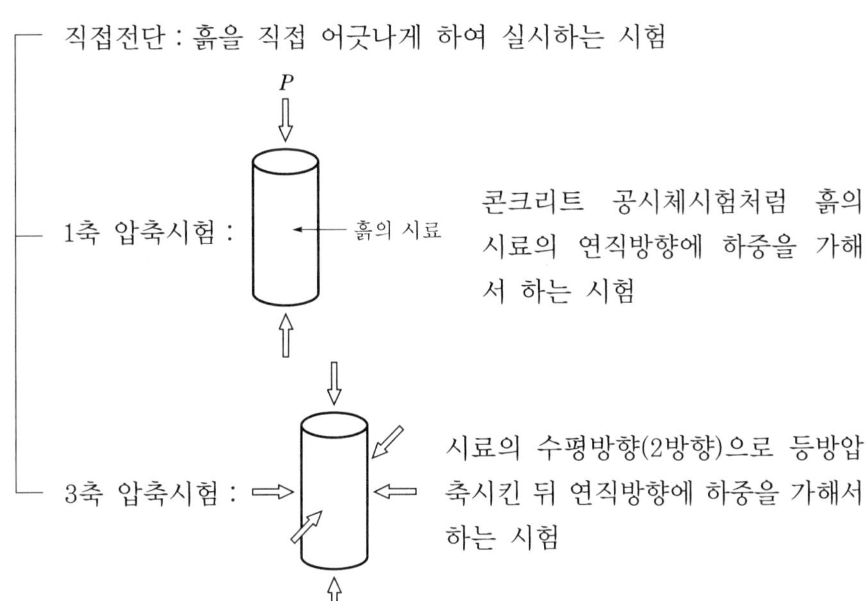

참고 콘크리트 압축강도시험

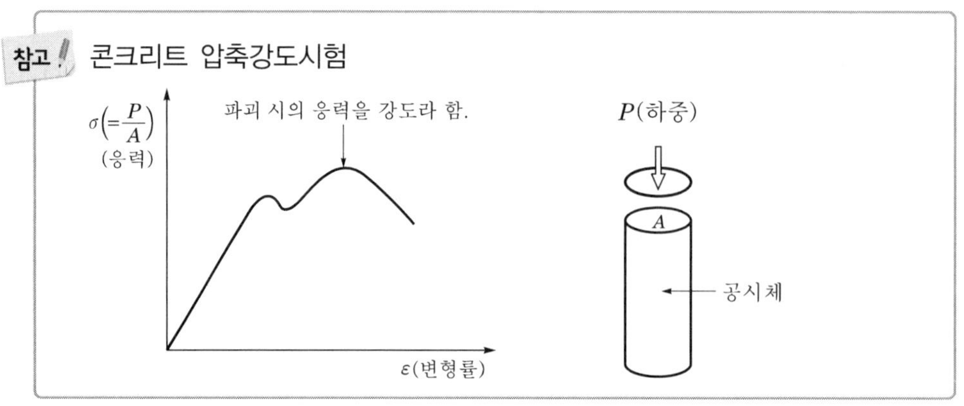

4) 지지력시험

① PBT(Plate Bearing Test, 평판재하시험)

[앵커에 의한 방식] **[실재하에 의한 방식]**

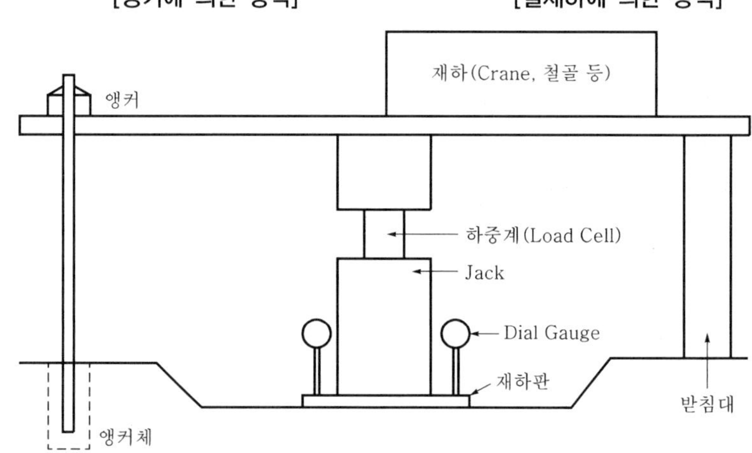

㉠ 재하판

- 300×300×25mm → K_{30}
- 400×400×25mm → K_{40}

㉡ 시험결과($P-y$ 그래프, 지지력계수) : 기초의 지내력시험

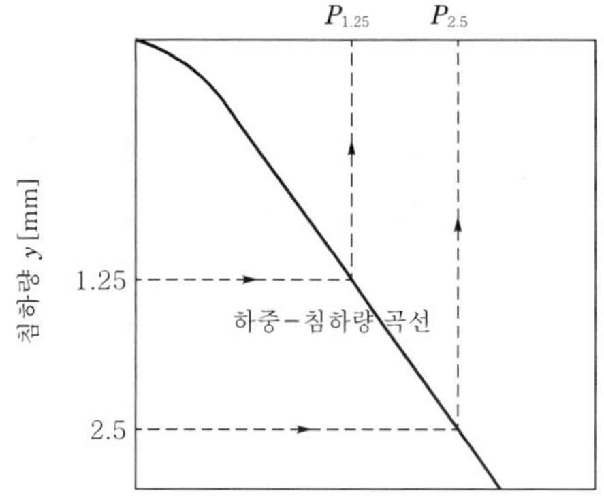

지지력계수(K) : 도로의 지지력시험

- CCP : $\dfrac{P_{1.25}}{1.25\times10^{-3}}$ [MN/m³]
- ACP : $\dfrac{P_{2.5}}{2.5\times10^{-3}}$ [MN/m³]

∵ CCP는 포장체에서 하중지탱

㉢ 지지력계수 활용

CCP K_{30} = 196MN/m^3(20kgf/cm^3) 이상
ACP K_{30} = 294MN/m^3(28kgf/cm^3) 이상

∴ ACP 지반이 1.4배 튼튼해야 함

㉣ 유의사항

Scale Effect, 지하수위 Level

② CBR(California Bearing Ratio)

㉠ 정의

• Memory
•CBR 시험을 할 때는 재설계해서 수정한다.
•CBR실험의 재료와 설계를 수정해야 한다.

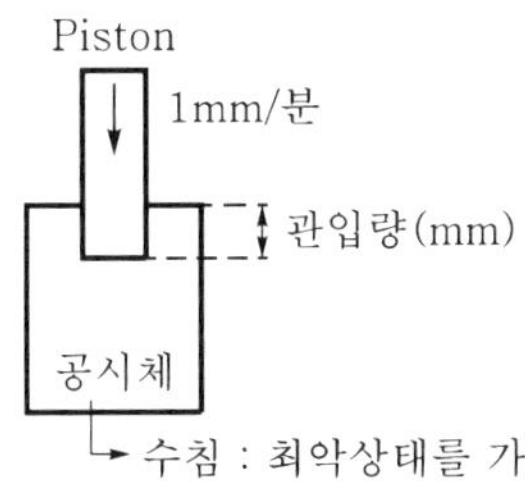

$$CBR = \frac{시험하중[kN]}{표준하중[kN]} \times 100\%$$

관입량(mm)	표준단위하중 (MN/m^2)	표준하중(kN)
2.5	6.9	13.4
5	10.3	19.9

㉡ 분류

- 실내 CBR
  - 선정 CBR : 성토 재료 선정에 사용
  - 설계 CBR : 포장두께 설계에 사용
- 현장 CBR(수정 CBR) : 설계 CBR에 대해 현장에서 관리

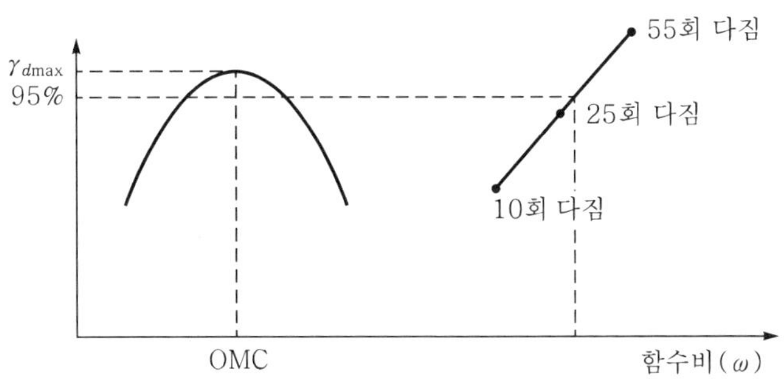

- 최대건조밀도(γ_{dmax})의 95%선을 연장하여 다짐횟수와 만나는 지점의 함수비가 수정 CBR이다.
- 노상 : 10 이상, 노체 : 2.5 이상

흙의 주상도

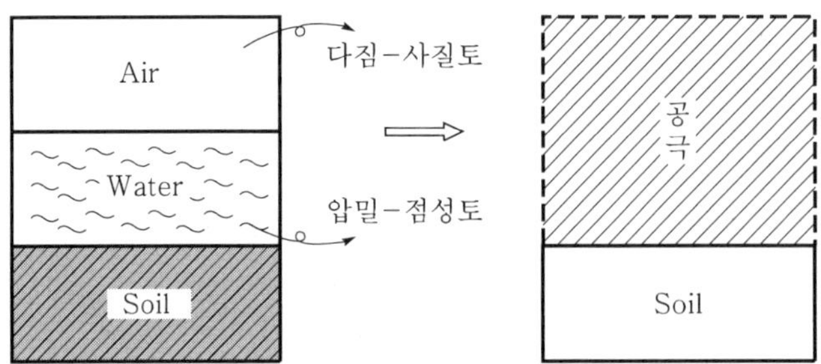
Air
Water
Soil
다짐-사질토
압밀-점성토
공
극
Soil

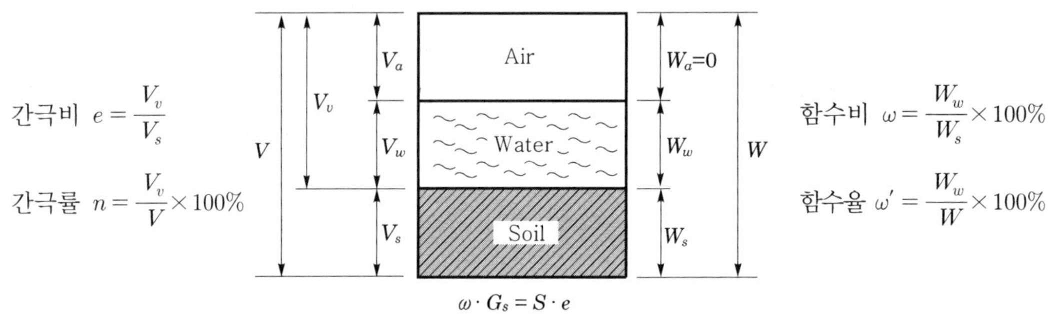
간극비 $e=\frac{V_v}{V_s}$
간극률 $n=\frac{V_v}{V}\times 100\%$
V
V_v
V_a
V_w
V_s
Air
Water
Soil
$W_a=0$
W_w
W_s
W
함수비 $\omega=\frac{W_w}{W_s}\times 100\%$
함수율 $\omega'=\frac{W_w}{W}\times 100\%$
$\omega\cdot G_s=S\cdot e$

다 짐

1 개 론

1) 정의

다 짐	압 밀
• 공기 배출 • 동적하중 • 단기적	• 물+공기 배출 • 정적하중 • 장기적

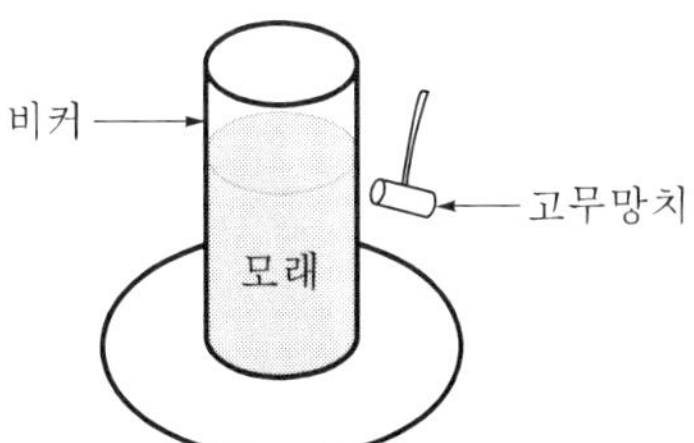

2) 목적

Memory
압지전투

① 압축성 ↓

② 지지력 ↑

③ 전단강도 ↑

④ 투수계수 ↓

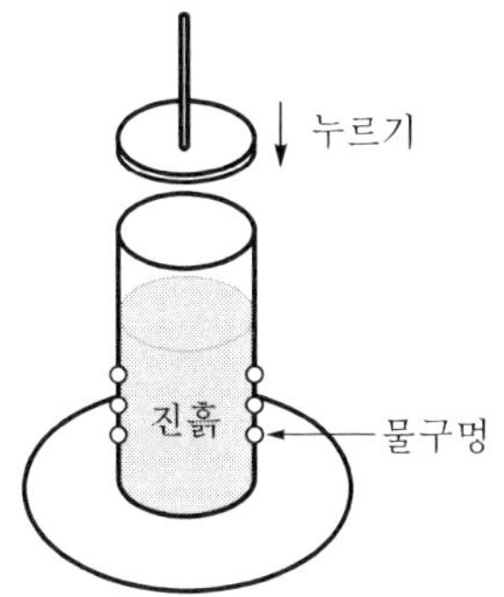

3) 다짐곡선

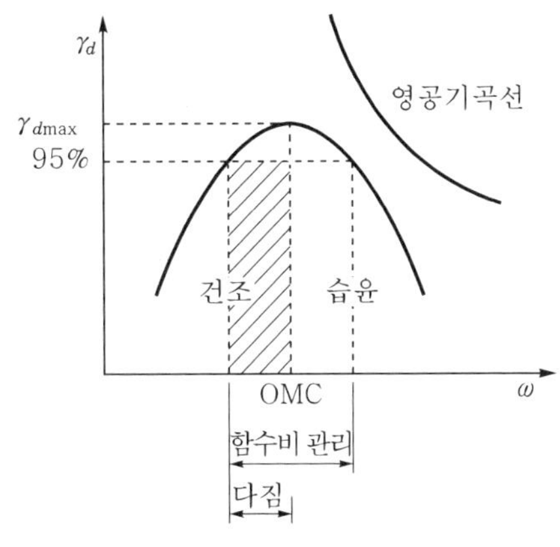

건조측에서 다져야 한다.

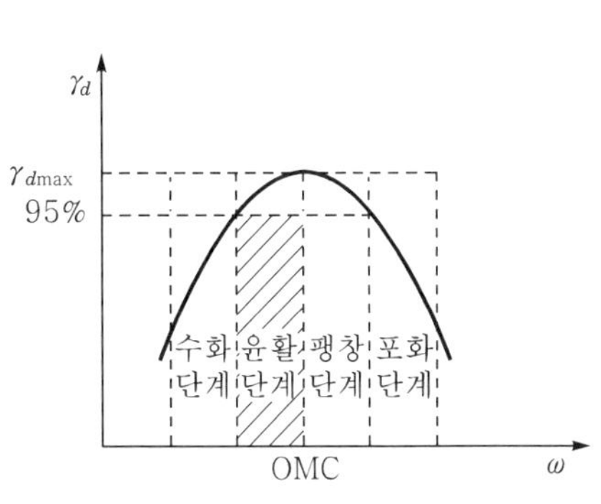

윤활단계에서 다져야 한다.

① 다짐원리 : 물의 윤활작용

② 다짐곡선의 목적 : γ_{dmax}, OMC를 구하기 위해서 실시

③ 영공기곡선 : 시험이 잘 되었는지 여부 판단

㉠ 공기 완전배출

㉡ 물에 완전포화

4) 다짐도(R_c)

$$R_c = \frac{\gamma_d(\text{현장건조밀도})}{\gamma_{dmax}(\text{설계건조밀도})} \times 100\%$$ — 노상 : 95% ↑, 노체 : 90% ↑

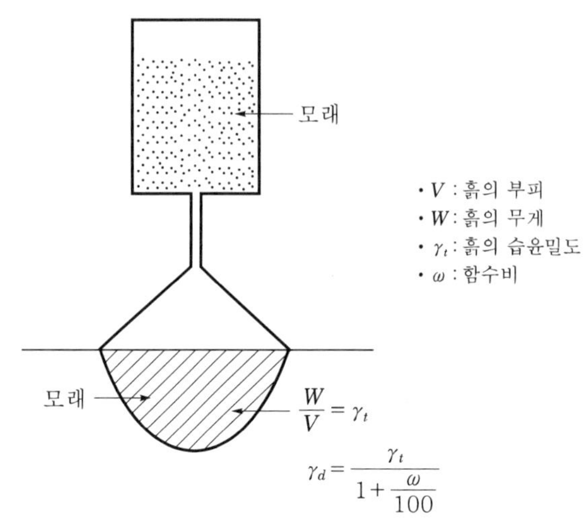

〈모래치환법〉

※ γ_t를 구하는 방법

① 모래치환법(들밀도시험)

② 고무막법

③ 방사능밀도 측정법 – 요즘 사용

Memory
모래가 고무 위에서 방사능을 발산하네.

5) 다짐효과(다짐 증대방안, 다짐효과 증대방법)

Memory
오(O)! 흙 에서 횟감이….

① OMC(최적함수비)

② 흙의 종류

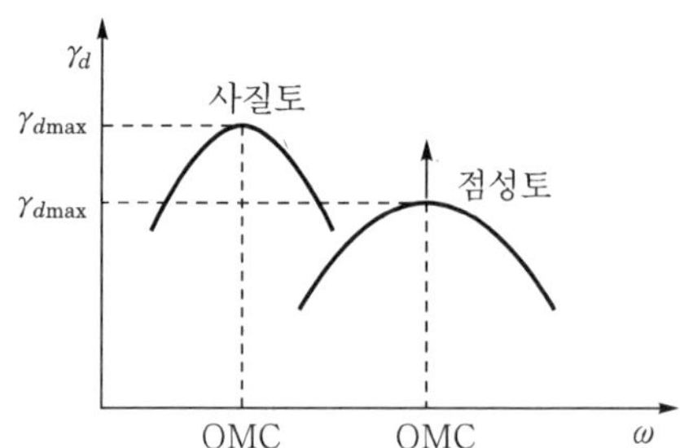

㉠ 사질토가 점성토보다 최대건조밀도가 높다.

㉡ 점성토가 사질토보다 함수비가 높다.

③ 에너지(Hammer의 중량) ④ 횟수

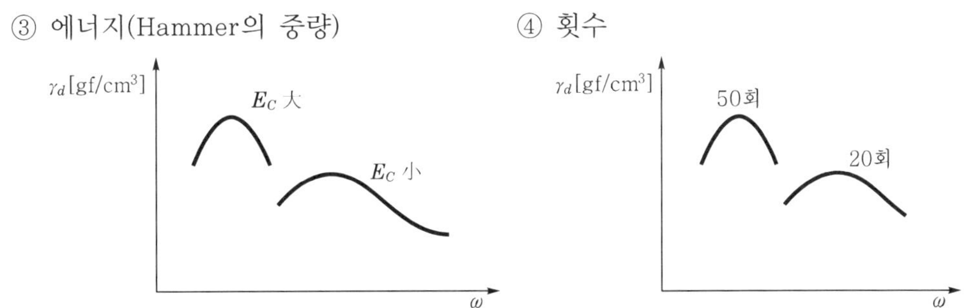

2 재 료

공학적으로 안정

구 분	노 상	노 체	암버력
최대입경(mm)	100	300	600 이하
5.0mm체 통과율	25~100	–	–
0.08mm체 통과율	0~25	–	–
수정 CBR	10 이상	2.5 이상	–
소성지수(PI[%])	10 이하	–	–
액성한계(%)	50 미만	50 미만	–
1층 두께(cm)	20 이하	30 이하	60~90 이하
다짐도(%)	95 이상	90 이상	PBT(평판재하시험)

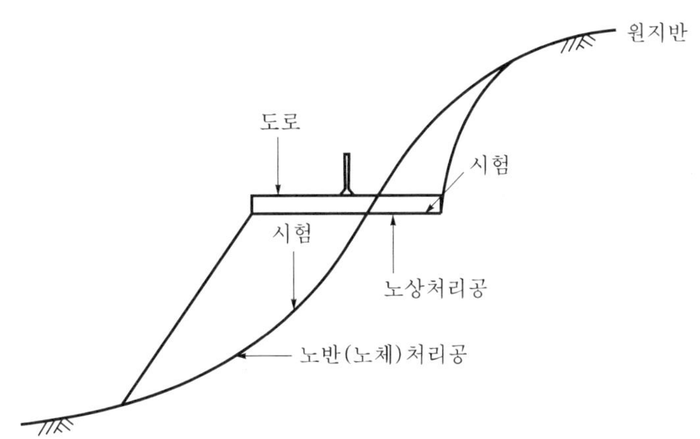

- 노상(노반)처리공 : 노상이나 노반(노체)에 지지력시험을 하여 수정 CBR치가 기준치 이하일 때 지지력을 높임.

- $\underset{\text{소성지수}}{PI} = \underset{\text{액성한계}}{LL} - \underset{\text{소성한계}}{PL}$

  액성한계를 50 미만으로 하는 이유는 국내 흙을 이용하기 위한 방안임.
- C_u : 10 이상, C_g : 1~3

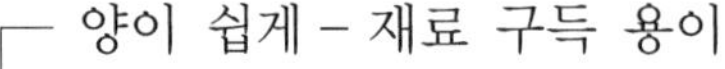

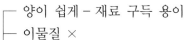

- 양이 쉽게 - 재료 구득 용이
- 이물질 ×
- 배수 好
- 시공성 용이
- 장비주행성 好
- 압축성 ↓
- 지지력 ↑
- 전단강도 ↑
- 투수계수 ↑ 大

Memory
양이배시장압지전투

3 시 공 (다짐공법)

1) 전압다짐

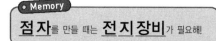

Memory
점자를 만들 때는 전지장비가 필요해!

① 점성토 사용

② 자체 중량

③ 전압(누름)

④ 짓이김(지그시)

⑤ 사용장비

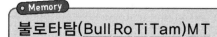

Memory
불로타탐(Bull Ro Ti Tam)MT

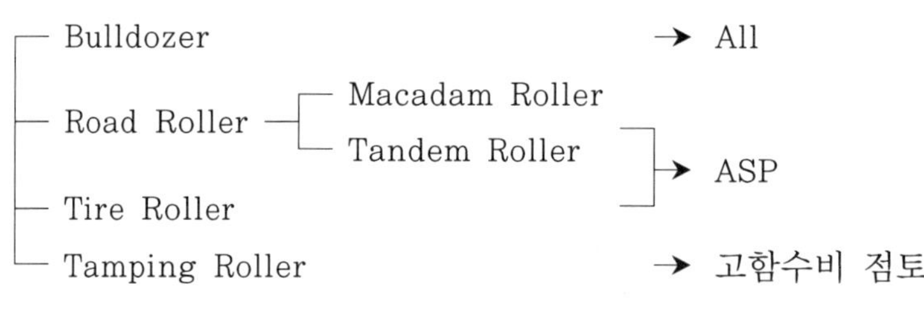

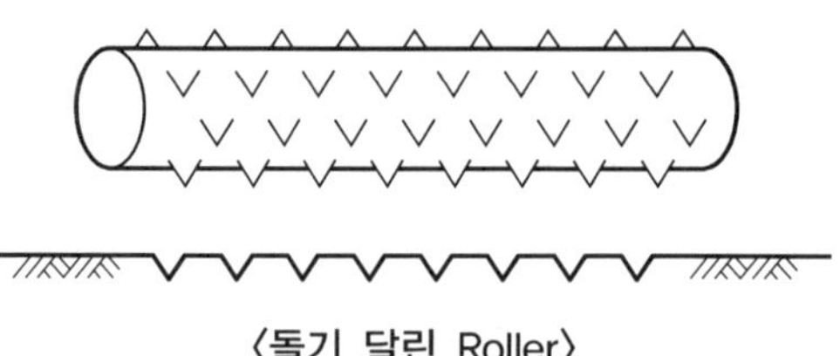

〈돌기 달린 Roller〉

⑥ 돌기 달린 Roller

㉠ 함수비가 높은 흙에 사용

㉡ 점성성질이 강한 흙에 사용

㉢ 효과

- 비표면적이 커진다. → 흙의 물 증발이 높다.
- 흙의 Interlocking 효과가 발생한다.

2) 진동다짐

> • Memory
> - **사공**이 **진사**시험에 **R**o**T C**로 합격했다.
> - **사공**이 배의 **진동**을 줄이는 **장비**를 준비했다.

① 사질토 사용

② 공기추출

③ 진동, 충격

④ 사용장비

- 진동 Roller → 사질토, 자갈, 암버럭
- 진동 Tire Roller → 포장보수
- 진동 Compactor(824, 825 Compactor 장비) → 협소, 성토비탈면

3) 충격다짐

① 장소협소

② 사용장비

- Rammer → 협소, 구조물 뒷채움
- Tamper → 절성토경계부

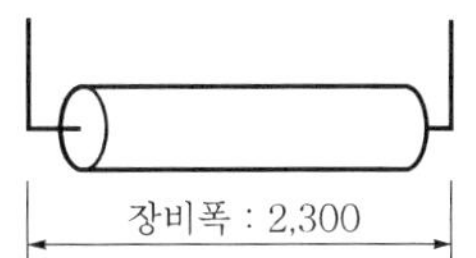

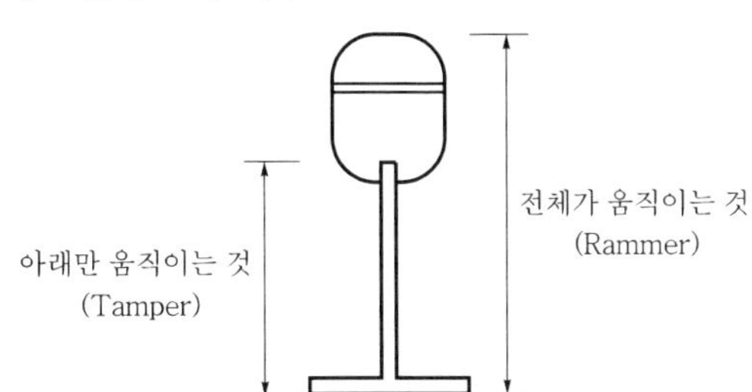

4) 비탈면 다짐

- Bulldozer
  - 불도저 다짐방법
  - 견인식 롤러공법
  - 여성토 후 불도저 절취공법
- Shovel
  - 진동 Compactor 다짐공법
  - 여성토 후 셔블굴착기 절취방법
- 소형 장비 — Rammer, Tamper, 소형 진동롤러

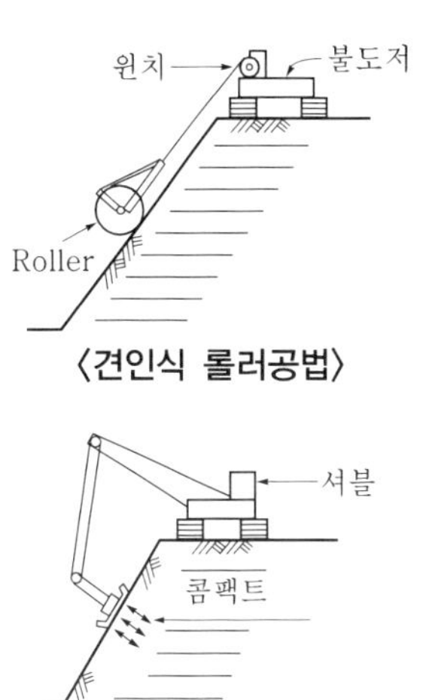

〈견인식 롤러공법〉

〈콤팩트다짐공법〉

4 시공 시 주의사항 – 가장 많이 출제

1. 재료

2. 시공

3. 취약공정

Memory
구편절의 폭 격(경)으로
연암층이 버럭했다.

- 구조물 접속부
- 편절 편성부
- 절 · 성토 경계부
- 확폭부
- 경사면
- 암버럭
- 연약지반 – 고함수비

1) 구조물 접속부

① 단차원인

Memory
수강시에 파(Pile)지를 앞(App)뒤로 쓰는
것이 지침이다.

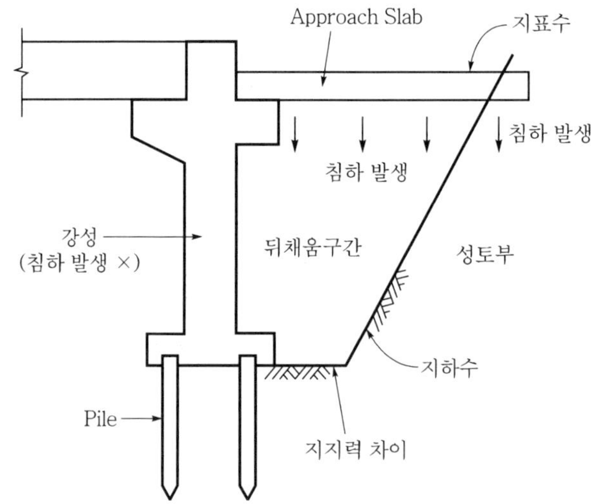

② 대책(시방서기준)

㉠ 시공순서 철저

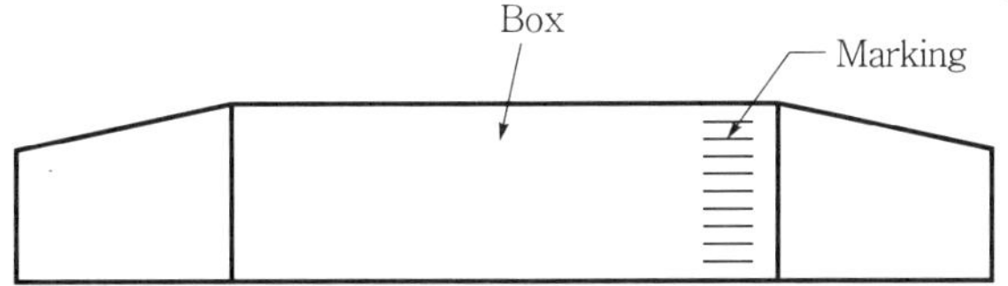

- 하행선 외측 200mm마다 Marking
- 200mm마다 층다짐
- 현장밀도 확인 후
  - 합격 : 상부 진행
  - 불합격 : 재시공(재다짐)

㉡ 뒤채움과 토공 동시 시공

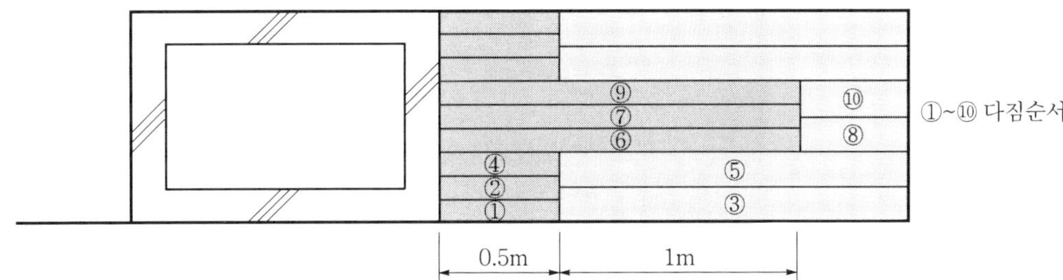

- 최소폭 : 0.5m
- 어긋남 : 1.0m
- 시공순서 : ①→⑩

㉢ 성토구간에 구조물과 토공이 기시공된 경우

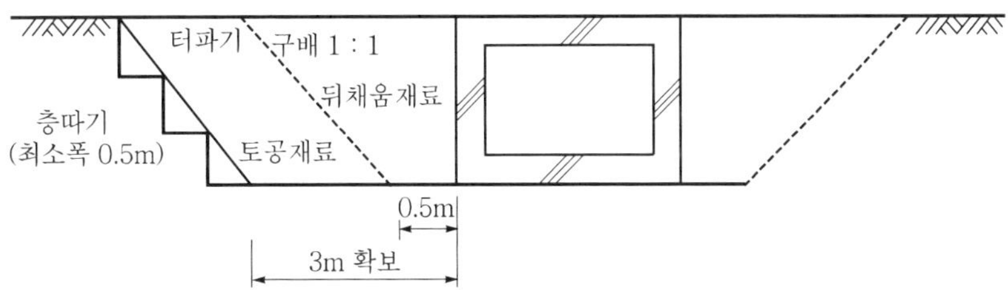

- 최소저면폭 : 3m
- 층따기 최소폭 : 0.5m
- 토공재료와 뒤채움재료 동시 포설
- 뒤채움 구배 : (1 : 1)

2) 편절 편성부

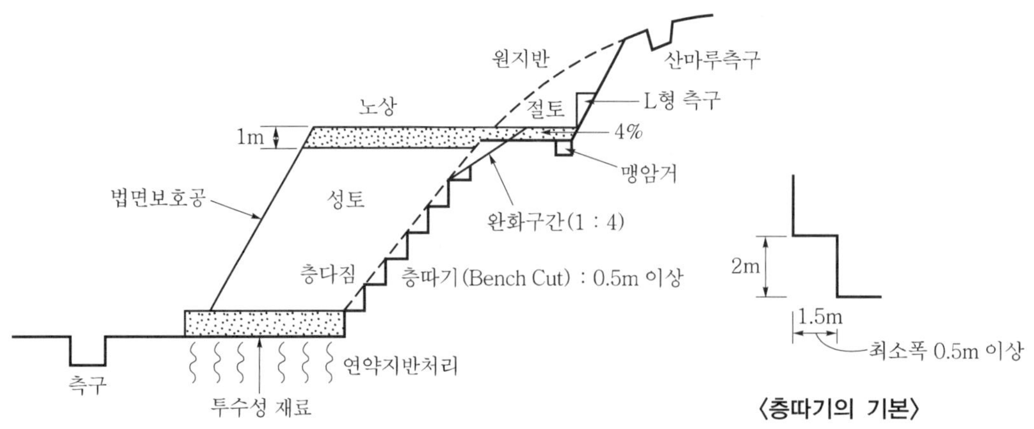

〈층따기의 기본〉

3) 절 · 성토 경계부

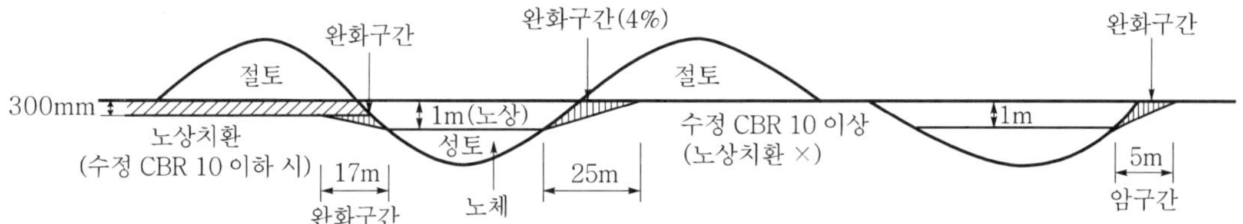

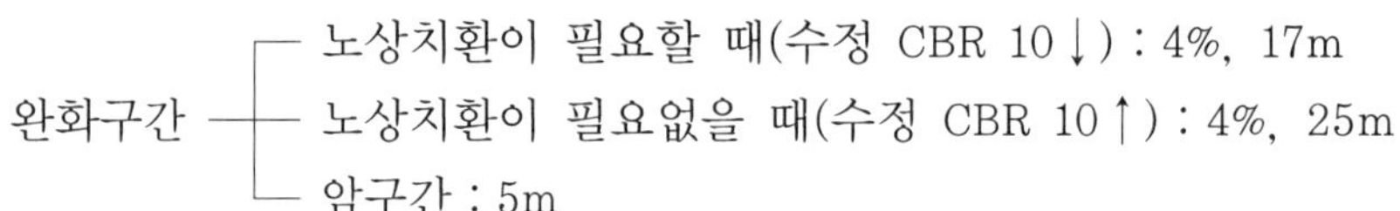
완화구간
- 노상치환이 필요할 때(수정 CBR 10↓) : 4%, 17m
- 노상치환이 필요없을 때(수정 CBR 10↑) : 4%, 25m
- 암구간 : 5m

4) 확폭부

안전관리 철저 : 가장 중요

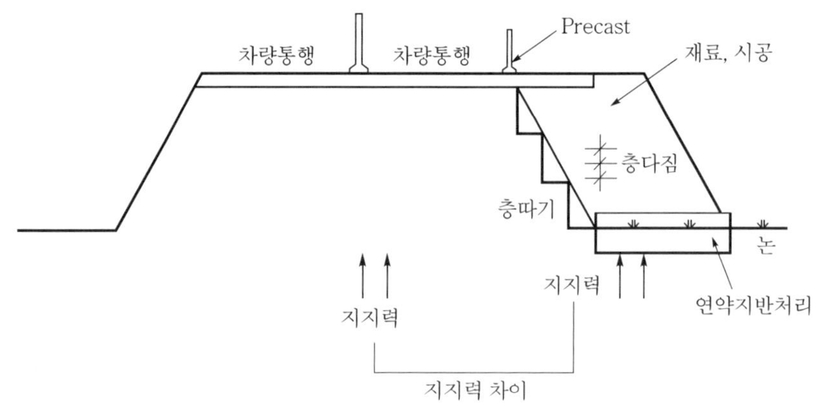

5) 경사면, 암버럭, 연약지반

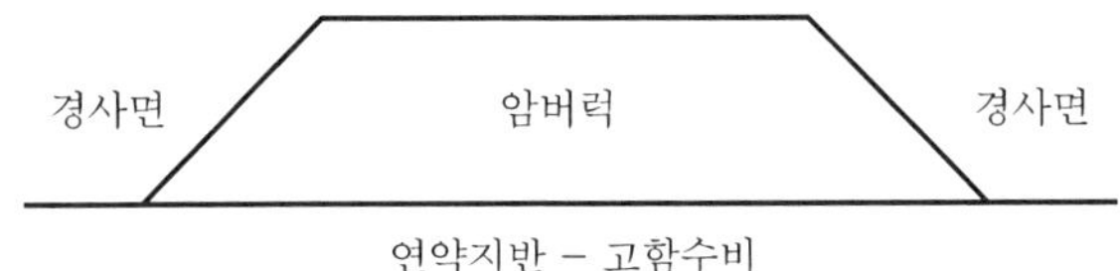

5 다짐도 판정방법

> • Memory
> • **건강포상변다**
> • 다짐작업으로 **건강포상** 받으면 **변**태라고 판정된**다**.

1) 건조밀도

$$R_c = \frac{\gamma_d}{\gamma_{d\max}} \times 100\%$$ ┬ 노상 : 95% 이상 / └ 노체 : 90% 이상

2) 강도

- PBT
  - Concrete 포장 : $K_{30} = 196\text{MN/m}^3 (20\text{kgf/cm}^3)$ ↑
  - Asphalt 포장 : $K_{30} = 294\text{MN/m}^3 (28\text{kgf/cm}^3)$ ↑
- 수정 CBR
  - 노상 : 10 ↑
  - 노체 : 2.5 ↑

3) 포화도

고함수비의 토질, 건조밀도로 불가능할 경우

$S = \dfrac{G_s\,\omega}{e}$ (85~95%이면 합격)

$Se = G_s\,\omega$

여기서, S : 포화도, e : 공극비, G_s : 비중, ω : 함수비

4) 상대밀도

- $D_r = \dfrac{e_{\max} - e}{e_{\max} - e_{\min}} \times 100\% = \dfrac{\gamma_d - \gamma_{d\min}}{\gamma_{d\max} - \gamma_{d\min}} \times \dfrac{\gamma_{d\max}}{\gamma_d} \times 100\%$
- 사질토 다짐의 판정 ⟶ 65% 이상 조밀

5) 변형량

- Proof Rolling → 의심개소 발견을 위해 3회 이상 실시
  - ↓ 발견 시 Benkelman Beam시험 실시
- Benkelman Beam시험 ┬ 보조기층 3mm 이하 / └ 노상 5mm 이하] 로 관리 $\overset{\text{No}}{\rightarrow}$ 재시공

6) 다짐횟수, 다짐기종 : 암버럭 → PBT
(경험치)

b 유토곡선(Mass Curve)

> • Memory
> • 모형**배**를 **거 기**서 **작업**합니까?
> • **토량 운반**용 **기계**의 **작업**장

1) 목적

① 토량 배분 : 경제적인 공사

② 평균운반거리 산출

③ 토공기계 결정 : 설계기준
- 불도저
- 스크레이퍼
- 덤프트럭

④ 작업방법 결정(작업 우선순위)

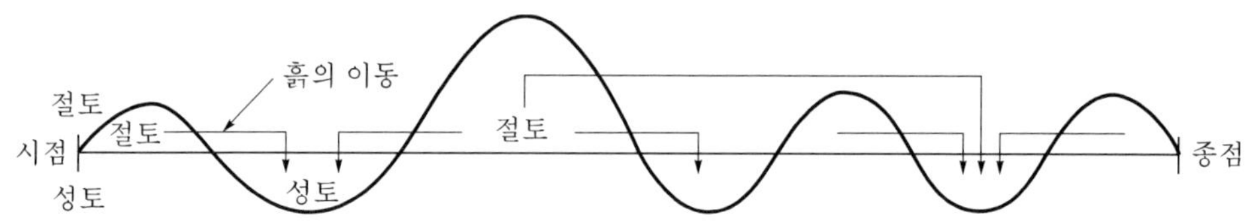

2) 작성순서(작성방법)

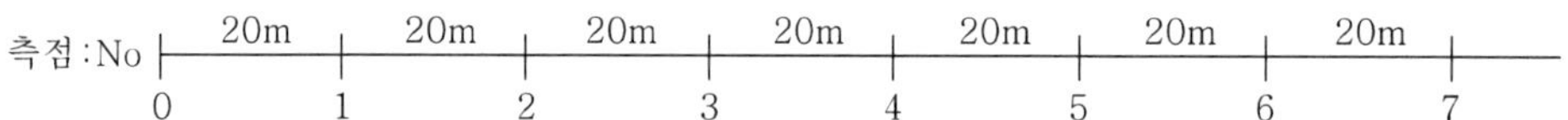

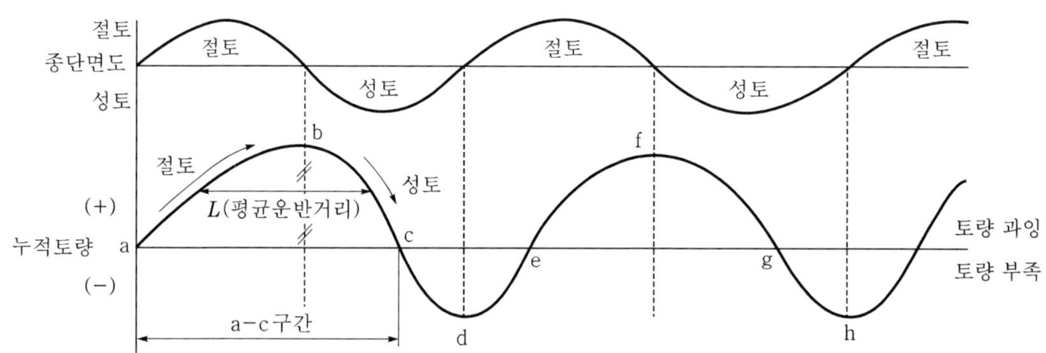

측 점	거 리 (m)	절 토		성 토			차인 토량	누가 토량
		A (평균 단면적)	V (부피)	A (평균 단면적)	V (부피)	F (토량환산계수)		
No. 0		0						
1	20	100	2,000	10	200	220	1,780	1,780
2	20						500	2,280
3							−500	1,780
4								
↓								

토량환산계수 : 토사 − 0.9
R(리핑암) − 1.1
B(발파암) − 1.28

3) 성질(특징)

① 절성토구간 : 상향일 때는 절토, 하향일 때는 성토

② 산모양 : 절토에서 성토로 변할 때

③ 골모양 : 성토에서 절토로 변할 때

④ 과잉

⑤ 부족

⑥ 평균운반거리(a−c) : a−c구간의 평균운반거리는 L이다.

⑦ 절토량

4) 유대량, 무대량

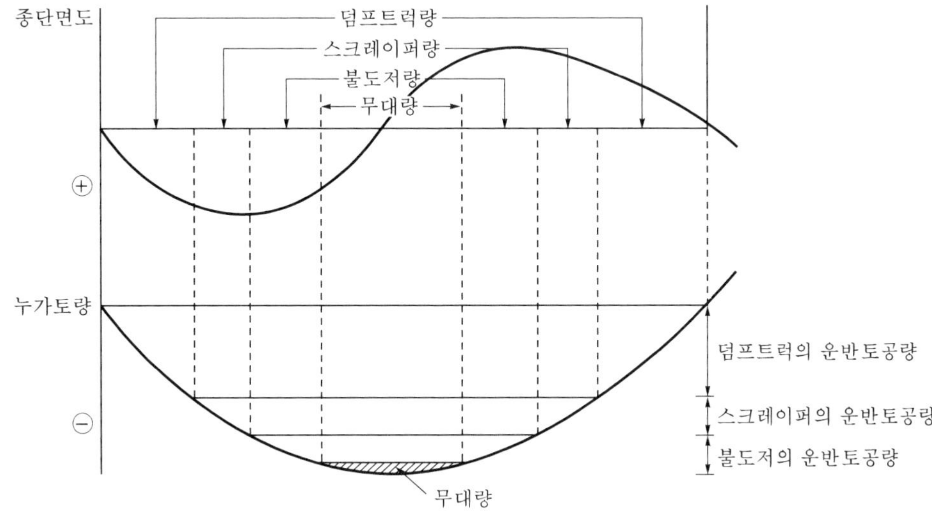

① 유대량
㉠ 돈을 주는 구간
㉡ 도저+스크레이퍼+덤프트럭

② 무대량
㉠ 돈을 주지 않는 구간
㉡ 유토곡선의 종방향 토량+토량계산서의 횡방향 토량

5) 장비

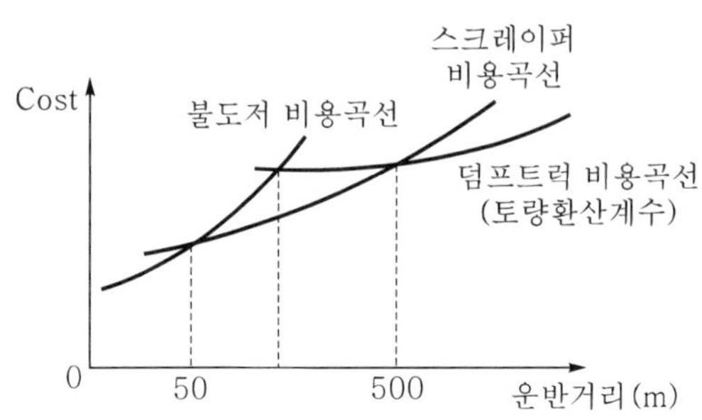

※ 현재 스크레이퍼가 존재하지 않는다.

7 흙의 동상

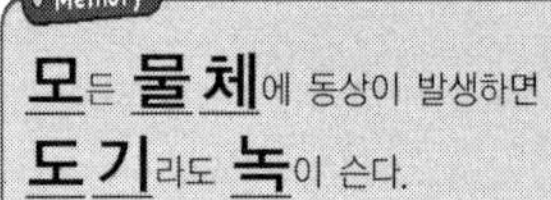

Memory
모든 물체에 동상이 발생하면
도기라도 녹이 슨다.

1) Mechanism(동결과 융해)

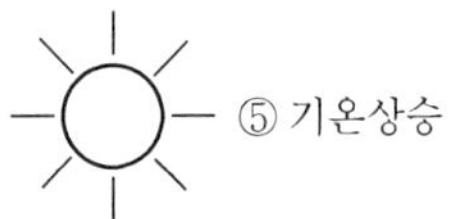

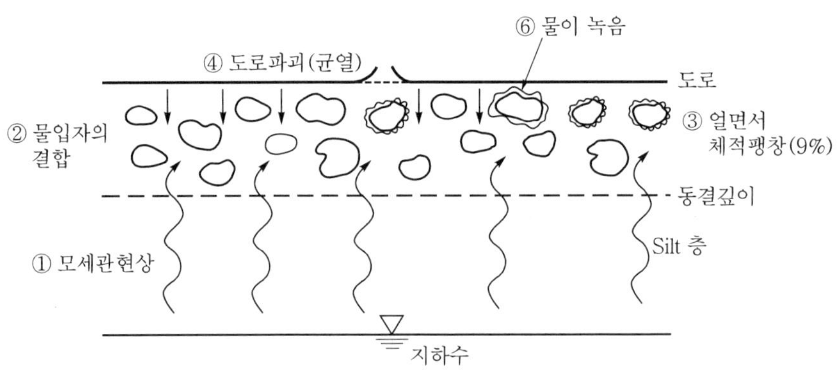

┌①~④과정이 동상현상(Frost Heaving)
└⑤~⑥과정이 융해현상(Thawing)

녹으면서 지표면 부근에 자리잡은 물이 교통하중에 의해 지표로 유출되며 도로가 파괴되는 현상

2) 동결깊이

$$Z = C\sqrt{F}$$

여기서, Z : 동결깊이, C : 정수, F : 동결지수

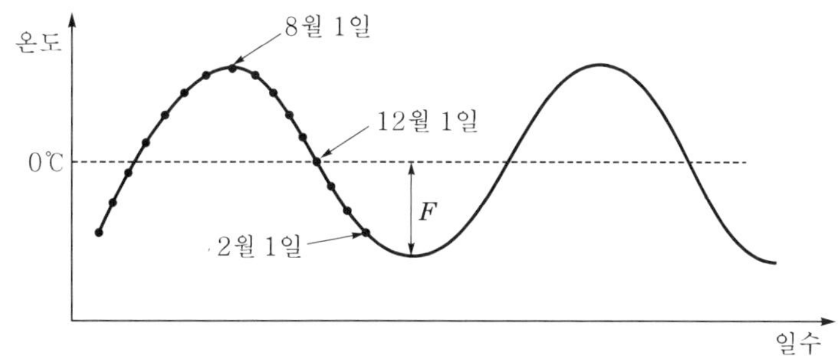

- 매일 기온을 Check하여 그래프를 그린다.
- 포장두께, 기초 근입깊이로 활용

3) 동결원인

> **Memory**
> • 온 실(Sil)의 따뜻한 물
> • 물 온도가 시(Si)리다.

① 물(모관수)
② 온도
③ Silt(모세관현상)

→ 3가지 중 1개만 제거해도 동상이 방지됨.

4) 대책

① 물 대책 → 배수
- 지하수위 저하
- 지표수 차단

② 온도 대책 → 단열

③ Silt 대책

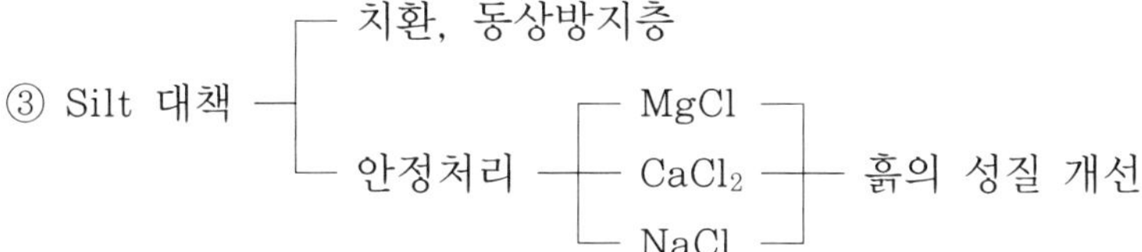
- 치환, 동상방지층
- 안정처리 — $MgCl$, $CaCl_2$, $NaCl$ — 흙의 성질 개선

집안이 나쁘다고 탓하지 말라.
나는 아홉 살 때 아버지를 잃고 마을에서 쫓겨났다.

가난하다고 말하지 말라.
나는 들쥐를 잡아먹으며 연명했고,
목숨을 건 전쟁이 내 직업이고 내 일이었다.

작은 나라에서 태어났다고 말하지 말라.
그림자 말고는 친구도 없고 병사로만 10만.
백성은 어린애, 노인까지 합쳐 2백만도 되지 않았다.

배운게 없다고 힘이 없다고 탓하지 말라.
나는 내 이름도 쓸 줄 몰랐으나 남의 말에 귀 기울이면서
현명해지는 법을 배웠다.

너무 막막하다고, 그래서 포기해야겠다고 말하지 말라.
나는 목에 칼을 쓰고도 탈출했고,
뺨에 화살을 맞고 죽었다 살아나기도 했다.
적은 밖에 있는 것이 아니라 내 안에 있었다.
나는 내게 거추장스러운 것은 깡그리 쓸어버렸다.
나를 극복하는 그순간 나는 칭기즈칸이 되었다.

- 칭기즈칸 -

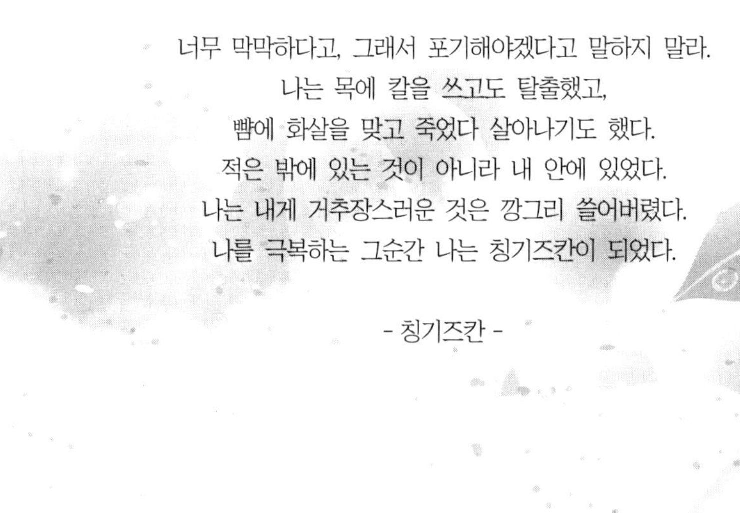

제1장 제2절 연약지반

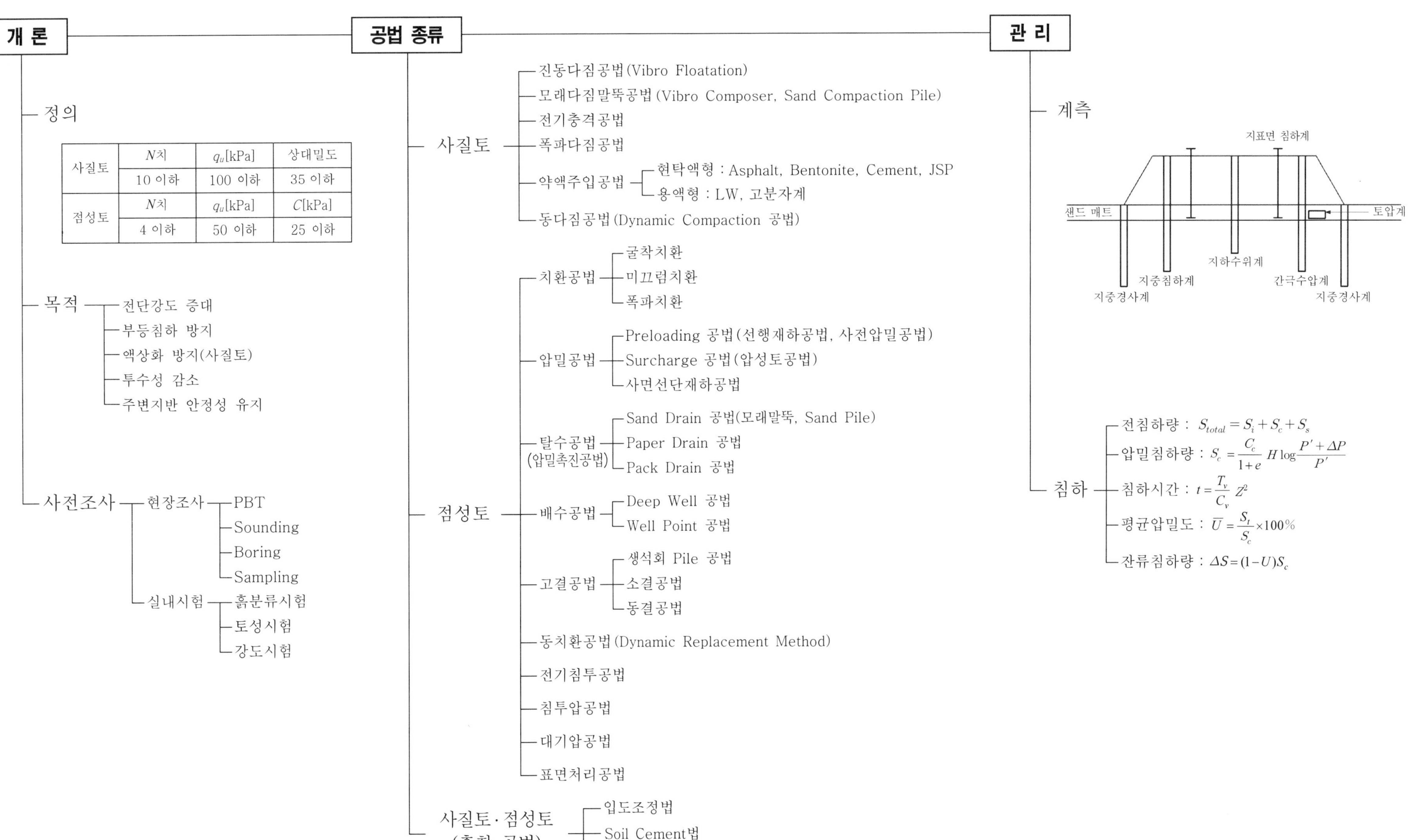
개 론
정의
	N치	q_u[kPa]	상대밀도
사질토	10 이하	100 이하	35 이하
	N치	q_u[kPa]	C[kPa]
점성토	4 이하	50 이하	25 이하
목적
전단강도 증대
부등침하 방지
액상화 방지(사질토)
투수성 감소
주변지반 안정성 유지
사전조사
현장조사
PBT
Sounding
Boring
Sampling
실내시험
흙분류시험
토성시험
강도시험
공법 종류
사질토
진동다짐공법(Vibro Floatation)
모래다짐말뚝공법(Vibro Composer, Sand Compaction Pile)
전기충격공법
폭파다짐공법
약액주입공법
현탁액형 : Asphalt, Bentonite, Cement, JSP
용액형 : LW, 고분자계
동다짐공법(Dynamic Compaction 공법)
점성토
치환공법
굴착치환
미끄럼치환
폭파치환
압밀공법
Preloading 공법(선행재하공법, 사전압밀공법)
Surcharge 공법(압성토공법)
사면선단재하공법
탈수공법 (압밀촉진공법)
Sand Drain 공법(모래말뚝, Sand Pile)
Paper Drain 공법
Pack Drain 공법
배수공법
Deep Well 공법
Well Point 공법
고결공법
생석회 Pile 공법
소결공법
동결공법
동치환공법(Dynamic Replacement Method)
전기침투공법
침투압공법
대기압공법
표면처리공법
사질토·점성토 (혼합 공법)
입도조정법
Soil Cement법
화학약제 혼합공법
관 리
계측
지표면 침하계
샌드 매트
토압계
지하수위계
지중침하계
간극수압계
지중경사계
지중경사계
침하
전침하량 : $S_{total} = S_i + S_c + S_s$
압밀침하량 : $S_c = \frac{C_c}{1+e} H \log\frac{P' + \Delta P}{P'}$
침하시간 : $t = \frac{T_v}{C_v} Z^2$
평균압밀도 : $\overline{U} = \frac{S_t}{S_c} \times 100\%$
잔류침하량 : $\Delta S = (1-U)S_c$

제 2 절 연약지반

1 개 론

1) 정의

사질토			점성토		
N치	q_u	D_r(상대밀도)	N치	q_u	C(점착력)
10 이하	100kPa 이하	35 이하	4 이하	50kPa 이하	25kPa 이하

2) 목적(대용 : 압, 지, 전, 투)

• Memory
전부 상투안했네.

① $S = C + \bar{\sigma}\tan\phi = C + (\sigma - u)\tan\phi$

- u — 간극수압 : 물 제거 – 점성토 개량
- σ — 공기 제거 – 사질토 개량

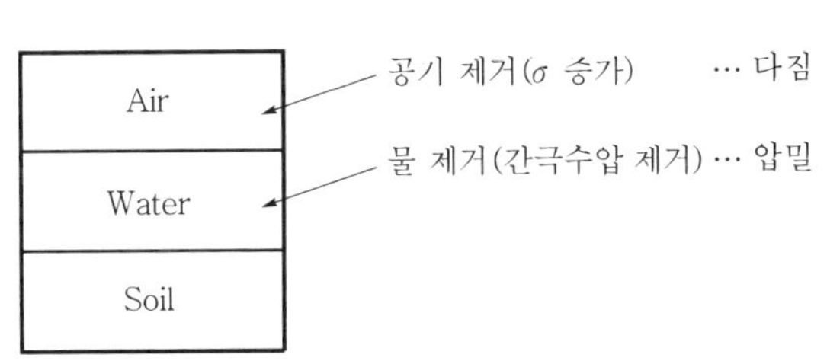

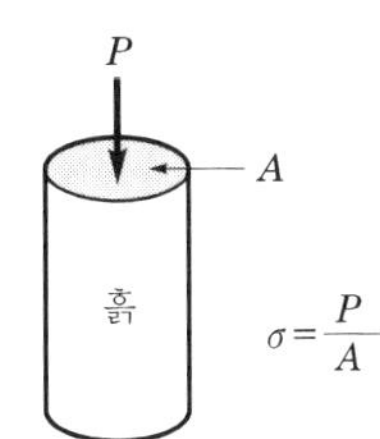

〈1축 압축강도시험〉

② 부등침하 방지

③ 액상화 방지(사질토)

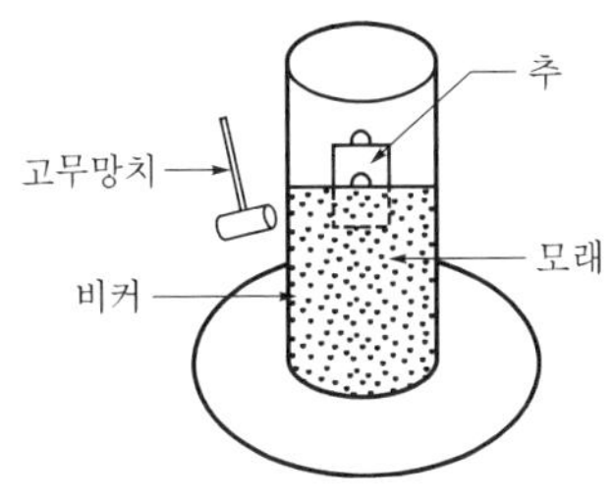

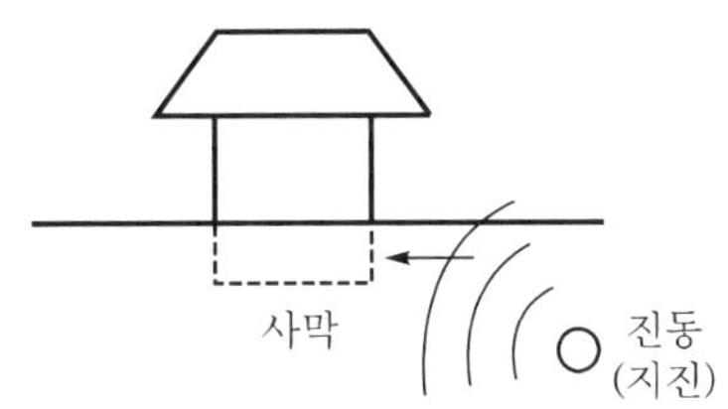

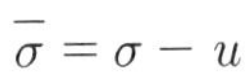

$\bar{\sigma} = \sigma - u$

ex) 90=100-10에서 간극수압이 일시적으로 응력만큼 증가 시
0=100-100로 유효응력이 0이 된다.

④ 투수성 감소

⑤ 안정성 유지

3) 사전조사(비상식량)

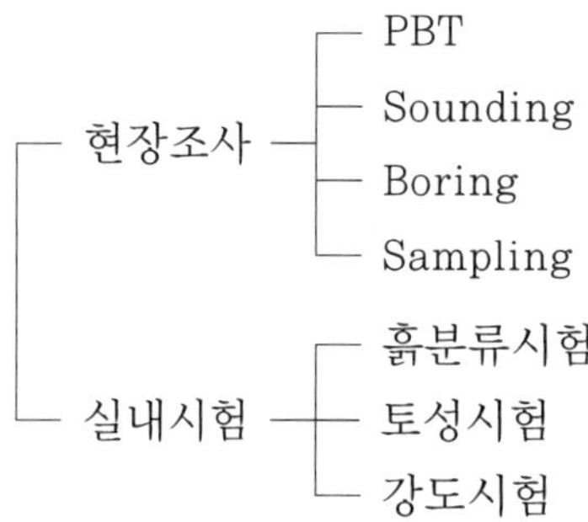

2 공법의 종류

1. 사질토($N \leq 10$)

- 진동다짐공법
- 모래다짐말뚝공법
- 전기충격공법
- 폭파다짐공법
- 약액주입공법
- 동다짐공법

> **Memory**
> • 전쟁에 **진**다면 **모**든 **전폭**기를 **약동**시켜라.
> • **진다전폭약동**

1) 진동다짐공법(Vibro Floatation)

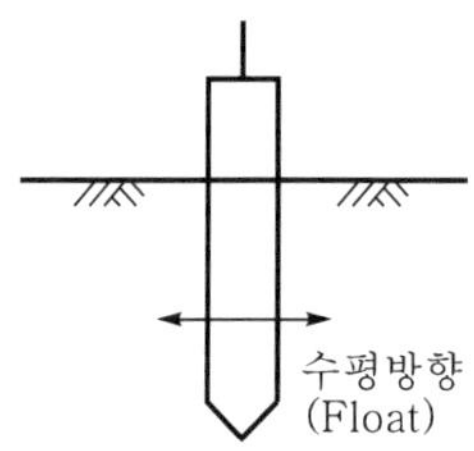

2) 모래다짐말뚝공법(Sand Compaction Pile)

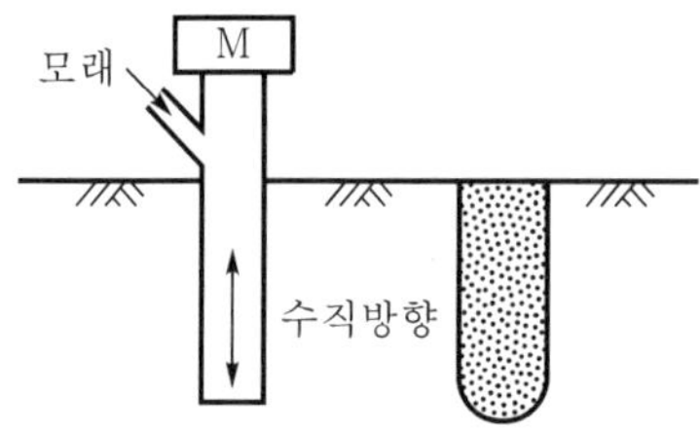

3) 전기충격공법

↳ 고압방전 → 대전류 : 방전전극 → 순간충격

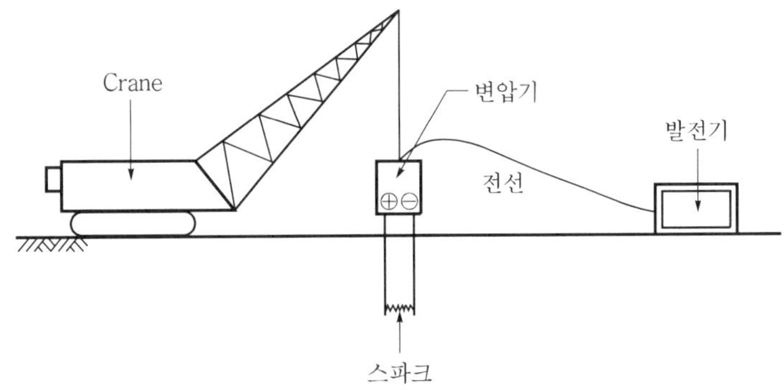

4) 폭파다짐공법

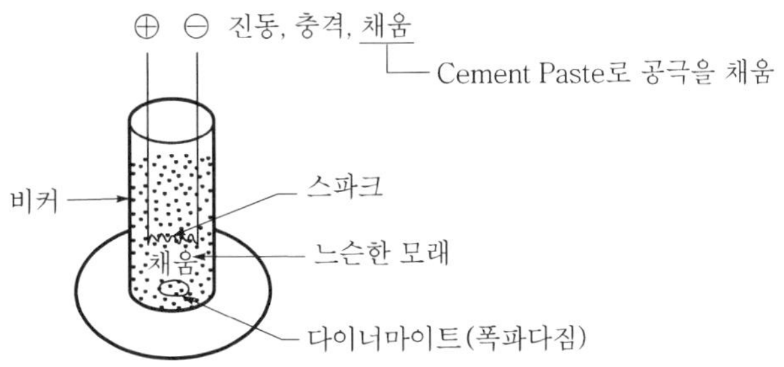

5) 약액주입공법(LW/JSP/CGS/SGR)

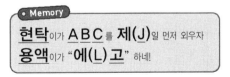

> **Memory**
> **현탁**이가 **ABC**를 **제(J)**일 먼저 외우자
> **용액**이가 **"에(L)고"** 하네!

- 개념 : 천공 → 주입관 설치 → 약액플랜트 준비 → 약액 주입 → 양생
- 약액 종류
  - 현탁액형 : Asphalt, Bentonite, Cement, JSP
  - 용액형
    - LW(Labiles Water glass, 불안정물유리)
    - 고분자계 : 아미드계, 요소계, 우레탄계
    - SGR(Space Grouting Rocket System)
- 시공방법

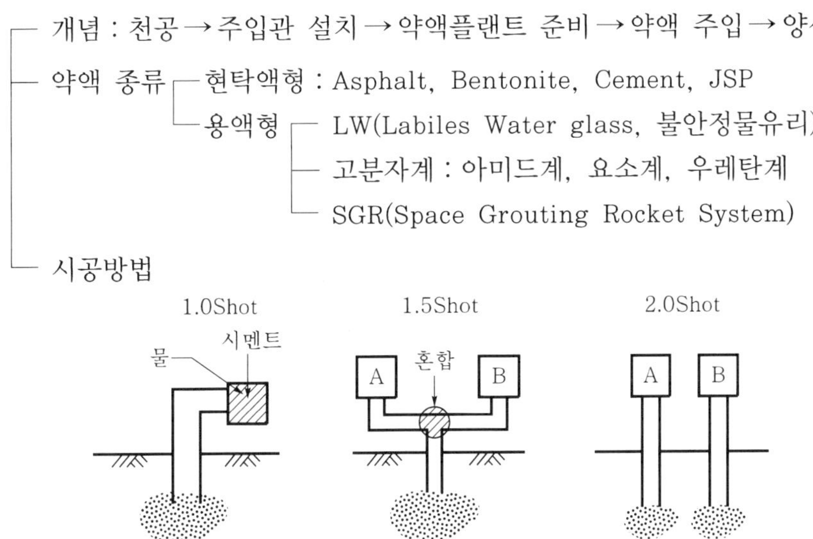

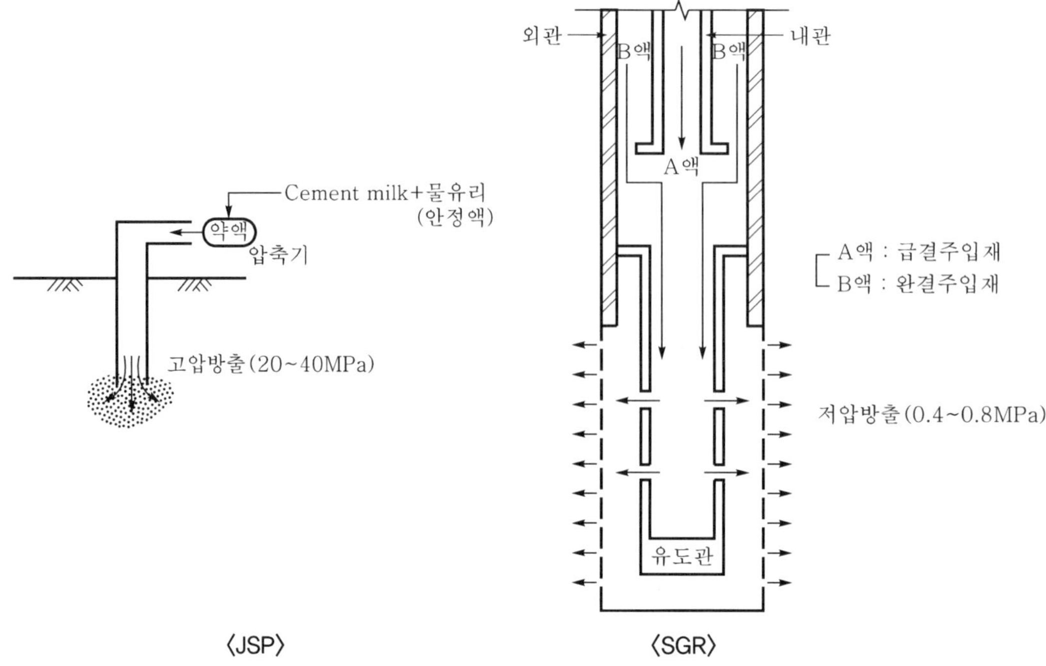

〈JSP〉 〈SGR〉

6) 동다짐공법(동압밀공법 : Dynamic compaction method)

① 광범위하고 폭넓은 지반개량

② 인근 피해에 유의

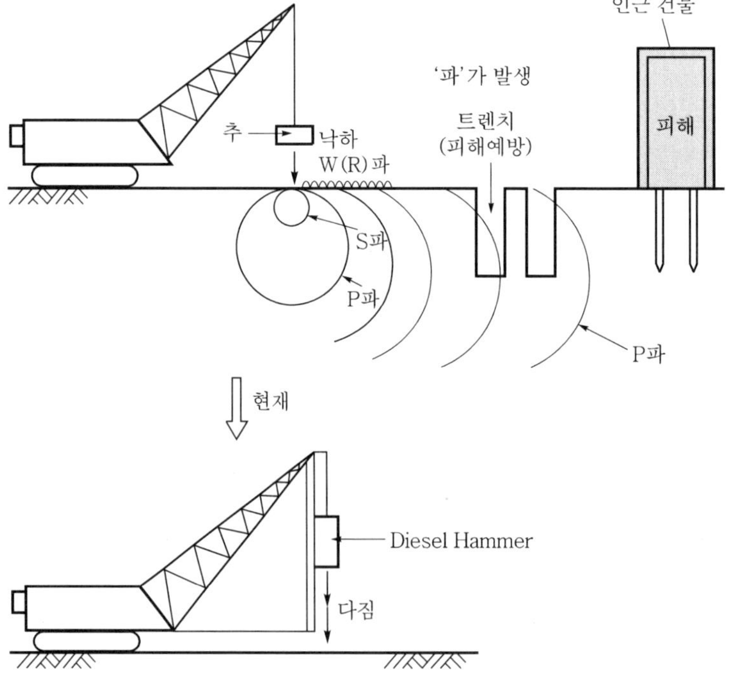

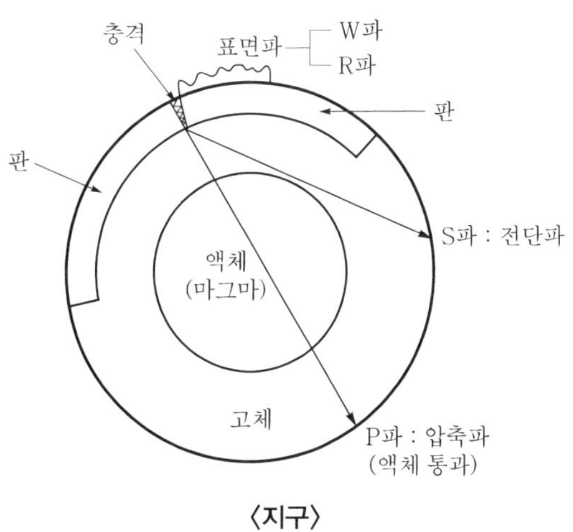

〈지구〉

※ 파의 속도 : P파 > S파 > W파

> **Memory**
> P와 S 그리고 W는 알파벳 순서로 작다.

2. 점성토($N \leq 4$)

> **Memory**
> • 치아(압)에 탈이 나서 배고동 소리가 날 때까지 전기침대 표면에서 뒹굴어라.
> • 치압탈배고동전침대표

- 치환공법
- 압밀공법
- 탈수공법
- 배수공법
- 고결공법
- 동치환공법
- 전기침투공법
- 침투압공법
- 대기압공법
- 표면처리공법

1) 치환공법

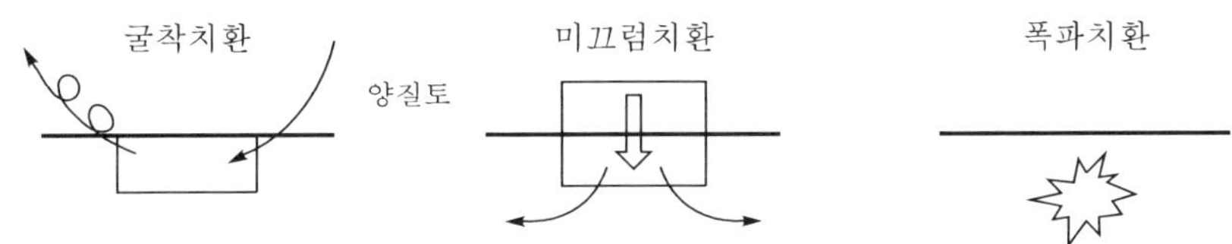

2) 압밀공법

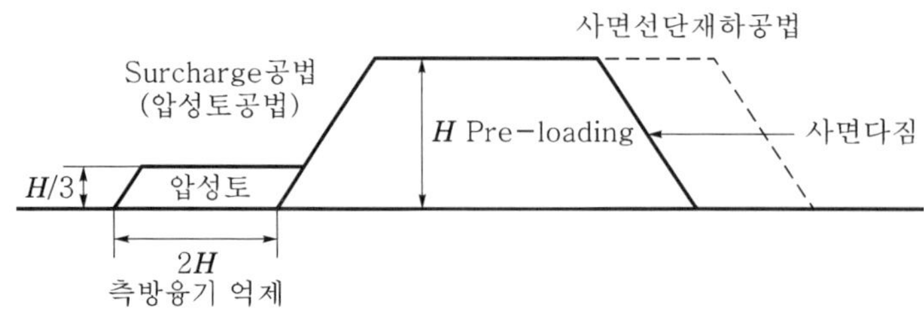

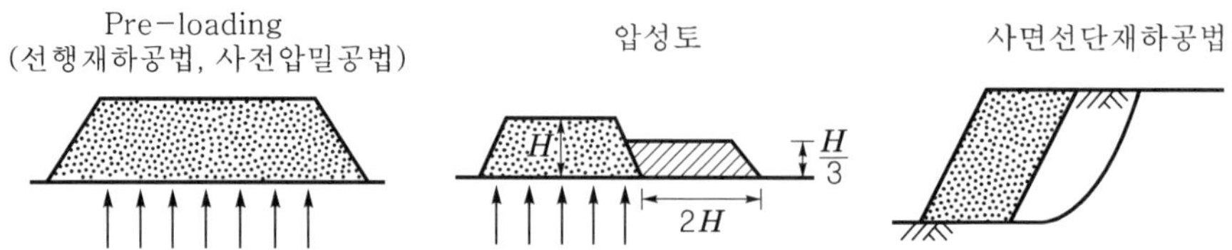

3) 탈수공법 : Sand drain method, Paper drain method, Pack drain method

(연직배수공법
Vertical drain
압밀촉진공법)

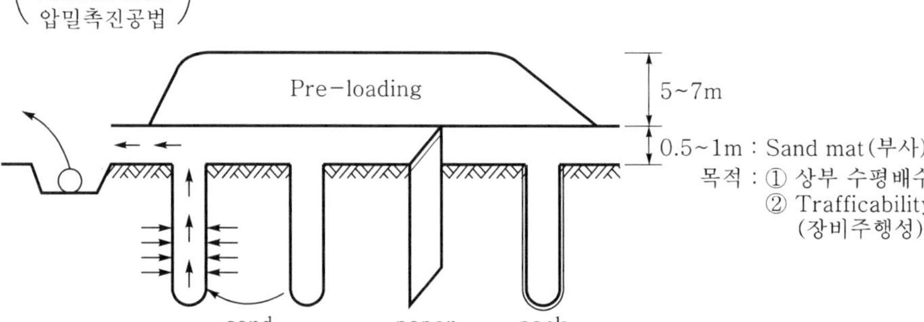

4) 배수공법 : 중력, 강제, 영구, 복수

5) 고결공법

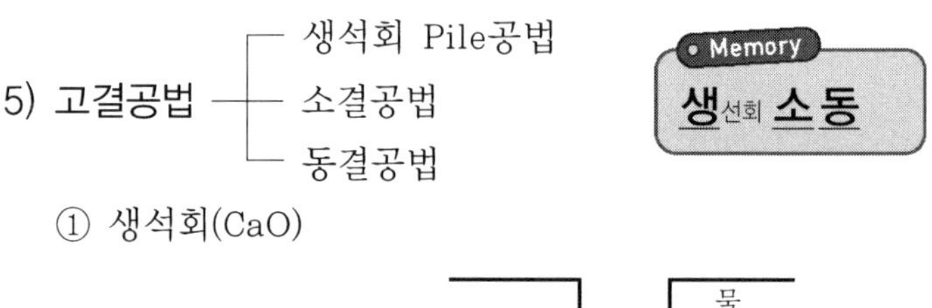

① 생석회(CaO)

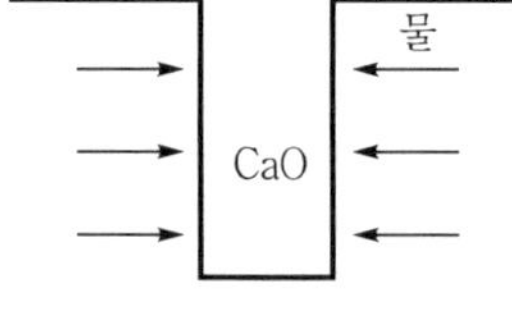

㉠ 석회
- 생석회 : 물을 받아들이면서 열을 발생
- 소석회 : 물을 받아들이면서 열을 발생 ×

㉡ 물을 받아들이면서 열을 발생시켜 물을 건조시킴.

㉢ 풍화, 수화반응, 탄산화

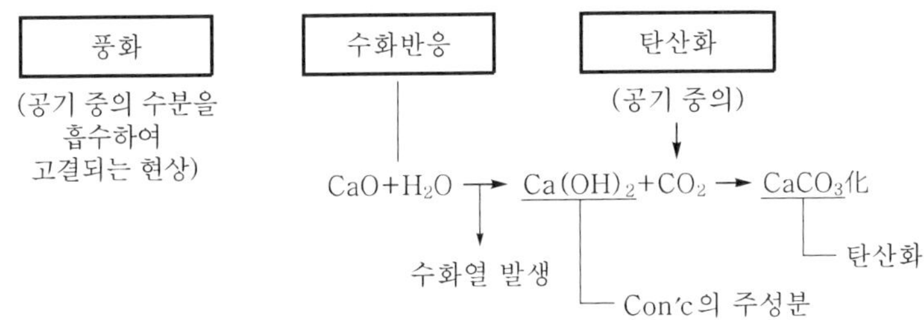

② 소결공법 : 태워서 말려버리는 공법

③ 동결공법 : 땅을 얼리는 공법, 임시공법

6) 동치환공법

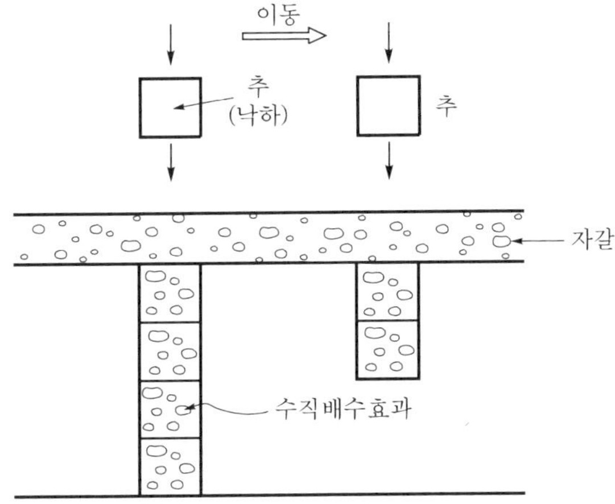

7) 전기침투공법 : ⊕ → ⊖

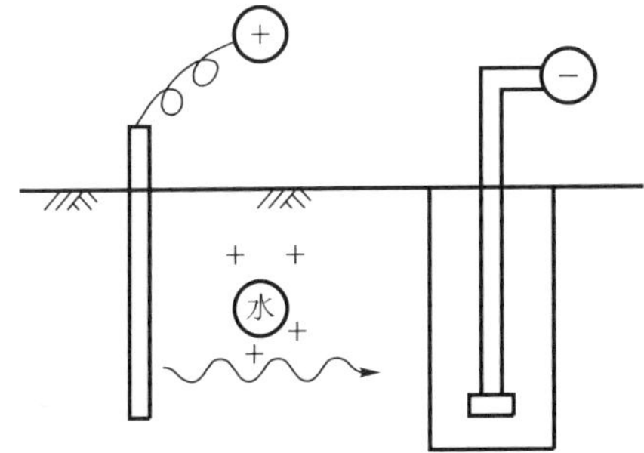

8) 침투압공법

① 밀도 차이로 물을 빨아들이는 공법

② 이론만 존재

9) 대기압공법(진공압밀공법)

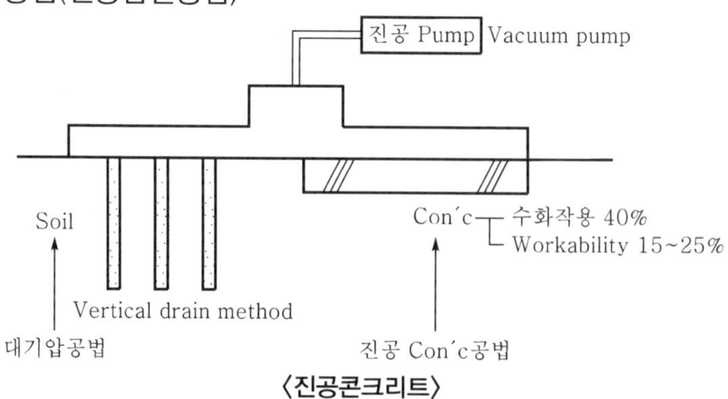

〈진공콘크리트〉

10) 표면처리공법(머캐덤공법)

① 표면만 처리

② 장비의 주행성 확보

3. 사질토, 점성토(혼합공법)

> • Memory
> • It(입) So(소) Hot(화)!!
> • 입에서 혼합을 잘 한다는 것은 입소(So)화를 의미한다.

1) 입도조정법

좋은 흙과 나쁜 흙의 입도를 조정

2) Soil Cement법

흙과 시멘트를 섞어서 지반 처리

3) 화학약제 혼합공법

흙의 성질을 개선시키는 공법

3 관 리

> • Memory
> 토지가 침수하니 지압이 낮아지구나!

1) 계측관리 – 점성토

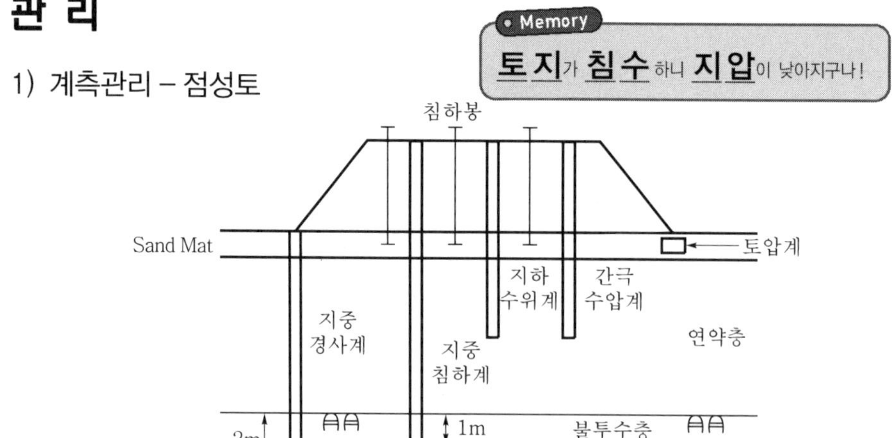

※ 간극수압계가 가장 중요

2) 침하관리

Memory
한 의원의 **전압침**을 **압류**하다.

① 전침하량

$$S_{total} = S_i + S_c + S_s$$

(탄성침하량) (1차 압밀침하량) (2차 압밀침하량)

탄성침하와 2차 압밀침하는 시공과 관련이 적으므로 1차 압밀침하를 중점관리 한다.

② 압밀침하량

$$S_c = \frac{C_c}{1+e} H \log \frac{P' + \Delta P}{P'}$$

③ 침하시간

$$t = \frac{T_v}{C_v} Z^2$$

여기서, C_v : 압밀계수, T_v : 시간계수, Z : 배수거리

④ 압밀도

$$U = \frac{S_t}{S_c} \times 100\%$$

⑤ 잔류침하량

$$\Delta S = (1 - U) S_c$$

- 젊은 그리스도인의 비전 찾기 -

이 세상에서 가장 무서운 사람은 소유와 죽음을 초월한 사람이라고 합니다.
그리고 또 하나의 무서운 사람은 비전의 소유자입니다.
간디는 "꿈이 없는 사람은 죽은 사람"이라고 말했습니다.
비전은 사람의 마음을 사로잡고, 또한 엄청난 잠재력을 폭발시키는 도화선이 됩니다.

백여 년 전 미국 시카고에 대화재가 발생했습니다.
모두가 타 버려서 비탄에 빠져 있을 때, 한 가게에 이런 방이 붙어 있었습니다.
"우리 가게가 이번에 몽땅 불에 타버렸습니다.
그러나 우리의 비전은 아직 타지 않았습니다.
그래서 우리는 내일부터 정상 영업을 하겠습니다."

비전은 어려운 때일수록 필요합니다.
상황이 어렵다고 해서 비전을 창고에 방치해 놓는다면 그것은 비전이 아닙니다.
비록 끼니를 제대로 잇지 못하고, 오막살이가 다 쓰러져 가더라도
비전이 있다면 그 집에는 희망이 있을 것입니다.
가족은 그 희망을 바라보며 어려움을 이겨나갈 수 있을 것입니다.

공사장의 흙을 나르는 허름한 트럭에 이런 글귀가 붙어 있었습니다.
"공사장 트럭 운전한다고 나를 깔보지 마십시오. 이래뵈도 큰 딸은 모 대학에 다니고,
작은 아들은 모 대학에 다니고 있습니다."
자식의 미래를 준비하는 아버지이기에 그는 자부심을 갖고 힘든 상황을 즐거운 마음으로
이겨낼 수가 있는 것입니다.

현재의 상황이 어떠하냐는 것과 비전이 있느냐 없느냐는 것은 다른 것입니다.
어려운 때일수록 오히려 비전이 필요합니다.

- 이의용 -

제1장 제3절 사면안정

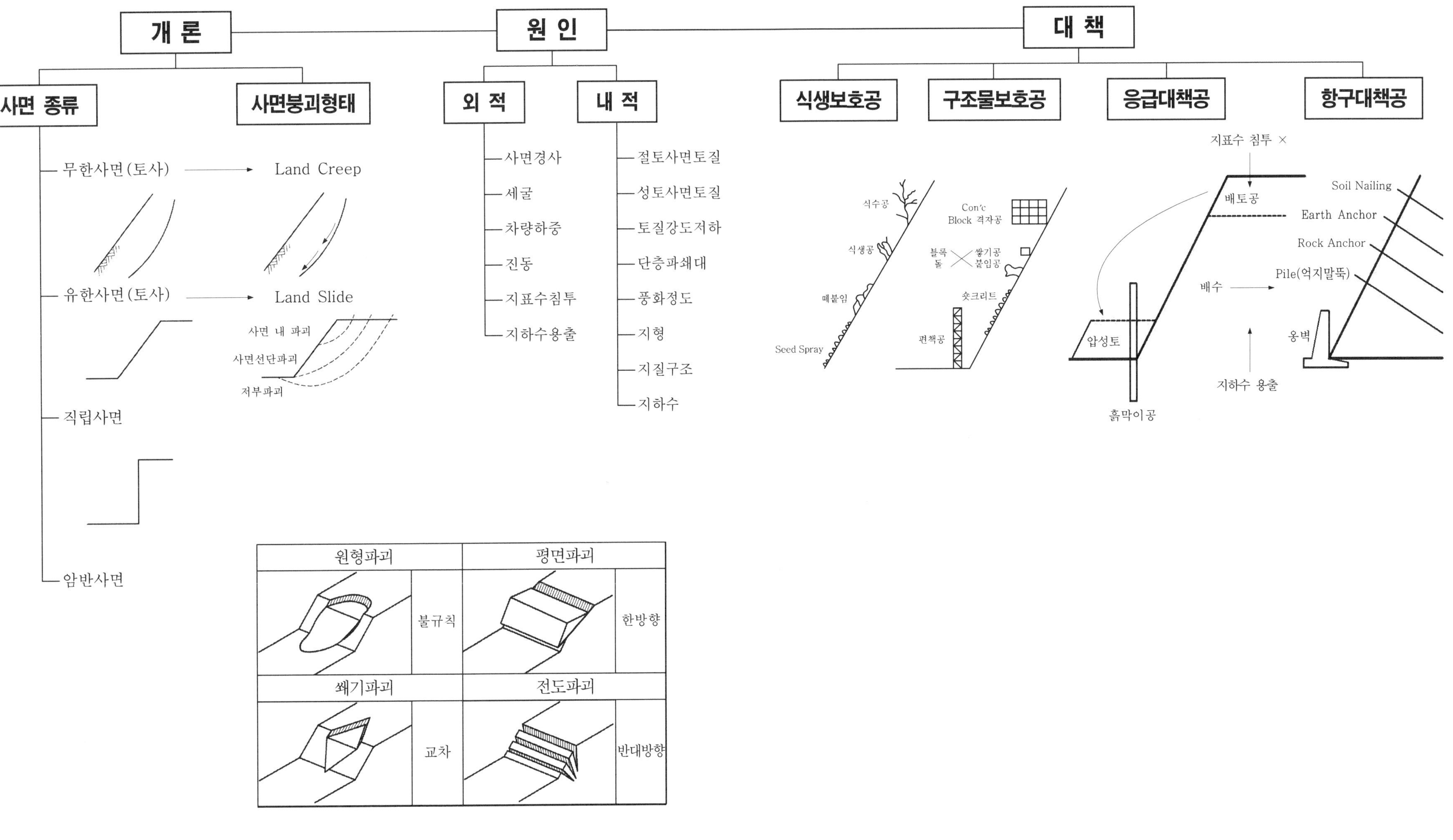
개 론
원 인
대 책
사면 종류
사면붕괴형태
외 적
내 적
식생보호공
구조물보호공
응급대책공
항구대책공
무한사면(토사)
Land Creep
유한사면(토사)
Land Slide
사면 내 파괴
사면선단파괴
저부파괴
직립사면
암반사면
사면경사
세굴
차량하중
진동
지표수침투
지하수용출
절토사면토질
성토사면토질
토질강도저하
단층파쇄대
풍화정도
지형
지질구조
지하수
식수공
식생공
떼붙임
Seed Spray
Con'c Block 격자공
블록 돌
쌓기공 붙임공
숏크리트
편책공
지표수 침투 ×
배토공
압성토
흙막이공
배수
지하수 용출
Soil Nailing
Earth Anchor
Rock Anchor
Pile(억지말뚝)
옹벽
원형파괴
불규칙
평면파괴
한방향
쐐기파괴
교차
전도파괴
반대방향

제 3 절 사면안정

1 사면안정

1) 토사사면

① 무한사면(자연사면) : Land Creep(지하수위 상승)

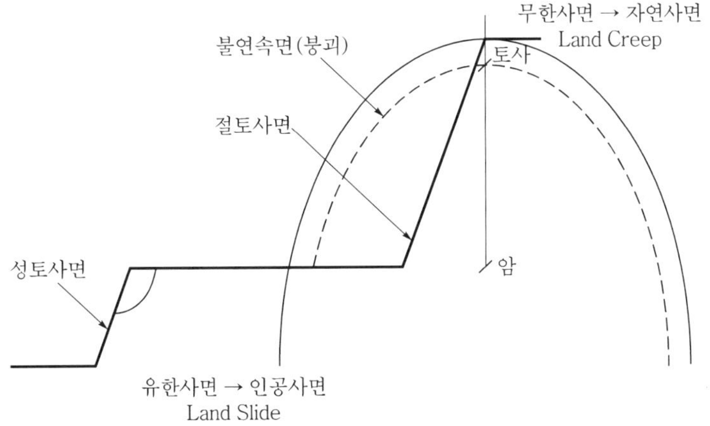

② 유한사면(인공사면) : Land Slide(호우, 지진)

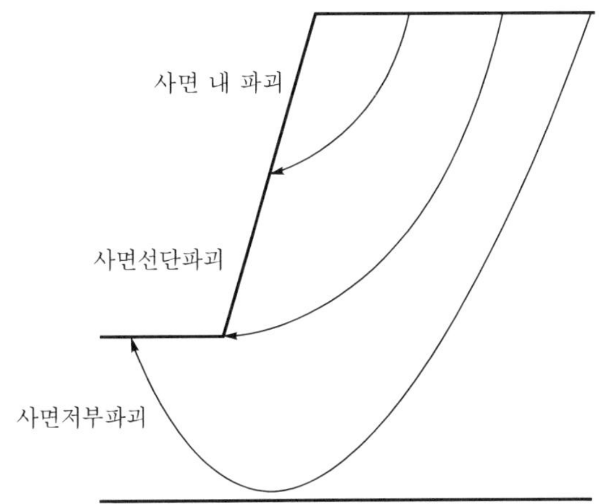

2) 암사면(원, 평, 쐐, 전, 불, 한, 교, 반)

원형파괴		평면파괴	
	불규칙		한 방향
쐐기파괴		**전도파괴**	
	교차		반대 방향

Memory
- 원불교를 평가한 신문의 배달을 기차가 전반적으로 담당한다.
- 원평쐐전

① 원형파괴 : 불연속면(절리)이 불규칙하게 발달되었을 때 발생하는 파괴

② 평면파괴 : 불연속면(절리)이 한 방향으로만 발달되었을 때 발생하는 파괴

③ 쐐기파괴 : 불연속면(절리)이 서로 교차할 때 발생하는 파괴

④ 전도파괴 : 불연속면(절리)이 사면의 반대방향으로 발달되었을 때 발생하는 파괴

2 사면파괴 원인

1) 사면붕괴 Mechanism(사면안정 검토)

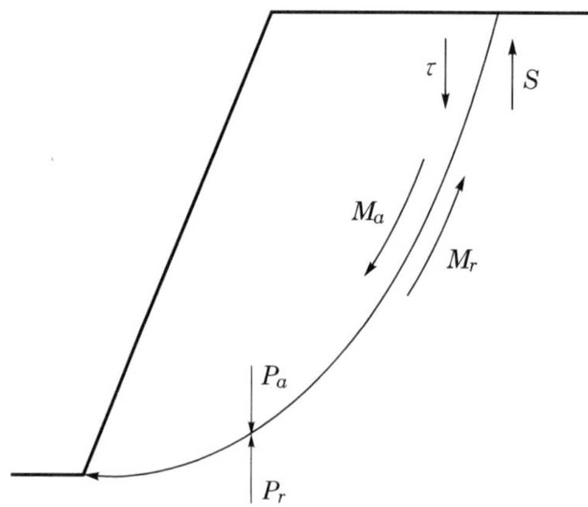

① $P_a > P_r$(상부에서 누르는 힘이 밑에서 받치는 힘보다 클 때)

② $M_a > M_r$(Sliding하려는 모멘트(M_a)가 역모멘트(M_r)보다 클 때)

③ $\tau > S$(흙의 응력이 강도보다 클 때)

2) 내 · 외적 원인

① 내적 요인 : 자연적인 요인(S 감소)

② 외적 요인 : 인위적인 요인(τ 증가)

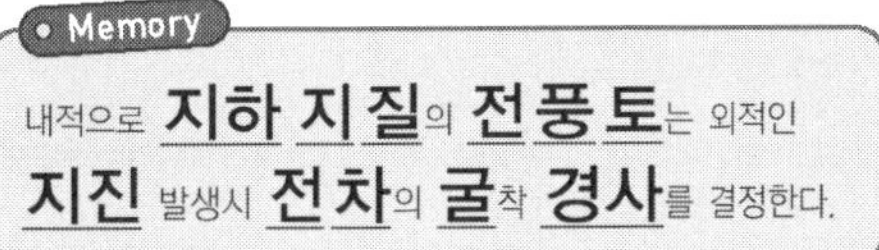

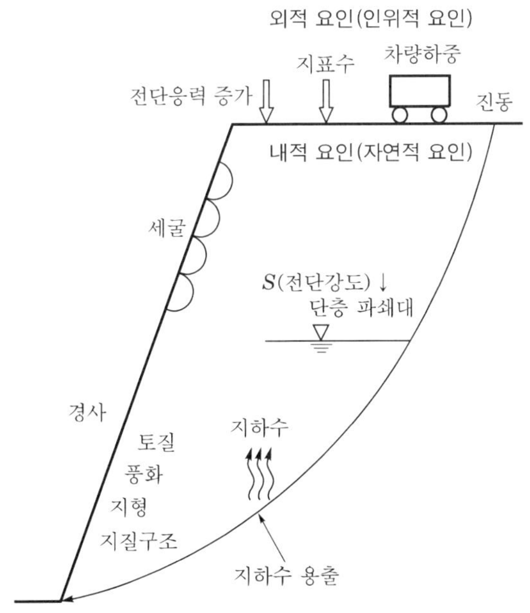

3 대 책

1) 사면안정 검토

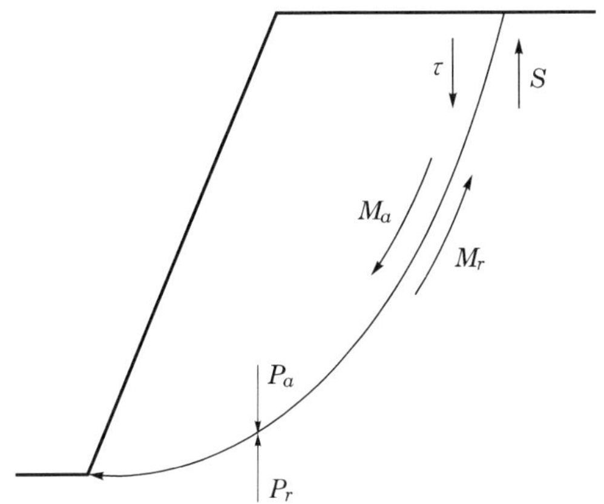

① $P_r > P_a F_s$(상부에서 누르는 힘보다 밑에서 받치는 힘이 크게)

② $M_r > M_a F_s$(Sliding하려는 모멘트(M_a)보다 역모멘트(M_r)를 크게)

③ $S > \tau F_s$(흙의 응력보다 강도가 크게)

2) 식생 보호공

Memory
- 수 생식물의 씨(See)를 평지에 뿌려라.
- 씩씩(식 식)한 평민이 씨(See)를 뿌린다.

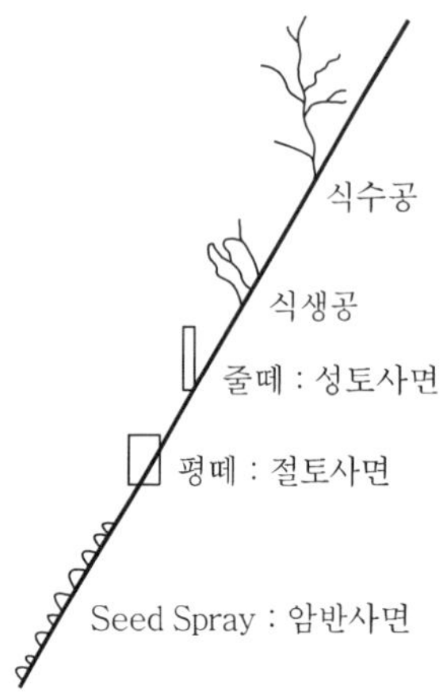

3) 구조물 보호공

Memory
- 돌 계단을 쌓고 붙일 때 가(Ga)새는 짧게(숏)해라.
- 미끄러운 계단에 돌과 콘크리트 숏(숏)아 부으니 가(Ga)슴이 후련하다.

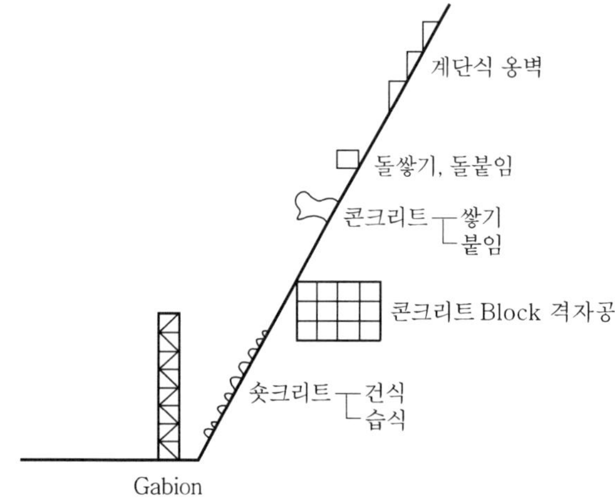

4) 응급 대책공

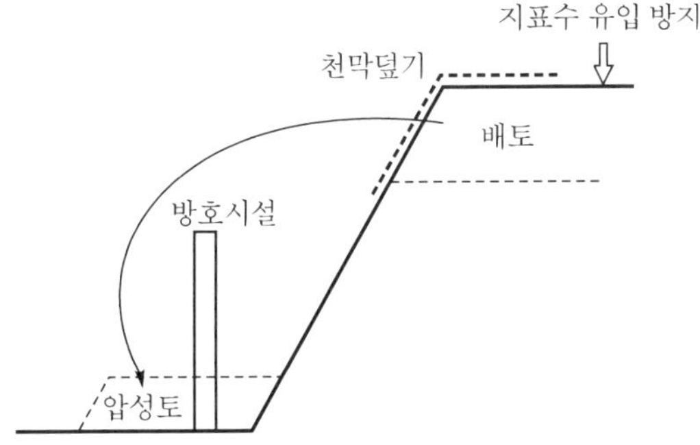

> **Memory**
> 천하의 지배자가 지방으로 압송됐다.

5) 항구 대책공

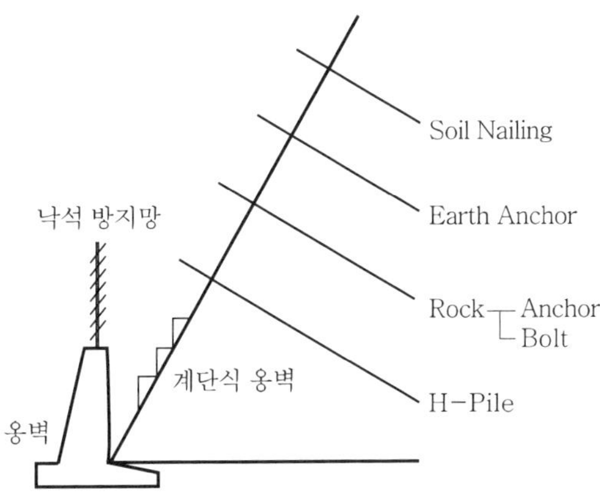

> **Memory**
> 헬스(HERS) 계를 응(옹)락(낙)했다.

4 사면붕괴 시 조치사항

시찰(관찰)	: 2차 재해 여부 확인
↓	
계측	: 진행성 여부 확인
↓	
현장조사	: 지형, 지질도, 공사기록
↓	
지반조사	: 토질조사, 암반조사, 물리적 탐사, 탄성파 탐사
↓	
대책공법 선정	: 실정보고, 예산 확보
↓	
사면보강	: 품질관리

5 사면계측

대책이나 결론에 사용

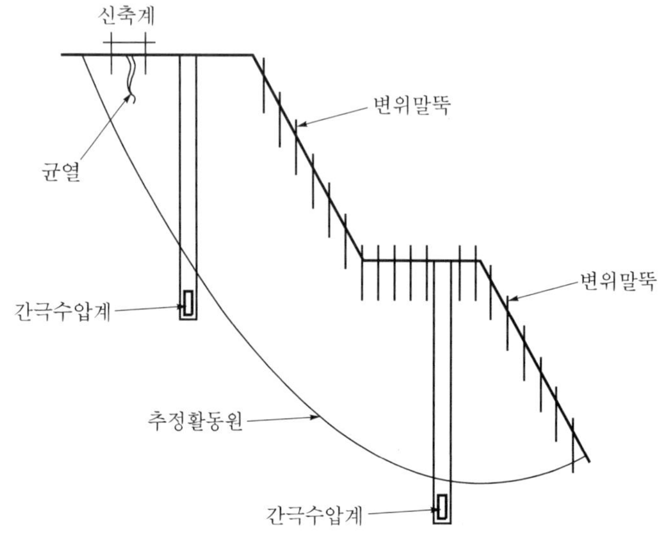

상시계측, 세부계측 → 자동계측 System(장비 → DB → 해석)

제1장 제4절 옹벽 및 보강토

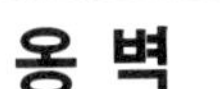

옹 벽

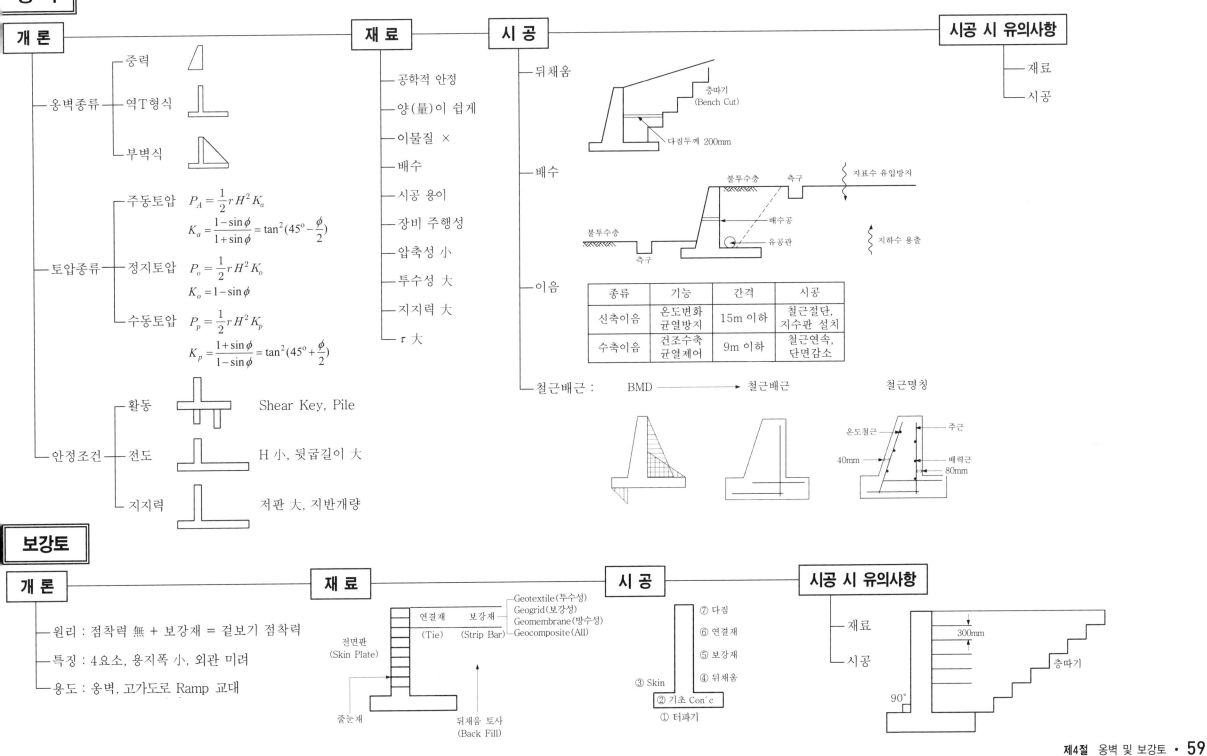

개 론

- 옹벽종류
  - 중력
  - 역T형식
  - 부벽식 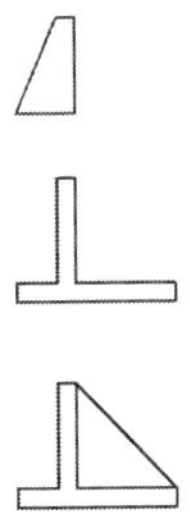
- 토압종류
  - 주동토압 $P_A = \frac{1}{2} r H^2 K_a$
    $K_a = \frac{1-\sin\phi}{1+\sin\phi} = \tan^2(45° - \frac{\phi}{2})$
  - 정지토압 $P_o = \frac{1}{2} r H^2 K_o$
    $K_o = 1 - \sin\phi$
  - 수동토압 $P_p = \frac{1}{2} r H^2 K_p$
    $K_p = \frac{1+\sin\phi}{1-\sin\phi} = \tan^2(45° + \frac{\phi}{2})$
- 안정조건
  - 활동: Shear Key, Pile
  - 전도: H 小, 뒷굽길이 大
  - 지지력: 저판 大, 지반개량

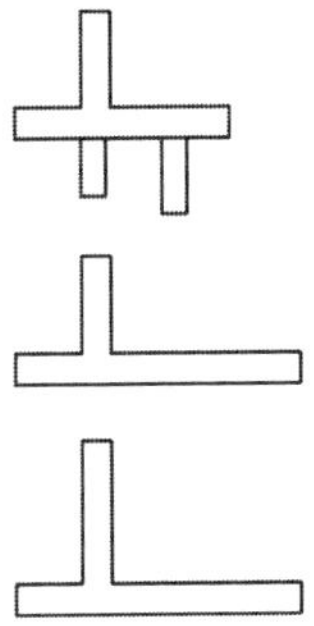

재 료

- 공학적 안정
- 양(量)이 쉽게
- 이물질 ×
- 배수
- 시공 용이
- 장비 주행성
- 압축성 小
- 투수성 大
- 지지력 大
- τ 大

시 공

- 뒤채움

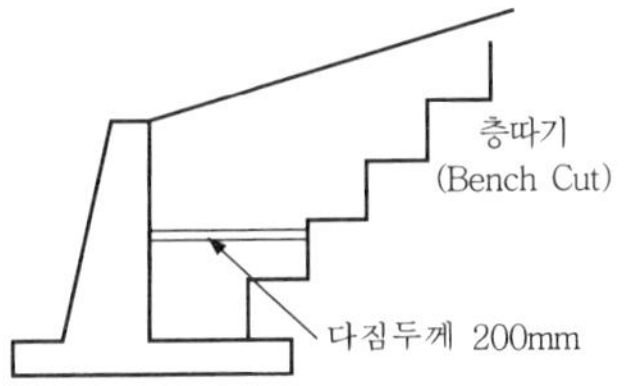

- 배수

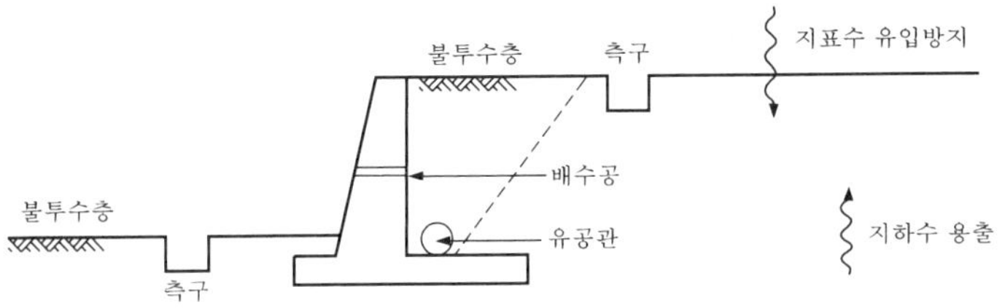

- 이음

종류	기능	간격	시공
신축이음	온도변화 균열방지	15m 이하	철근절단, 지수판 설치
수축이음	건조수축 균열제어	9m 이하	철근연속, 단면감소

- 철근배근 : BMD → 철근배근 철근명칭

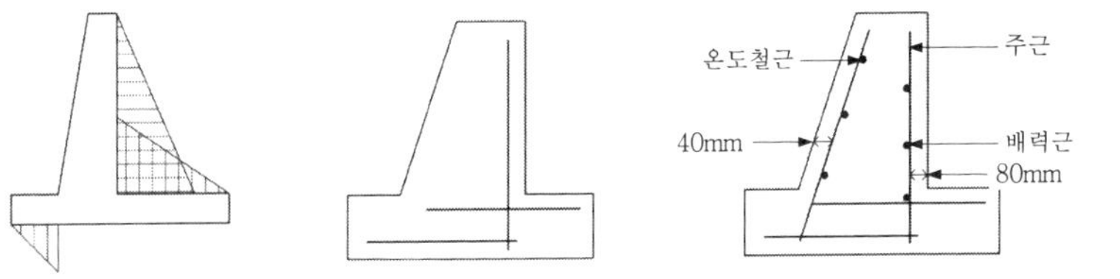

시공 시 유의사항

- 재료
- 시공

보강토

개 론

- 원리 : 점착력 無 + 보강재 = 겉보기 점착력
- 특징 : 4요소, 용지폭 小, 외관 미려
- 용도 : 옹벽, 고가도로 Ramp 교대

재 료

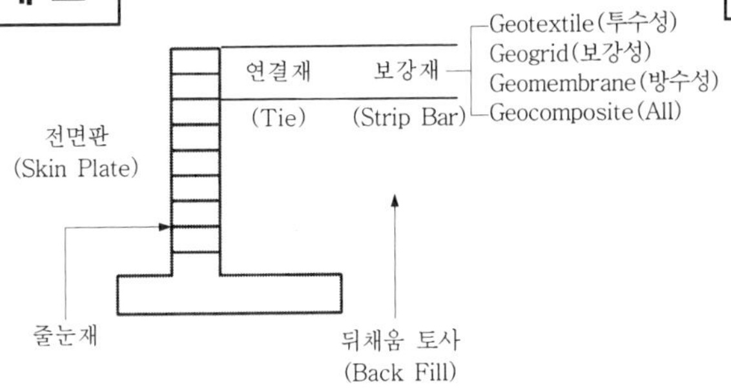

시 공

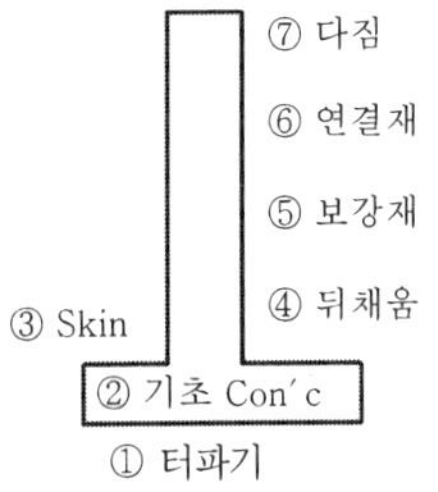

시공 시 유의사항

- 재료
- 시공

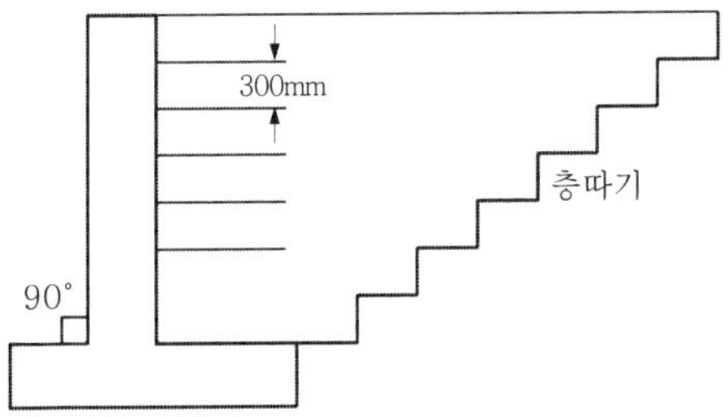

제 4 절 옹벽 및 보강토

개 론

1 정 의

① 부지 확보를 위해서 (배면)토압에 저항하는 구조물

② 수압을 고려하지 않음. → 대책은 수압이 걸리지 않도록 하는 것

2 옹벽 종류

1) 중력식 옹벽

옹벽 자체의 중량으로 (배면)토압에 저항하는 옹벽(구조물)

2) 역T형(캔틸레버) 옹벽

옹벽 자체의 중량과 캔틸레버 위의 흙의 중량으로 (배면)토압에 저항하는 옹벽(구조물)

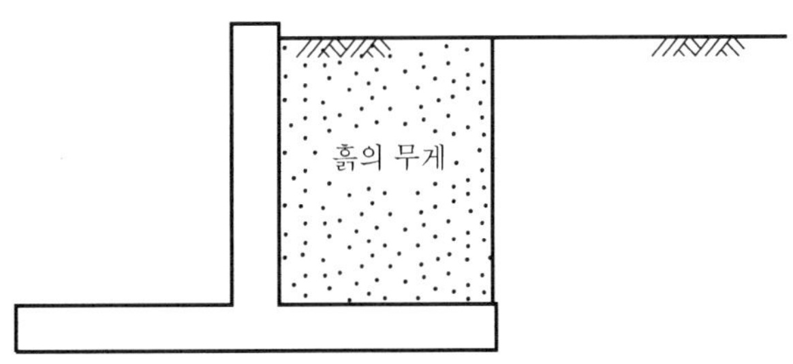

- 역T형 : 생긴 모양
- 캔틸레버 : 구조적

3) 부벽식 옹벽

옹벽 자체의 중량과 부벽 위의 흙의 중량으로 토압에 저항하는 옹벽(구조물)

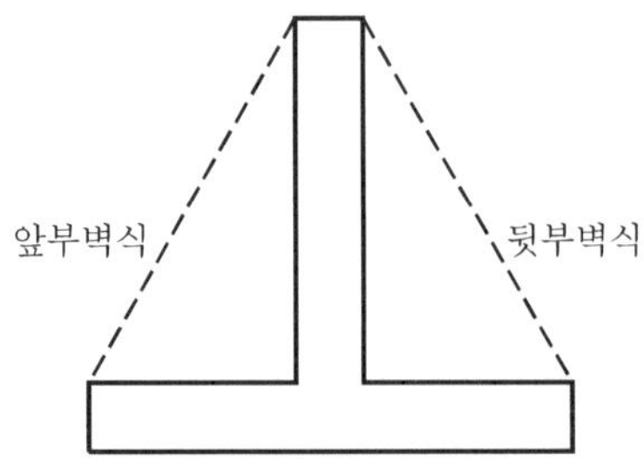

- 역T형 옹벽에 전단력과 휨모멘트를 감소시킨 옹벽

3 토압 종류

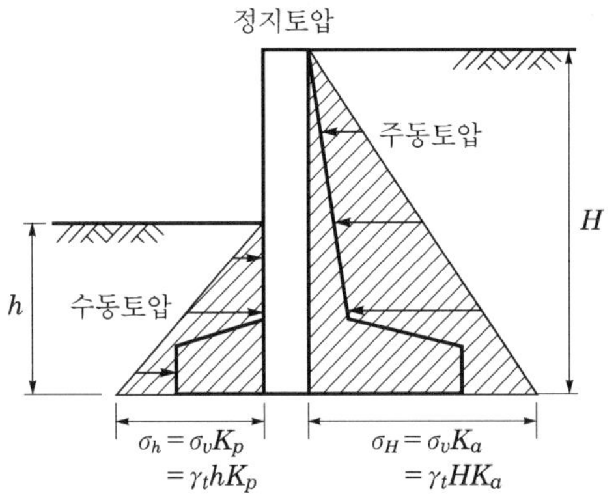

$\sigma_v = \gamma_t H$
↓
• → $\sigma_H = \sigma_v K$(토압계수)
(토립자)

여기서, σ_v : 수직응력
σ_H : 수평응력
γ_t : 흙(토립자)의 밀도
K : 토압계수

1) 주동토압(삼각형 면적)

$$\frac{\sigma_v K_a H}{2} = \frac{\gamma_t H K_a H}{2} = \frac{1}{2}\gamma_t H^2 K_a$$

$$= \frac{1}{2}\gamma_t h^2 K_p$$

$K_a < K_p$
(평형유지)

2) 수동토압(삼각형 면적)

3) 정지토압

$$\frac{1}{2}\gamma_t H^2 K_o$$

4) 토압계수

주동토압(K_a) $= \dfrac{1-\sin\phi}{1+\sin\phi}$ (ϕ의 값은 30°)
└ 전단저항각 $\sin 30° = 0.5$

$\therefore\ K = \dfrac{1-0.5}{1+0.5} = \dfrac{0.5}{1.5} = \dfrac{1}{3}$

수동토압(K_p) $= \dfrac{1+\sin\phi}{1-\sin\phi} = 3$

정지토압(K_o) $= 1-\sin\phi = 0.5$

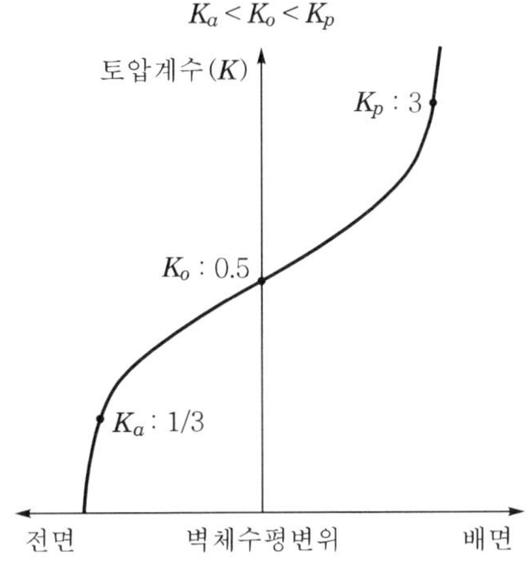

4 안정조건

1) 활동

F_s(안전율)$= 1.5$

수동토압보다 주동토압이 클 경우

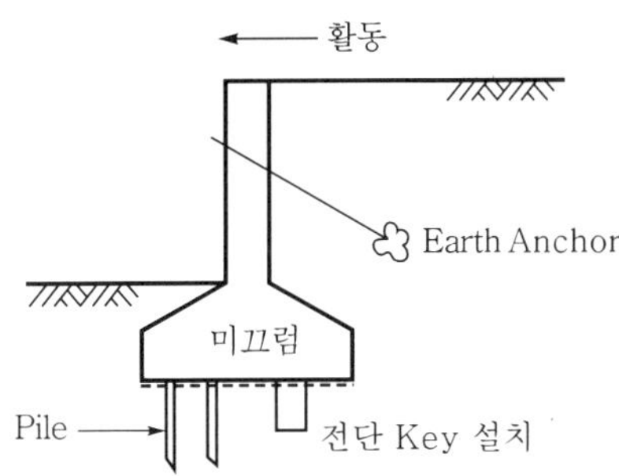

2) 전도

$F_s = 2.0$

옹벽이 넘어지는 것

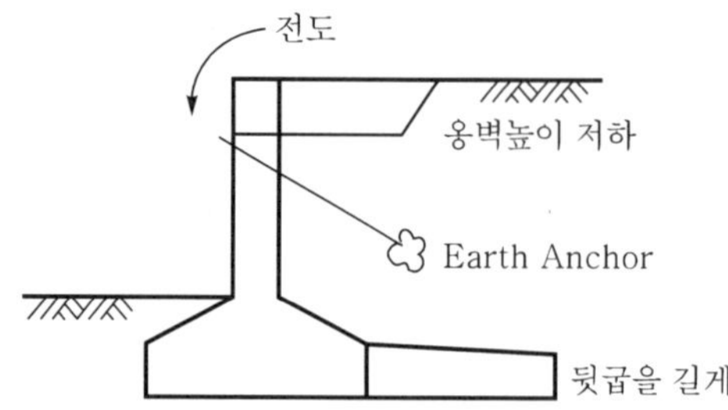

3) 침하

$F_s = 3.0$

지반의 지지력이 낮아 옹벽이 침하하는 것

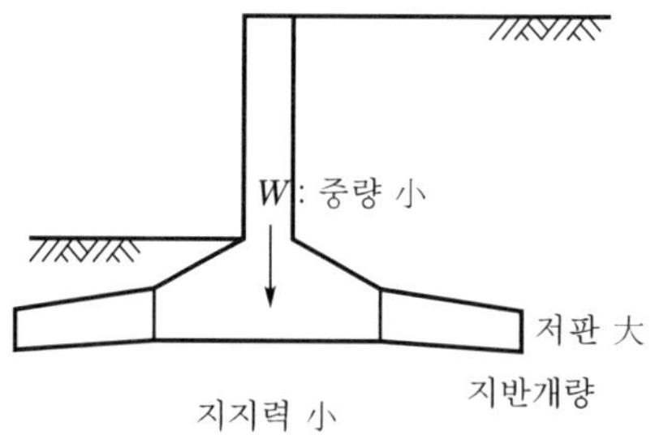

4) 원호

$F_s = 1.5$

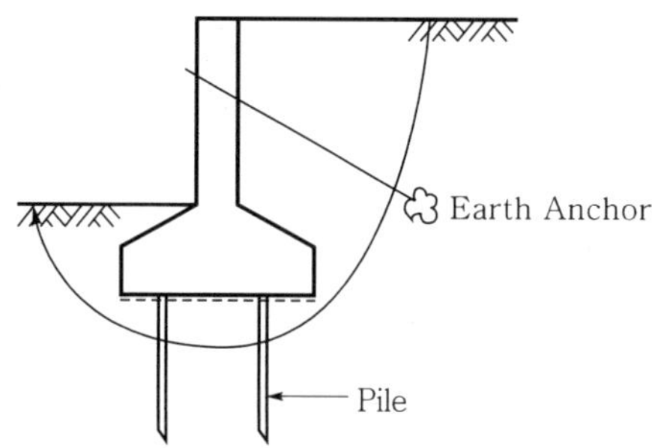

5 재 료

1) 공학적 안정

- 토압이 작게 걸리는 재료

  $K_a = \frac{1-\sin\phi}{1+\sin\phi}$가 적은 재료 → ϕ가 큰 재료

- 배수가 잘 되는 재료
  - $LL < 50$, $PI < 10$
  - $C_u > 10$, $C_g = 1 \sim 3$
  - 5mm체 : 100~25%
  - 0.08mm체 : 0~20%

2) 양이배시장압지전투

6 시 공

1) 뒤채움

① 층따기(bench cut)

② 다짐두께 200mm

2) 배수

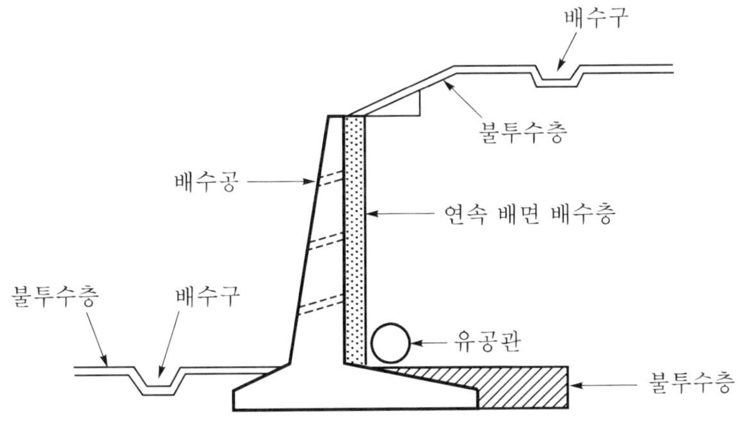

3) 이음

- 시 신이 추워서(Cold) 수축되었다.
- 시 신은 수축되고 차거워(Cold)진다.

- 목적 : 균열 방지

① 일반구조물

㉠ 시공이음

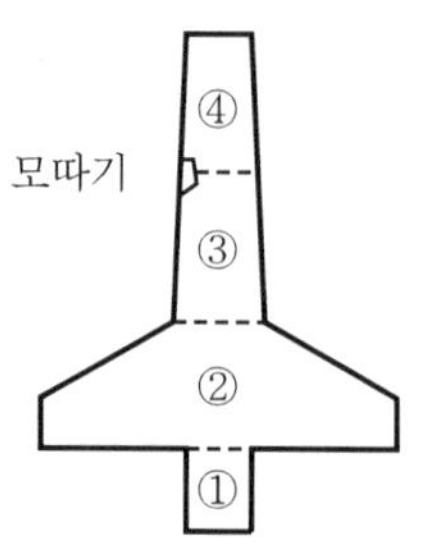

〈옹벽의 시공이음〉

㉡ 신축이음

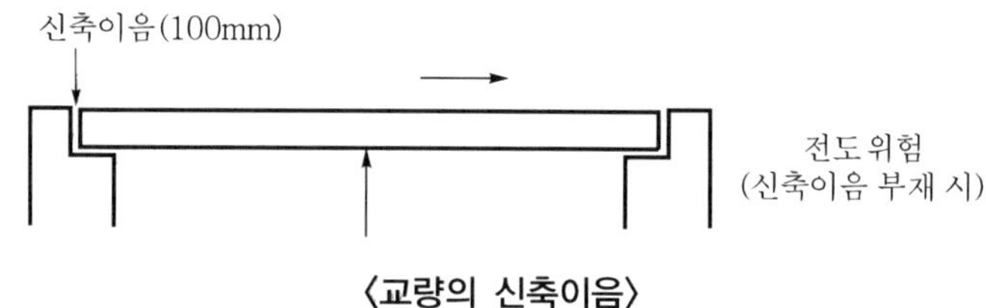

〈교량의 신축이음〉

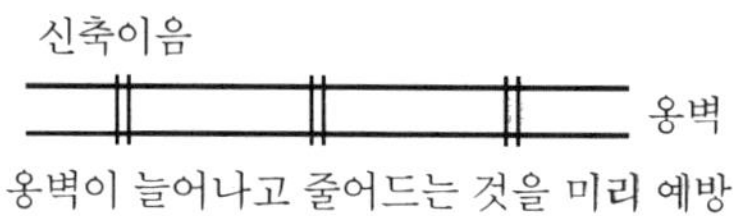

㉢ 수축이음

경화 전	경화 후
소성수축균열	염 · 탄 · 알
침하균열	동 · 온 · 건

균열발생
모따기
(균열유도)
균열
신 Con′c
구 Con′c

〈양단구속〉 〈하단구속〉

㉣ Cold Joint

㉤ 옹벽의 이음

종 류	기 능	간 격	시 공
신축이음	온도변화, 균열 방지	15m 이하	철근절단, 지수판 설치
수축이음	건조수축, 균열제어	9m 이하	철근연속, 단면감소

② 도로

㉠ 가로줄눈 ─┬ 수축줄눈
　　　　　　└ 팽창줄눈

㉡ 세로수축줄눈

③ 교량 – 신축줄눈

④ 댐

㉠ 가로이음

㉡ 세로이음

4) 철근배근

① BMD

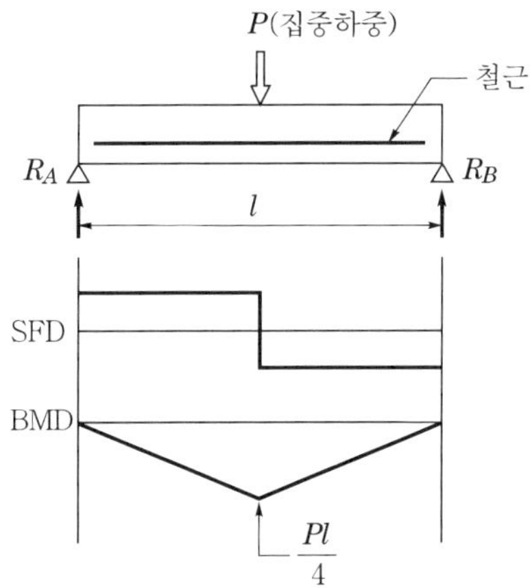

② 교량

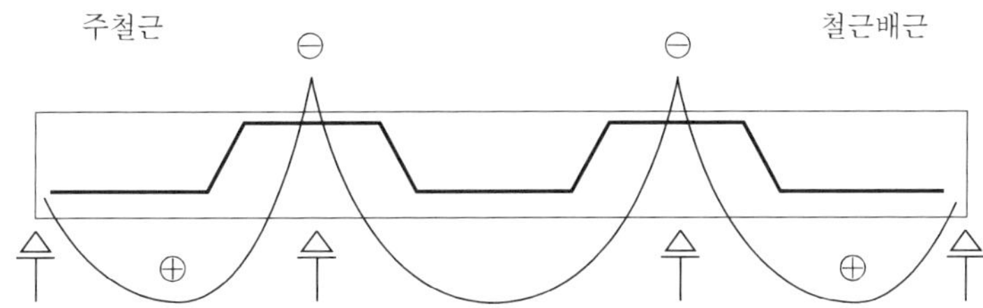

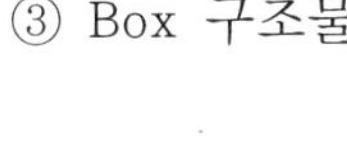
③ Box 구조물

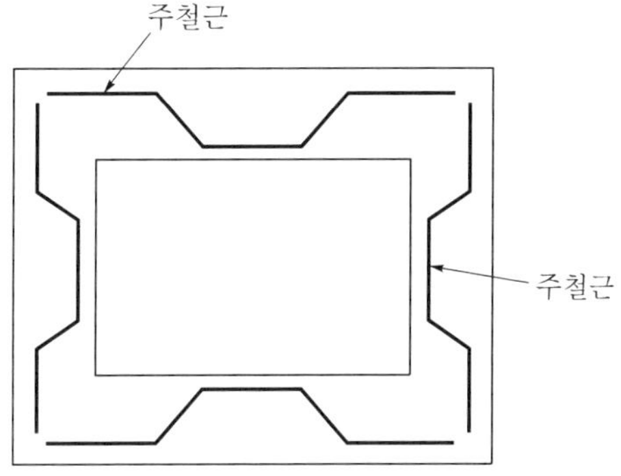

④ 옹벽

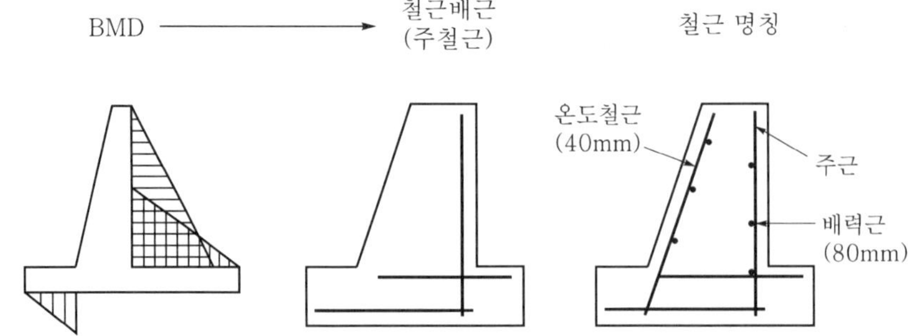

7 보강토

1) 원리

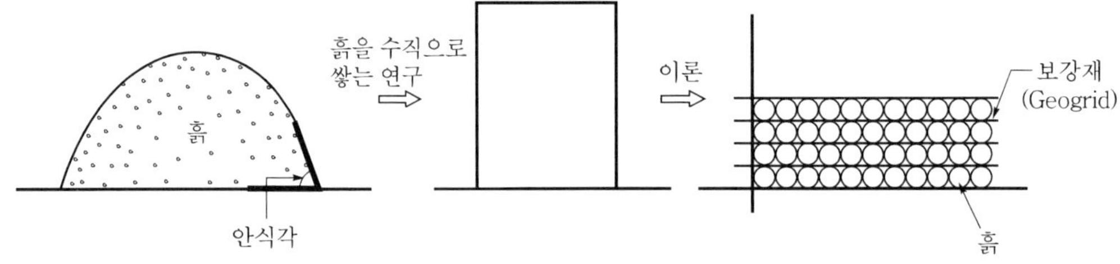

2) 특징

① 4요소(시, 경, 안, 무) 우수

② 용지폭 小

③ 외관 미려

3) 용도

① 옹벽

② 고가도로 Ramp

③ 교대

4) 재료

5) 시공

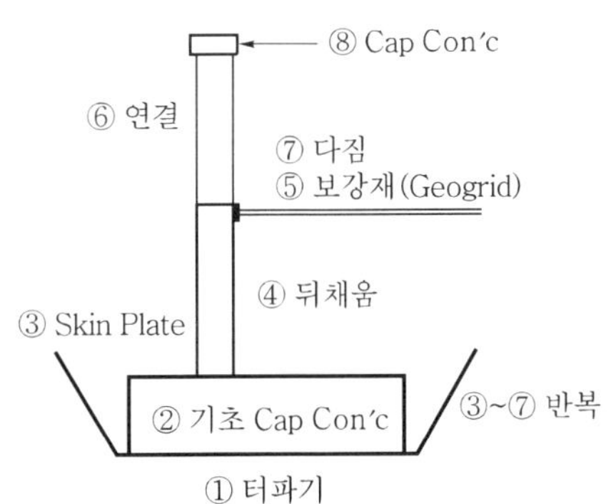

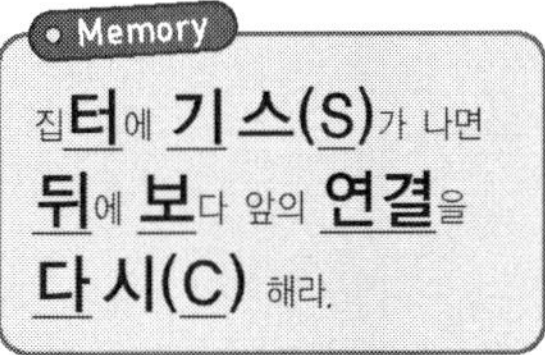

6) 시공 시 유의사항

① 재료

② 시공

나는 큰 제지 회사를 경영하고 있는 맥(Mack)이라는
경영인을 알고 있습니다.
그는 최근에 어떤 여자와 사랑에 빠져 부인과 별거중이었지만,
자신은 아직도 아내와 자식들을 사랑하며
이혼은 하지 않을 거라고 말했습니다.
그러면서 내게 이렇게 질문했습니다.

"전 지금 최고의 자리에 있는데, 여전히 불안하고 불만스럽습니다.
제가 종교를 가질 필요가 있다는 것을 너무나 잘 알고는 있지만
어디서부터 시작해야 좋을지 난감합니다."
이 질문을 받은 나는 죄와 구원, 하나님을 멀리하게 되는 이유,
예수님께서 십자가에 못 박혀 돌아가심으로써 우리의 죄 또한
그 십자가와 함께 못 박혀 죽었다는 사실을 그에게 설명했습니다.
그는 하나님께로 가는 길이 이미 열려 있다는 사실뿐만 아니라,
회개와 순종이라는 개념 역시 이해하고 있었습니다.

하지만 내가 예수님을 영접하겠느냐고 물었을 때,
그는 곧바로 싫다며 고개를 흔들었습니다.
"기독교인이 되고 싶은 제 마음은 변함이 없습니다.
몇 가지 문제를 해결하는 즉시 꼭 그렇게 하겠습니다.
제게는 사랑하는 여인이 있습니다.
지금 저는 그녀와 함께 있을 때 가장 행복하고 살아 있음을 느낍니다.
아직은 그녀를 포기할 수 없어요."
롯의 아내는 하나님의 심판이 불과 유황으로 임하는 것을 보면서도
소돔에 대한 미련을 버리지 못하고 돌아보았다가 그 자리에서
소금기둥이 되었습니다.
세상을 사랑하는 마음을 포기하지 않는 한 하나님의 나라에
이를 수 없습니다.

-「예수에게 붙들린 삶」/ 잔 데이비드 헤팅어 외 -

제1장 제5절 건설기계

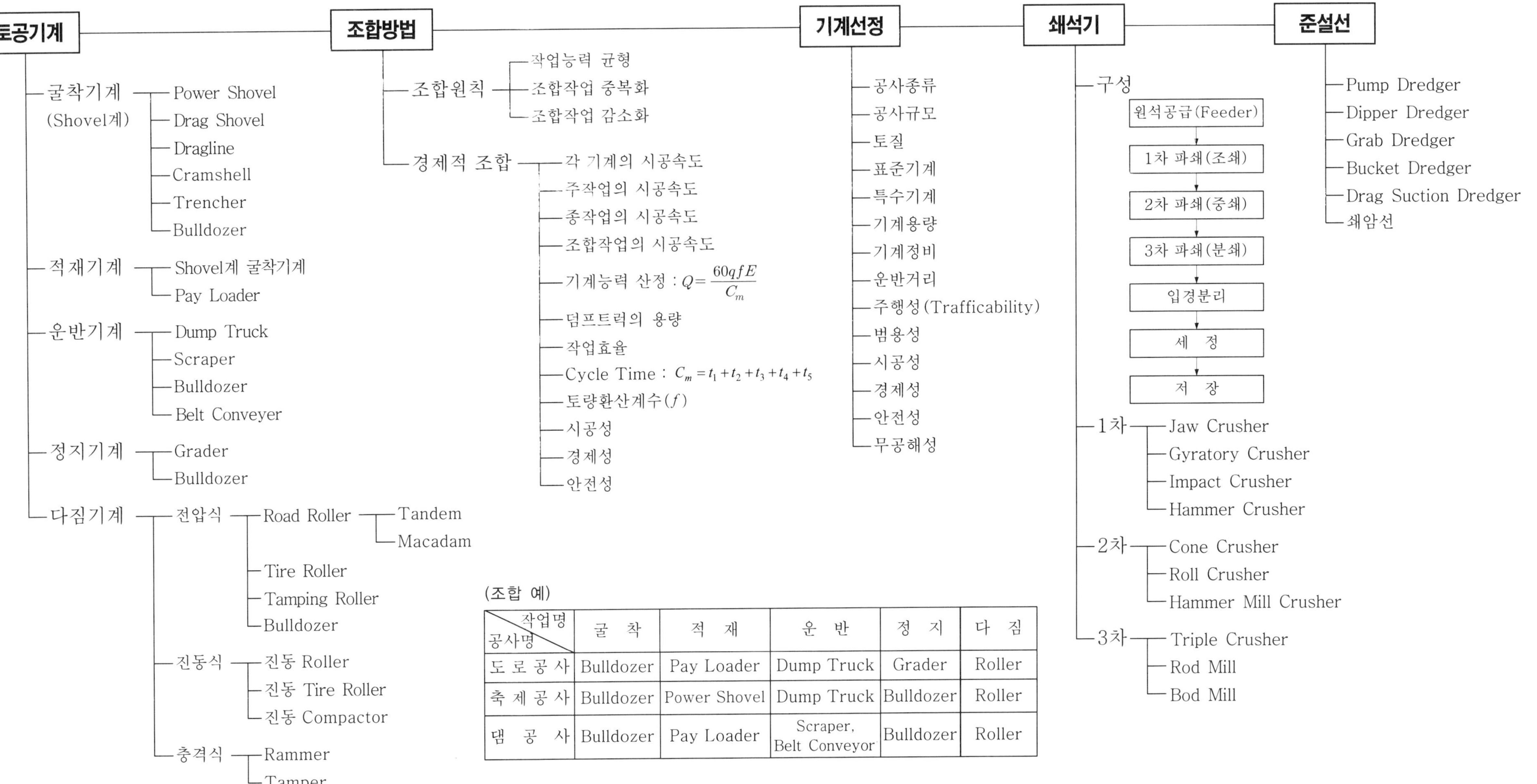

(조합 예)

작업명 / 공사명	굴 착	적 재	운 반	정 지	다 짐
도 로 공 사	Bulldozer	Pay Loader	Dump Truck	Grader	Roller
축 제 공 사	Bulldozer	Power Shovel	Dump Truck	Bulldozer	Roller
댐 공 사	Bulldozer	Pay Loader	Scraper, Belt Conveyor	Bulldozer	Roller

제 5 절 건설기계

1 토공기계

1) 굴착기계(Shovel계)

① Power Shovel : 지면보다 높은 곳의 굴착, 현재 생산되지 않음.

② Drag Shovel(Back Hoe) : 지면보다 낮은 곳의 굴착

③ Drag Line : 현재 없는 장비

④ Clamshell : Crane에 바가지를 장착, 깊은 곳의 흙을 채취

⑤ Trencher

⑥ Bulldozer : 굴착+운반

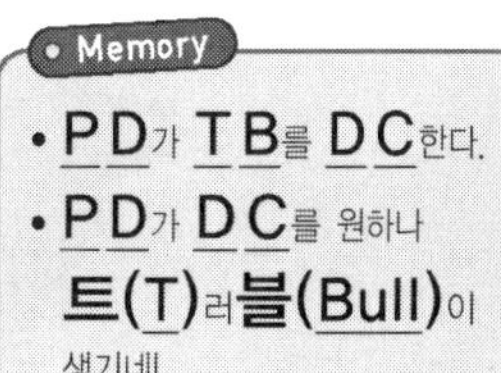
Memory
• PD가 TB를 DC한다.
• PD가 DC를 원하나
트(T)러블(Bull)이
생기네!

2) 적재

① Shovel계 굴착장비 : Bulldozer, Clamshell, Drag Shovel

② Pay Loader

Memory
A BCD

3) 운반

① Mass Curve : Bulldozer, Scraper, Dump Truck

Bulldozer	50m 이하
Scraper	50~500m
Dump Truck	500m 이상

② Conveyer Belt

4) 정지

① Grader

② Bulldozer

2 조합방법

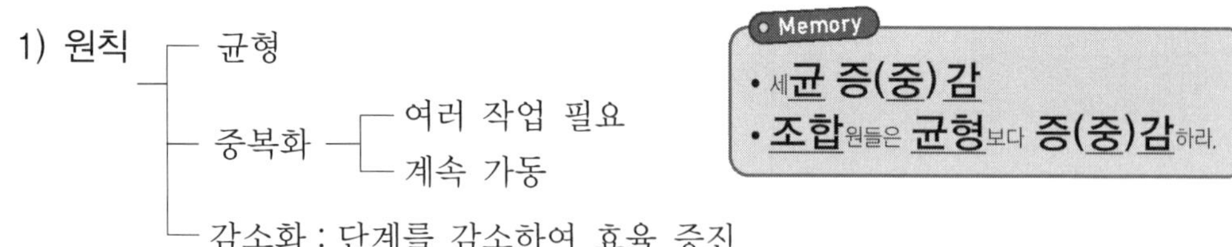

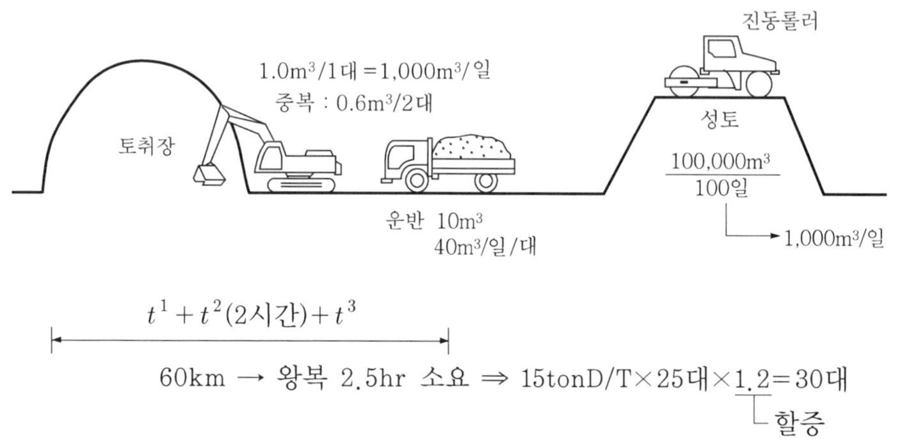

2) 방법
- 주작업 : 기계 선정
- 종작업 : 기종, 대수 결정

3 기계능력 산정

1) 용량(작업량)

① Shovel계

$$Q = \frac{3,600\,qkfE}{C_m}[\text{m}^3/\text{h}]$$ (시간당 작업량)

여기서, C_m : Cycle Time(sec)

q : 버킷용량

k : 버킷계수

f : 토량환산계수

E : 작업효율, 시공효율, 가동일수율

② Dozer

$$Q = \frac{60\,qfE}{C_m[\text{분}]}[\text{m}^3/\text{h}]$$

③ f(토량환산계수)

Q / q	자 연	L	C
자연상태의 토량	$\frac{자}{자}=1$	$\frac{L}{자}=\frac{L}{1}=L$	$\frac{C}{자}=C$
L (흐트러진 상태의 토량)	$\frac{자}{L}=\frac{1}{L}$	$\frac{L}{L}=1$	$\frac{C}{L}$
C (다져진 상태의 토량)	$\frac{자}{C}=\frac{1}{C}$	$\frac{L}{C}$	$\frac{C}{C}=1$

④ $E = E_1 E_2$

E_1 : 작업능률계수$= \frac{\text{실시공량}(90)}{\text{표준시공량}(100)} = 0.9$

E_2 : 작업시간계수$= \frac{\text{실작업시간}(8\text{시간})}{\text{운전시간}(10\text{시간})} = 0.8$

$E_1 E_2 = 0.9 \times 0.8 = 0.72$

4 기계 선정 - 기계 선정 시 고려사항

① 공사종류

② 공사규모 ─ 대형 현장 / 소형 현장

> **Memory**
> • **종 규 토**로 **표 기**하니 **기 운**이 **용 솟(소)**음친다.
> • **공사**에 입사한 **종 규**가 **기계**를 **정비**하면서 **용량**에 따라 **표**시하는데 **토질조건**에 따라 **운반**하면서 **범 사(4)**에 감사하였다.

③ 토질조건 - 토공기계 선정 시 고려사항

㉠ Trafficability : Cone지수(q_c)로 판단

- 사질토 : $q_c = 4N$
- 점성토 : $q_c = 5q_u = 10C$

  여기서, q_u : 1축 압축강도, C : 점착력

- Cone지수

장 비	Cone지수
습지 Dozer	3 이상
대형 Dozer	7 이상
Dump Truck	15 이상

㉡ 리퍼빌리티(Rippability) : 리퍼굴착 가능성

장비 선정	탄성파속도(km/sec)
21ton급	1.5 이하
32ton급	2.0 이하
43ton급	2.5 이하

㉢ 암괴상태 및 크기

㉣ 다짐기계

④ 표준기계, 특수기계

⑤ 기계용량

⑥ 기계정비(기계정비비)

⑦ 운반거리~Mass Curve

⑧ 범용성~Back Hoe(범용성이 가장 큰 장비)

⑨ 4요소(시경안무)

5 쇄석기

1) 구성

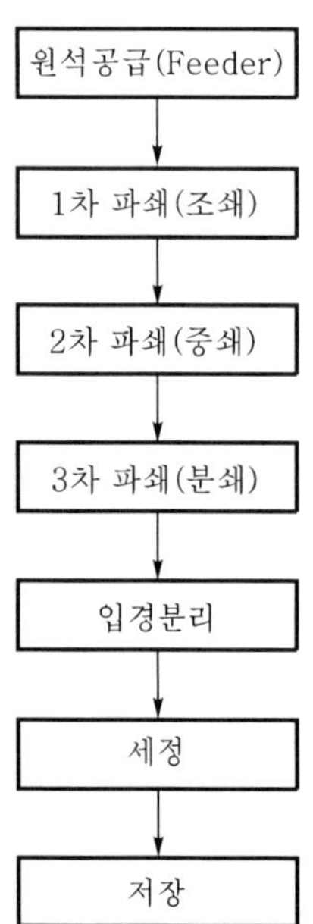

• Memory

원석이는 **1차**, **2차**, **3차** **입**시사**정**을 최**저**점으로 통과했다.

2) 1차

① Jaw Crusher(압력판)

② Gyratory Crusher(압축력)

③ Impact Crusher(고속 충격력)

④ Hammer Crusher(충격력+마찰력)

Memory
- 지(Gy)조(Jaw) 있는 햄(Ham)임(Im).
- 조(Jaw)지(Gy) 있(Im)는 햄(Ham)

3) 2차

① Cone Crusher(압축력+충격력)

② Roll Crusher(압축력+마찰력)

③ Hammer Mill Crusher(충격력+압축력+전단력)

Memory
- 햄(Ham)과 옥수수콘(Con)으로 만든 Roll
- 씨(C)알(R) 있는 햄(Ham)

4) 3차

① Triple Crusher(압축력+마찰력)

② Rod Mill(충격력+마찰력+압축력)

③ Ball Mill(마찰력+전단력)

Memory
- 볼(Ball)트(T)로(Ro) 조여라.
- 트(T)르(R)블(Ball)

6 준설선

1) Pump Dredger

Memory
PD가 부(Bu)자(G) 드(D)라마를 쇄신했다.

(회전식 Cutter+흡입 Pipe) ⟶ 토사흡입 압송 ⟶ 준설 · 매립

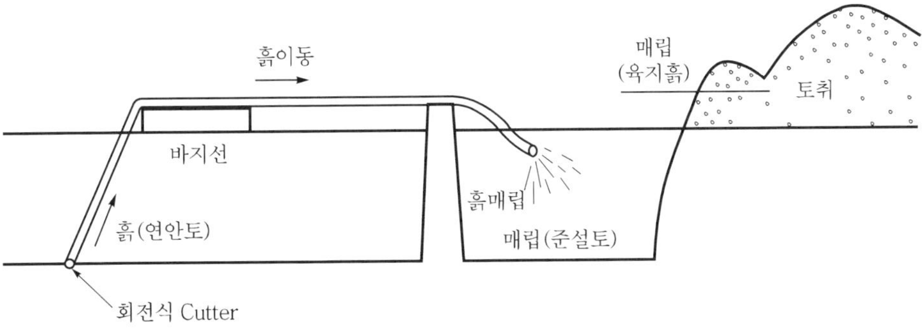

흙이동
매립 (육지흙)
토취
바지선
흙매립
흙(연안토)
매립(준설토)
회전식 Cutter

2) Dipper Dredger(대선+디퍼셔블)

바지(Barge)+Power Shovel+토운선+예인선

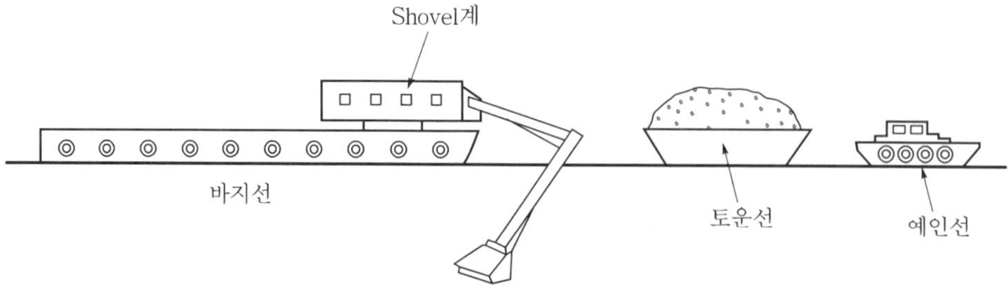

3) Bucket Dredger(대선+버킷 굴착기)

(래더+체인+다수 버킷)+토운선+예인선

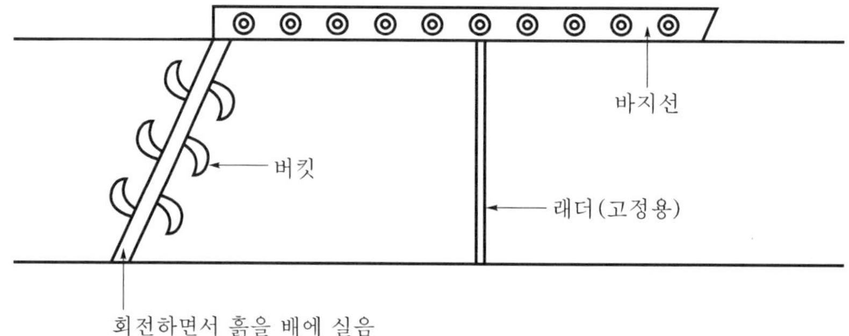

4) Grab Dredger(대선+크램셸)

(Barge+기중기+Grab 버킷)+토운선+예인선

5) Drag Suction Dredger : 자항식(토사+물)

6) 쇄암선

낙하, 충격식, 회전식 → 암파쇄

Memory
• 회충약(낙)
• 낙하하면서 충격을 받으며 회전하였다.

제2장 기 초

- 인생 안내 -

인간은 어디서 와서, 어디로 가며, 왜 사는가?
이 세 가지는 가장 보편적이고 근본적이며 본질적인 물음이다.
우연히 만난 남녀의 성 행위에서 수십억 중의 정자 하나가 난자 하나를 만나서 생긴 것이 인간이다.
인간을 형성하고 있는 화학적 요소를 분석하면
약간의 지방, 철분, 당분, 석회분, 마그네슘, 인, 유황, 칼륨 등과 염분과 대부분의 수분이 전부이다.
아마 화학 약품점에서 몇 천 원이면 살 수 있을 것이다.
거기다 고도로 발달한 동식물의 생명체가 들어 있다고 생각해 본다.
그러나 그런 사고로는 인간의 의미와 목적은 모른다.
자연에게 물어봐도 답이 없고 자신이나 과학이나 철학이나 종교에게 물어봐도 대답할 수 없다.
나를 만든 분만 알고 있다. 사람은 하나님의 형상으로 만들어 졌고,
천하보다 소중한 사랑의 대상이라고 성경이 가르쳐 준다.
성경은 인생의 안내도이고 예수님은 그 길의 안내자이자 이 세상은 우리의 영원한 주소가 아니다.
호출이 오면 언제라도 떠나야 하는 출생과 사망 사이의 다리를 통과하는 나그네이며,
예수가 그 길이요, 생명이다.

제2장 제1절 흙막이공

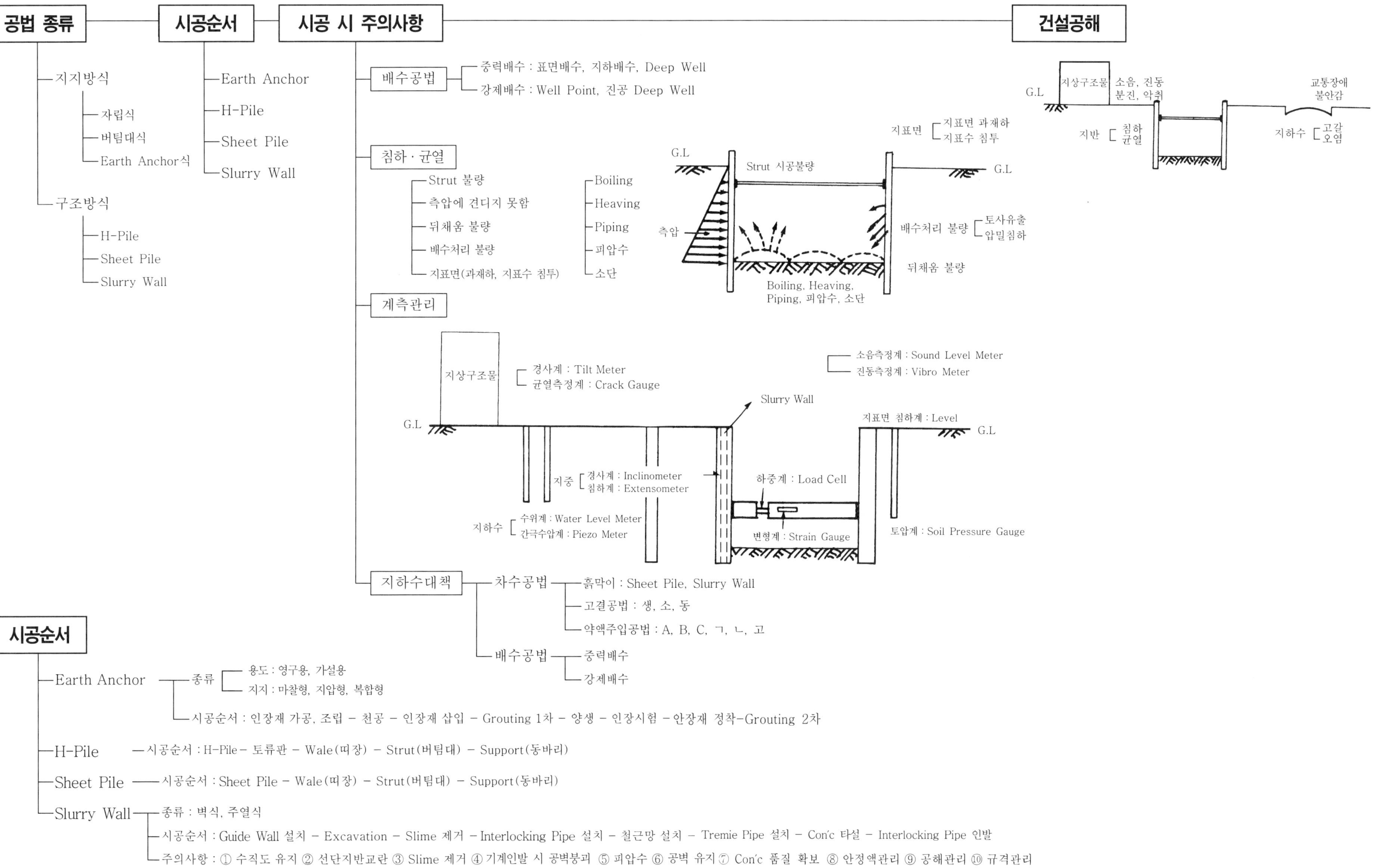
공법 종류
지지방식
자립식
버팀대식
Earth Anchor식
구조방식
H-Pile
Sheet Pile
Slurry Wall
시공순서
Earth Anchor
H-Pile
Sheet Pile
Slurry Wall
시공 시 주의사항
배수공법
중력배수 : 표면배수, 지하배수, Deep Well
강제배수 : Well Point, 진공 Deep Well
침하 · 균열
Strut 불량
측압에 견디지 못함
뒤채움 불량
배수처리 불량
지표면(과재하, 지표수 침투)
Boiling
Heaving
Piping
피압수
소단
G.L
Strut 시공불량
측압
지표면
지표면 과재하
지표수 침투
배수처리 불량
토사유출
압밀침하
뒤채움 불량
Boiling, Heaving,
Piping, 피압수, 소단
계측관리
지상구조물
경사계 : Tilt Meter
균열측정계 : Crack Gauge
소음측정계 : Sound Level Meter
진동측정계 : Vibro Meter
Slurry Wall
지표면 침하계 : Level
지중
경사계 : Inclinometer
침하계 : Extensometer
하중계 : Load Cell
지하수
수위계 : Water Level Meter
간극수압계 : Piezo Meter
변형계 : Strain Gauge
토압계 : Soil Pressure Gauge
지하수대책
차수공법
흙막이 : Sheet Pile, Slurry Wall
고결공법 : 생, 소, 동
약액주입공법 : A, B, C, ㄱ, ㄴ, 고
배수공법
중력배수
강제배수
건설공해
지상구조물
소음, 진동
분진, 악취
교통장애
불안감
지반
침하
균열
지하수
고갈
오염
시공순서
Earth Anchor
종류
용도 : 영구용, 가설용
지지 : 마찰형, 지압형, 복합형
시공순서 : 인장재 가공, 조립 – 천공 – 인장재 삽입 – Grouting 1차 – 양생 – 인장시험 – 안장재 정착–Grouting 2차
H-Pile
시공순서 : H-Pile – 토류판 – Wale(띠장) – Strut(버팀대) – Support(동바리)
Sheet Pile
시공순서 : Sheet Pile – Wale(띠장) – Strut(버팀대) – Support(동바리)
Slurry Wall
종류 : 벽식, 주열식
시공순서 : Guide Wall 설치 – Excavation – Slime 제거 – Interlocking Pipe 설치 – 철근망 설치 – Tremie Pipe 설치 – Con'c 타설 – Interlocking Pipe 인발
주의사항 : ① 수직도 유지 ② 선단지반교란 ③ Slime 제거 ④ 기계인발 시 공벽붕괴 ⑤ 피압수 ⑥ 공벽 유지 ⑦ Con'c 품질 확보 ⑧ 안정액관리 ⑨ 공해관리 ⑩ 규격관리

제1절 흙막이공

[정의] 지하구조물 공사 시 맨땅(Dry Work)상태와 안전하게 작업하기 위하여 배면의 토압과 수압에 저항하는 가시설

1 공법 종류

1) 지지방식

① 자립식 : 깊이가 얇고, 토압이 적은 경우

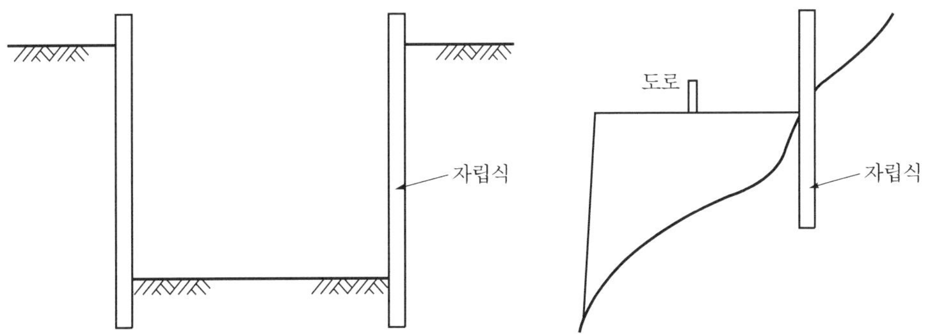

② 버팀대식(strut)

③ Earth Anchor식(Soil Nailing, Rock Anchor)

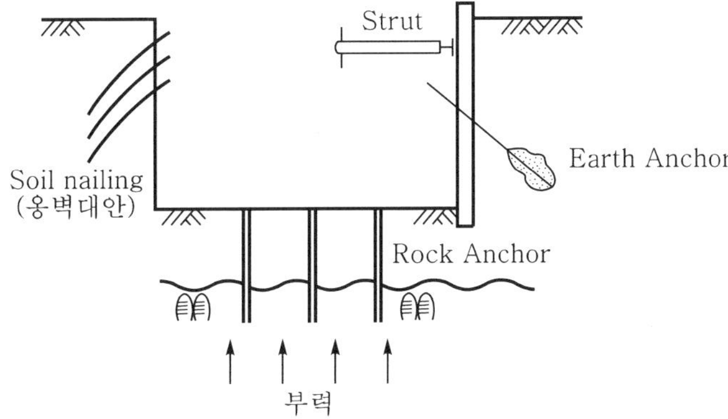

④ 특징 비교

구 분	자립식	버팀대식	Earth Anchor식
시공성(공기)	大	中	小(大)
경제성(원가)	大	中	小
안전성	小	中	大
무공해성	大	小	中

2) 구조방식

① H-Pile

② Sheet Pile

③ Slurry Wall

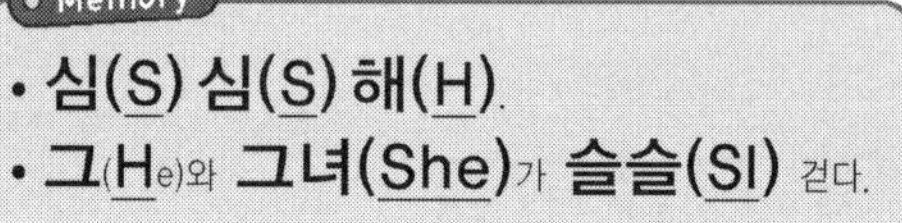

Memory
• 심(S) 심(S) 해(H).
• 그(He)와 그녀(She)가 슬슬(Sl) 걷다.

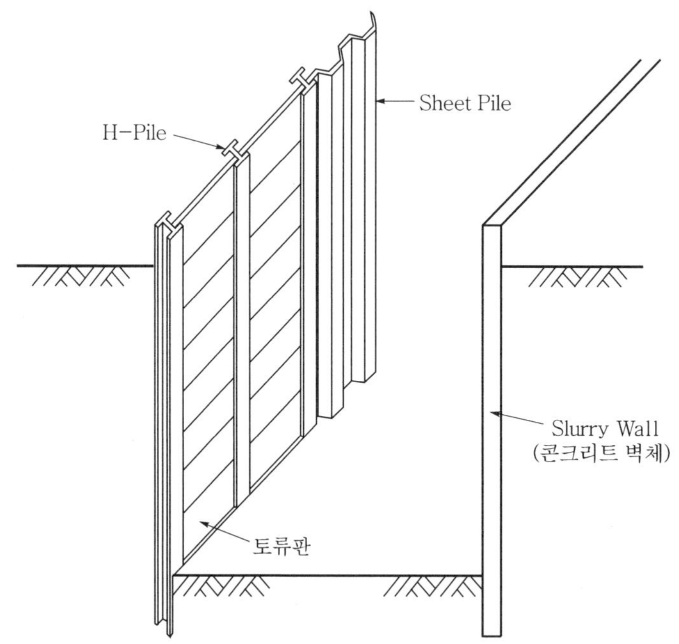

④ 특징 비교

구 분	가 격	방수(수밀성)	구 조
H-Pile	小	小	小
Sheet Pile	中	中	中
Slurry Wall	大	大	大

2 시공순서

1) Earth Anchor

① 종류

- 용도
  - 영구용 : 정착장+자유장 Grouting
  - 가설용 : 정착장 Grouting
- 지지방식 : 마찰식, 지압식, 복합식

> **Memory**
> - **용**지문제로 **영구 가 지**쳐 있으니 **복(복)지마**.
> - 밥! **복(복)지마**.

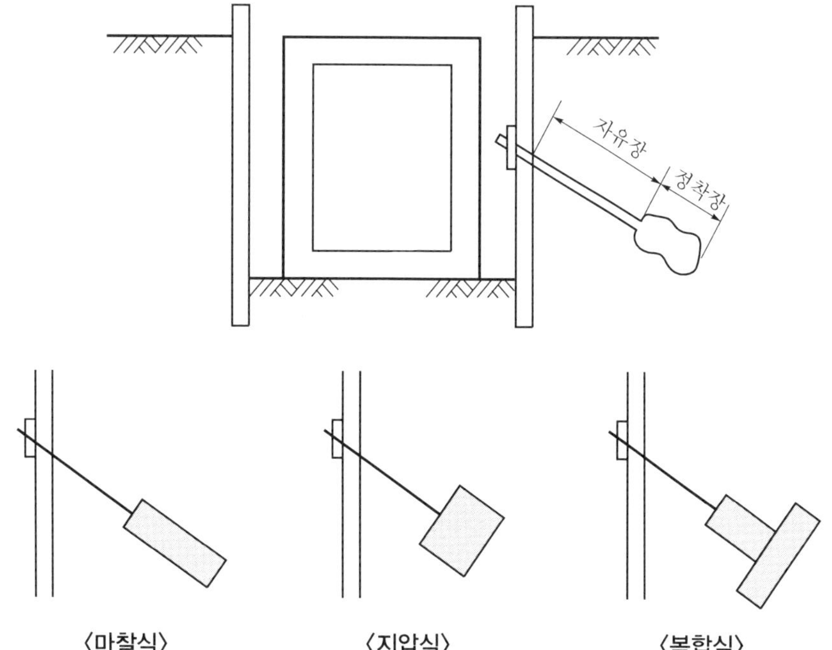

〈마찰식〉 〈지압식〉 〈복합식〉

일반적으로 Earth Anchor는 마찰식이다.

② 시공순서

> **Memory**
> **인천인구(그)**는 서**양인**을 포함한 **인구(그)**더라.

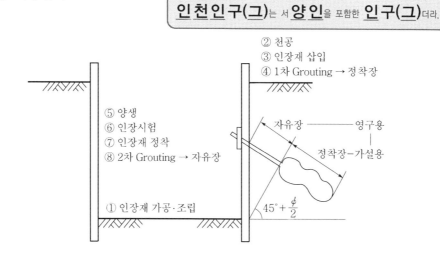

② 천공
③ 인장재 삽입
④ 1차 Grouting → 정착장
⑤ 양생
⑥ 인장시험
⑦ 인장재 정착
⑧ 2차 Grouting → 자유장
① 인장재 가공·조립

자유장 — 영구용
정착장 – 가설용

$45° + \frac{\phi}{2}$

③ 특징

㉠ 시공성, 경제성, 안전성, 무공해성

㉡ 공정(공기), 품질관리, 원가

2) H-Pile

Memory

- **한(H)류** 시**장**은 **팀**으로 **지지(Support)**해야 한다.
- **황(H)토**색 **띠**는 **버**리**셔(Su)**!
- **그(He)**가 **토**끼**띠**라면 **버**리**세(Su)**요!

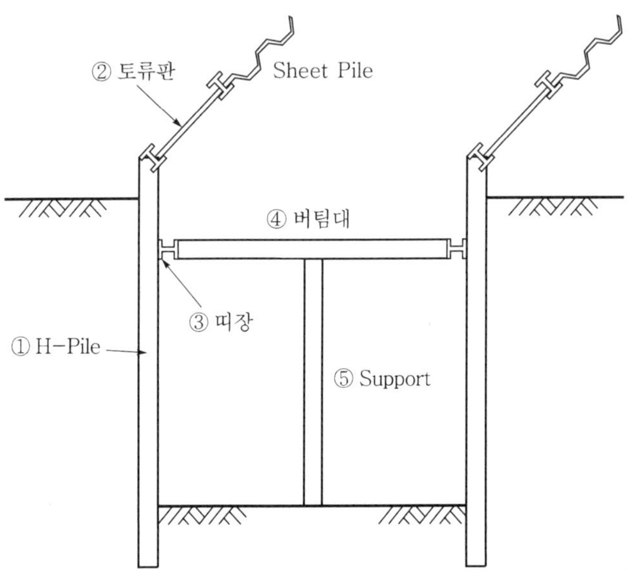

① H-Pile 박기 → ② 토류판 설치 → ③ 띠장(Wale) 설치 → ④ 버팀대(Strut) 설치 → ⑤ Support 설치

3) Sheet Pile

H-Pile 시공순서에서 ① H-Pile+② 토류판 설치

① Sheet Pile

4) Slurry Wall

① 종류

㉠ 벽식 : BW(Boring Wall)

㉡ 주열식 : SCW(Soil Cement Wall), CIP(Cast In Place Pile)

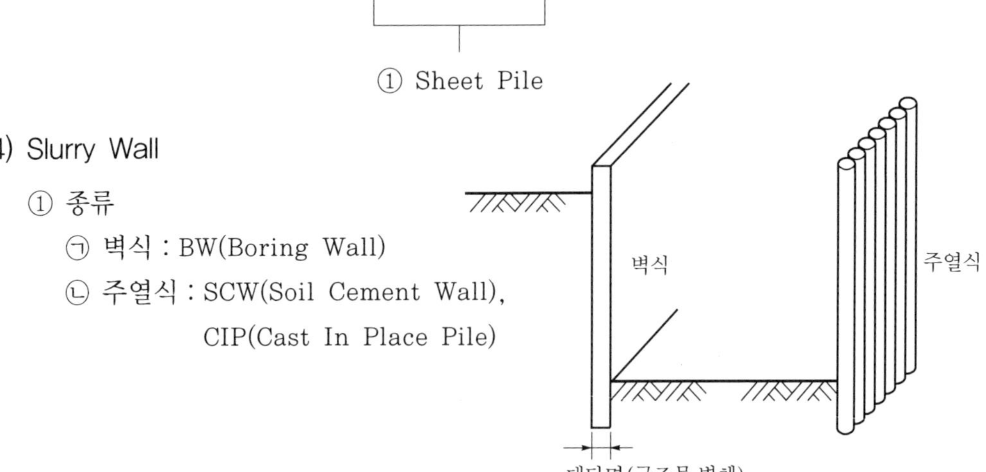

구 분	공 정	품 질	원 가	안정성
벽식	불리	유리	大	小
주열식	유리	불리	小	大

② 문제점 – 해결사항

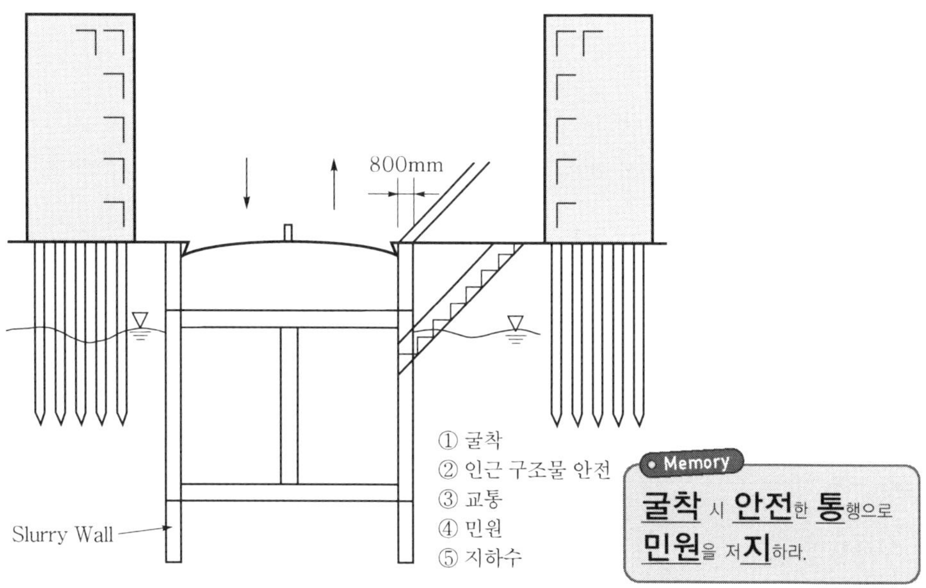

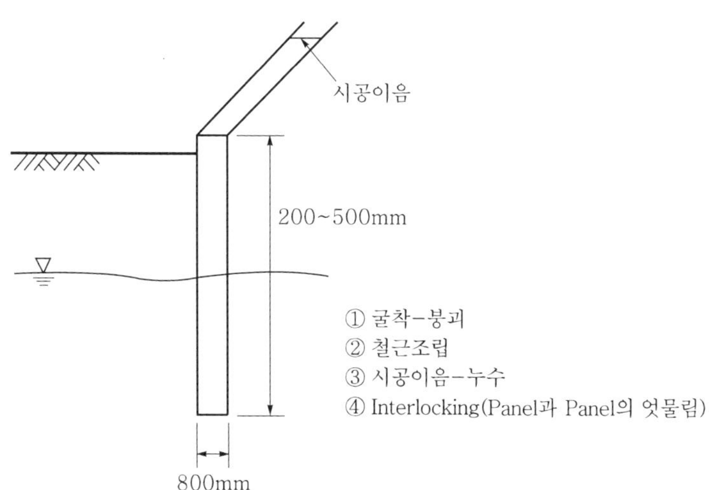

③ 시공순서 : G – E – S – I – 철 – T – 콘 – I

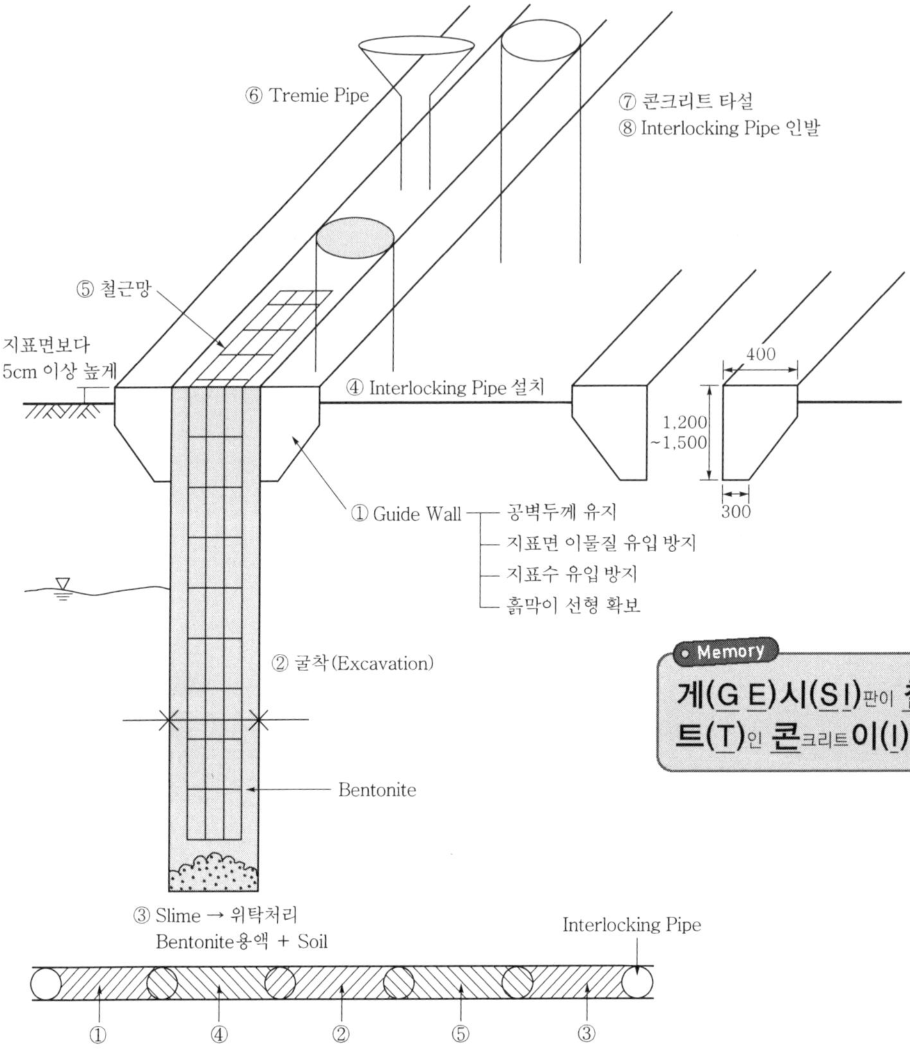

⑥ Tremie Pipe
⑦ 콘크리트 타설
⑧ Interlocking Pipe 인발
⑤ 철근망
지표면보다
5cm 이상 높게
④ Interlocking Pipe 설치
400
1,200
~1,500
300
① Guide Wall
공벽두께 유지
지표면 이물질 유입 방지
지표수 유입 방지
흙막이 선형 확보
② 굴착(Excavation)
Bentonite
③ Slime → 위탁처리
Bentonite용액 + Soil
Interlocking Pipe
①
④
②
⑤
③

> **Memory**
> 게(G E)시(S I)판이 철망에 트(T)인 콘크리트 이(I)다.

④ 시공 시 주의사항(현장타설 말뚝과 동일)

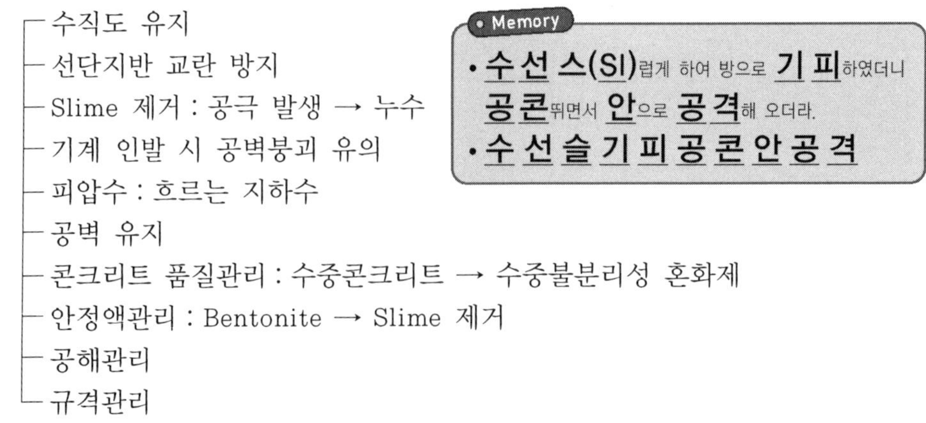

- 수직도 유지
- 선단지반 교란 방지
- Slime 제거 : 공극 발생 → 누수
- 기계 인발 시 공벽붕괴 유의
- 피압수 : 흐르는 지하수
- 공벽 유지
- 콘크리트 품질관리 : 수중콘크리트 → 수중불분리성 혼화제
- 안정액관리 : Bentonite → Slime 제거
- 공해관리
- 규격관리

> **Memory**
> • 수 선 스(Sl)럽게 하여 방으로 기 피하였더니 공콘뛰면서 안으로 공격해 오더라.
> • 수 선 슬 기 피 공 콘 안 공 격

3 시공 시 주의사항 - 문제점 및 대책

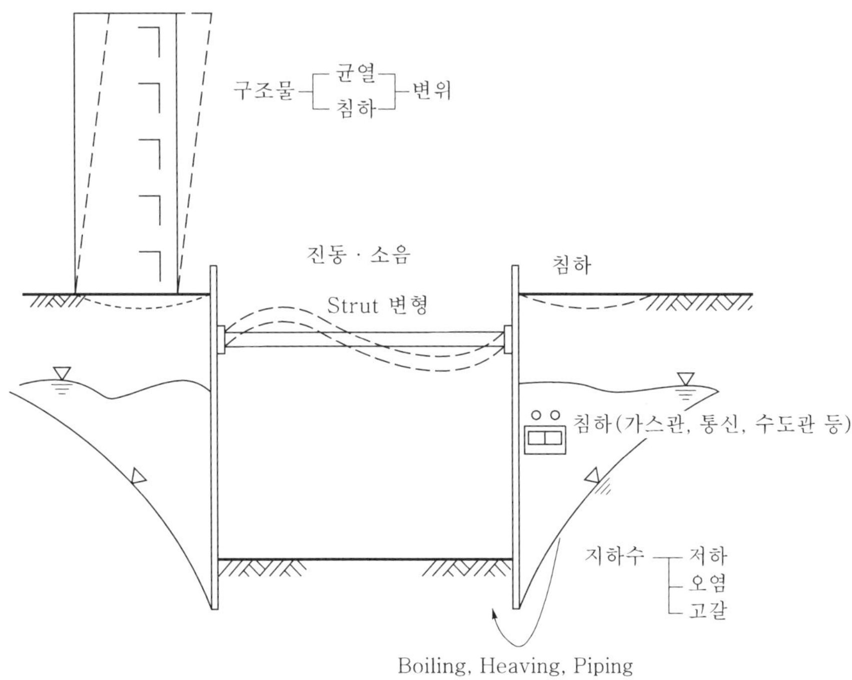

1) 침하균열의 원인 및 대책

Memory
슬(S)쩍(측) 뒤배지를 보(Bo)이(He)니,
피소피를 보더라.

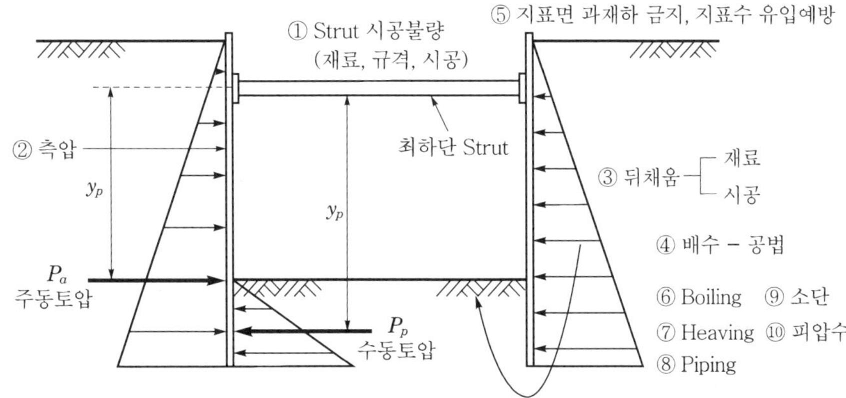

※ 측압

㉠ 활동 : $F_s = \dfrac{P_p}{P_a} > 1.2 \sim 1.5$

㉡ 전도 : $F_s = \dfrac{M_r}{M_a} > 1.2 \sim 1.5 (M_a = P_a y_a,\ M_r = P_p y_p)$

2) 계측관리

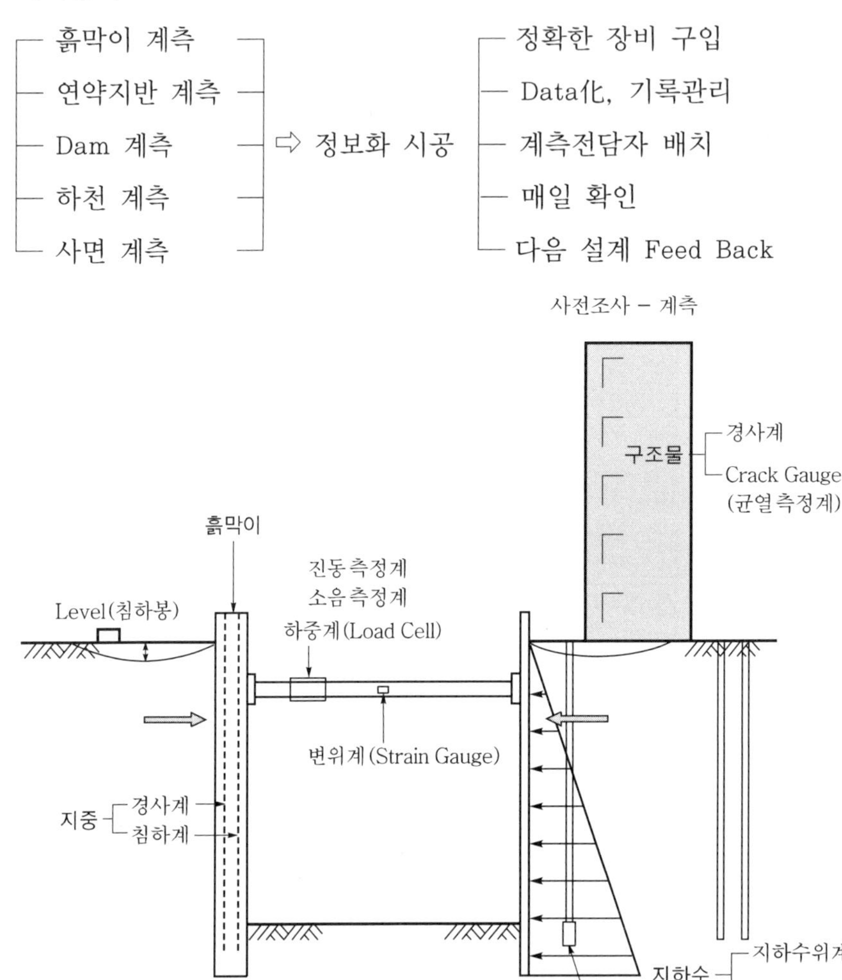

3) 배수공법

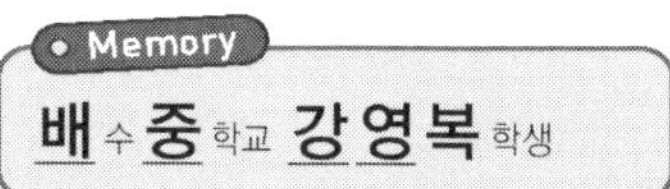

① 중력배수 → 집수정, Deep Well

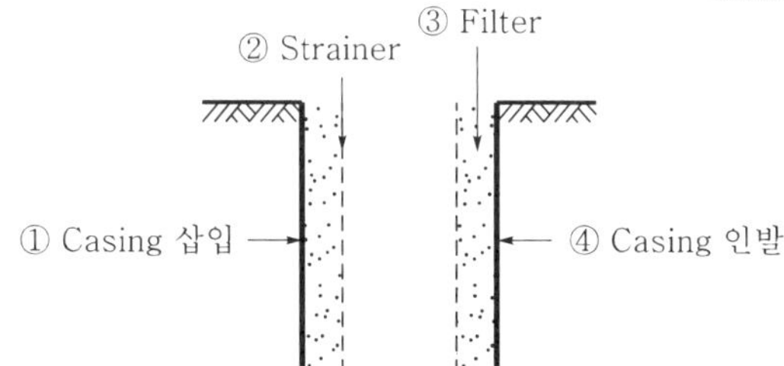

② 강제배수 → Well Point공법, 진공 Deep Well

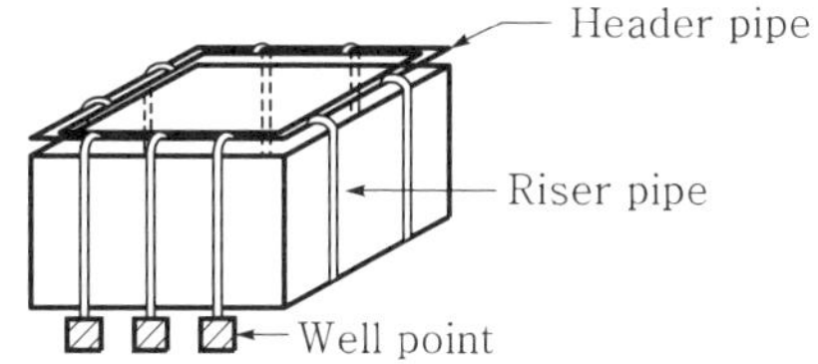

③ 영구배수 → 유공관 배수관 배수판 Drain Mat
(De-watering)

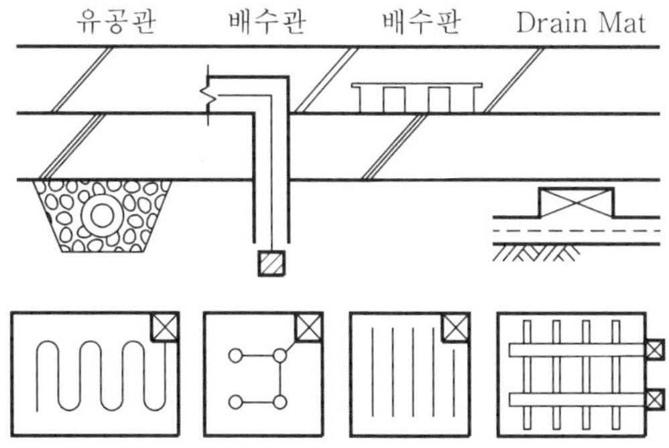

④ 복수공법 → 주수공법, 담수공법

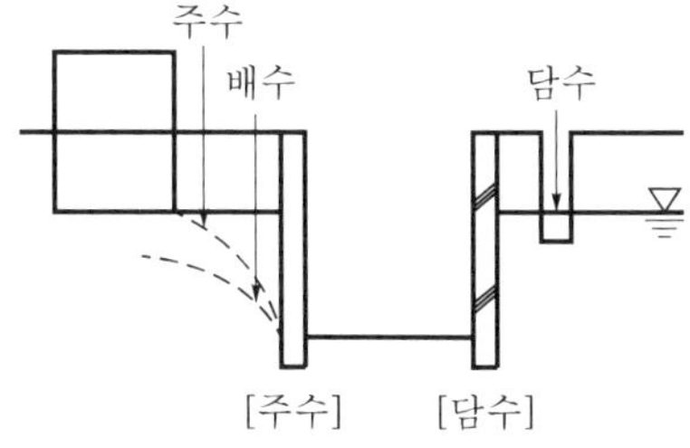

4) 지하수 대책

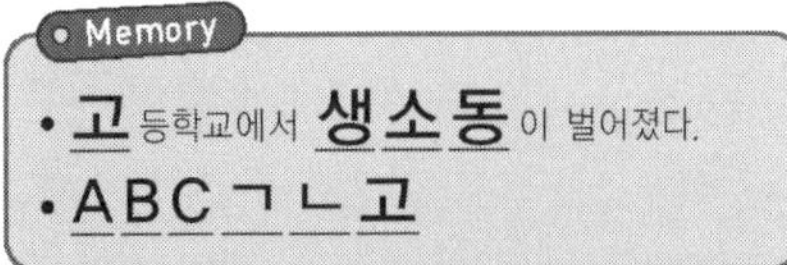
Memory
• 고등학교에서 생소동이 벌어졌다.
• ABCㄱㄴ고

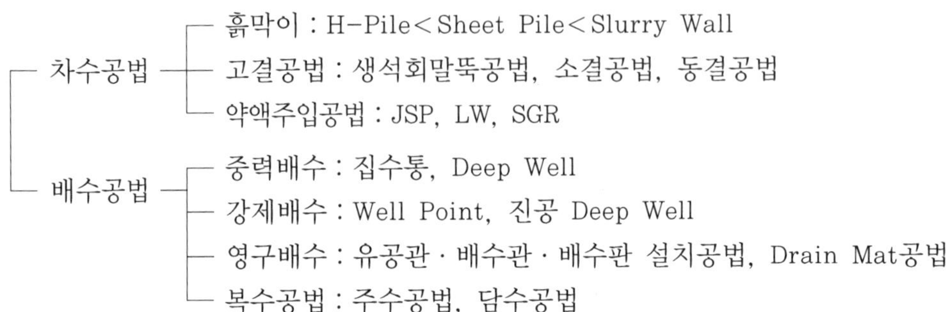
차수공법
흙막이 : H-Pile<Sheet Pile<Slurry Wall
고결공법 : 생석회말뚝공법, 소결공법, 동결공법
약액주입공법 : JSP, LW, SGR
배수공법
중력배수 : 집수통, Deep Well
강제배수 : Well Point, 진공 Deep Well
영구배수 : 유공관 · 배수관 · 배수판 설치공법, Drain Mat공법
복수공법 : 주수공법, 담수공법

4 건설공해

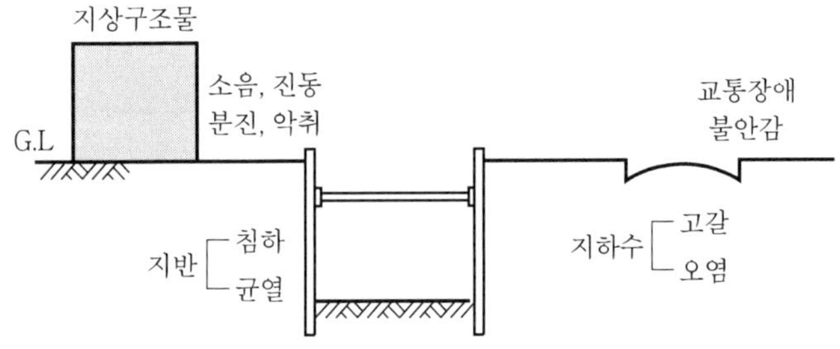
지상구조물
소음, 진동
분진, 악취
G.L
교통장애
불안감
지반
침하
균열
지하수
고갈
오염

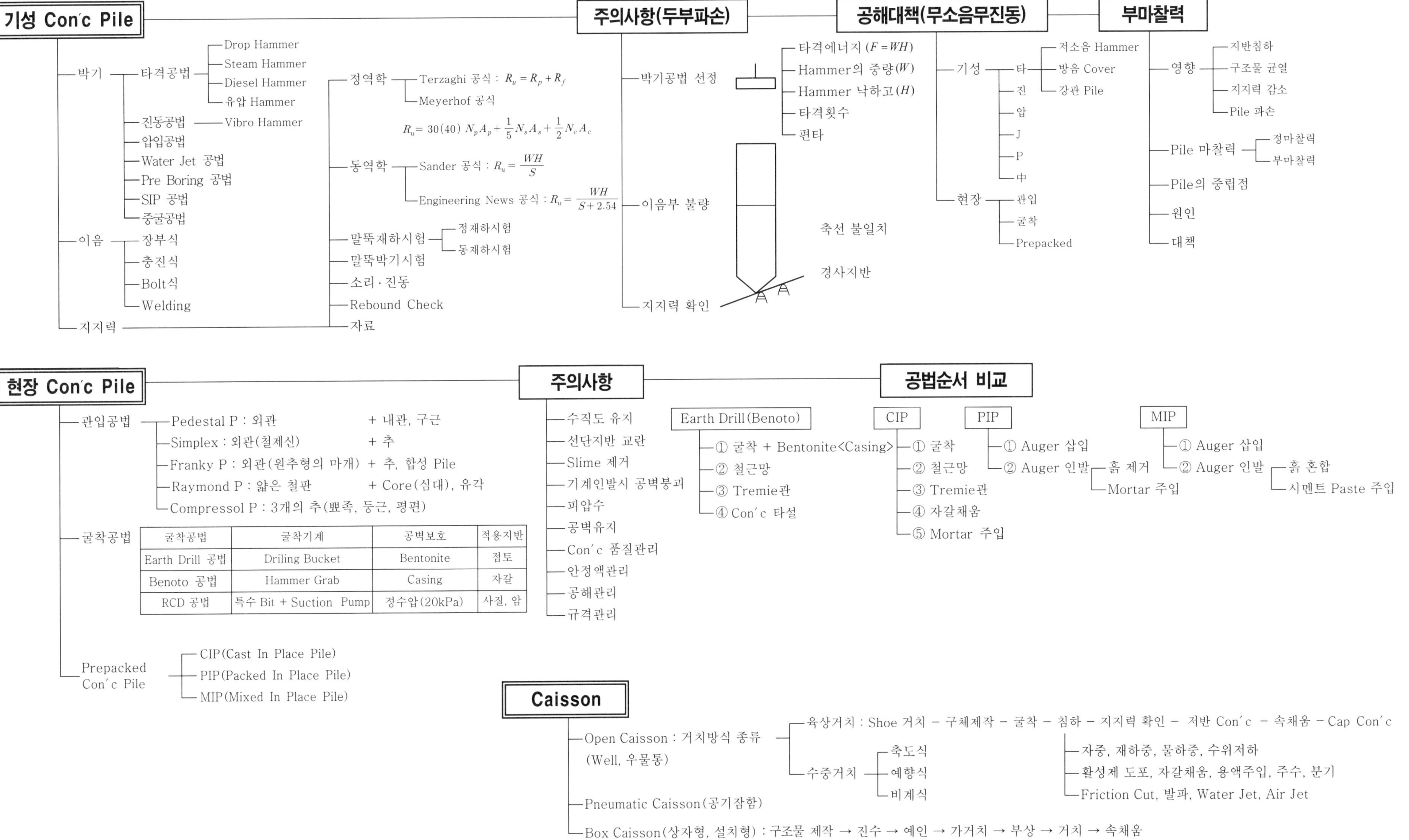

굴착공법	굴착기계	공벽보호	적용지반
Earth Drill 공법	Driling Bucket	Bentonite	점토
Benoto 공법	Hammer Grab	Casing	자갈
RCD 공법	특수 Bit + Suction Pump	정수압(20kPa)	사질, 암

제 2 절 기초공

1 기성 Con'c Pile – 지지력 감소원인과 대책

- 기성 Con'c Pile ─ Con'c / 강관 ─ 지지력 확인
- 현장타설 Con'c Pile – 콘크리트 품질관리

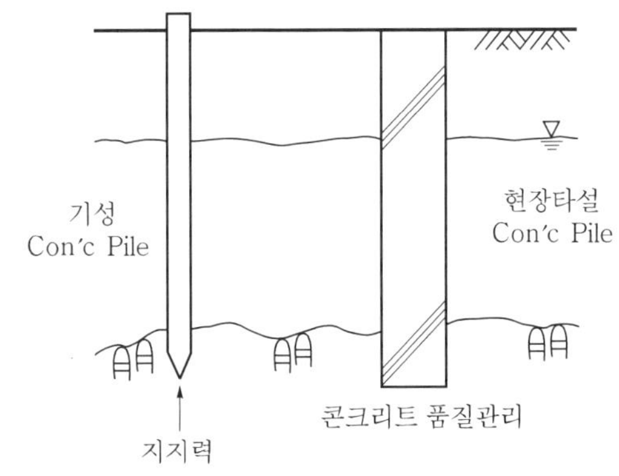

기성 Con'c Pile	현장타설 Con'c Pile
운반(최대 24m)에 한계	길이한계 無
지지층 확인 곤란	지지층 육안 확인 가능

1) 박기

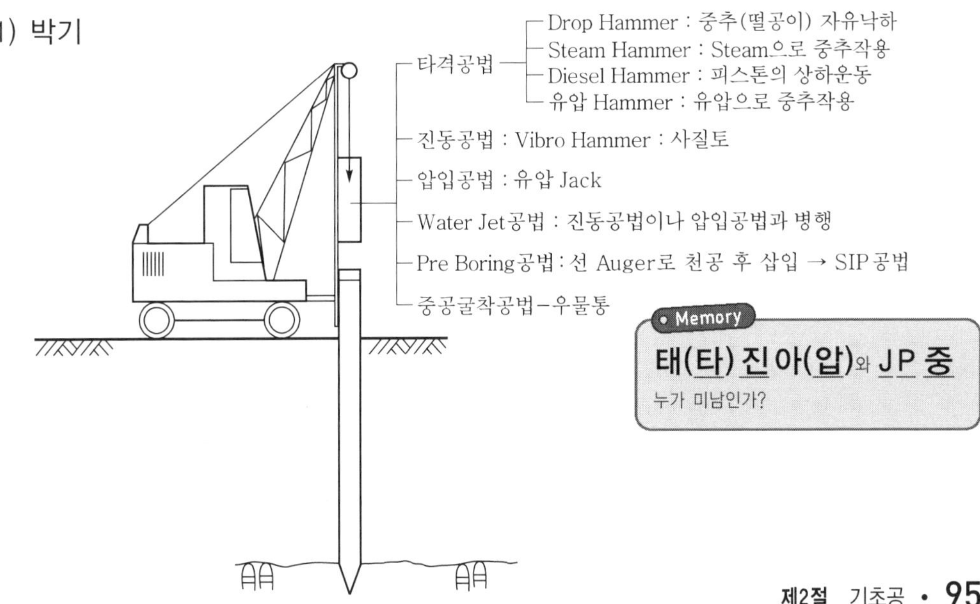

> **Memory**
> 태(타) 진 아(압)와 J P 중
> 누가 미남인가?

① Hammer의 중량은 Pile의 1~3배

② Pile의 파손 없이 지지층까지 관입시키는 것이 중요

※ SIP(Soil cement injected precast pile)

Preboring공법 + Cement Paste = SIP —발전→ DRA(Double Rod Auger)

- 多 사용
- 외측 : Casing
- 내측 : Screw Auger

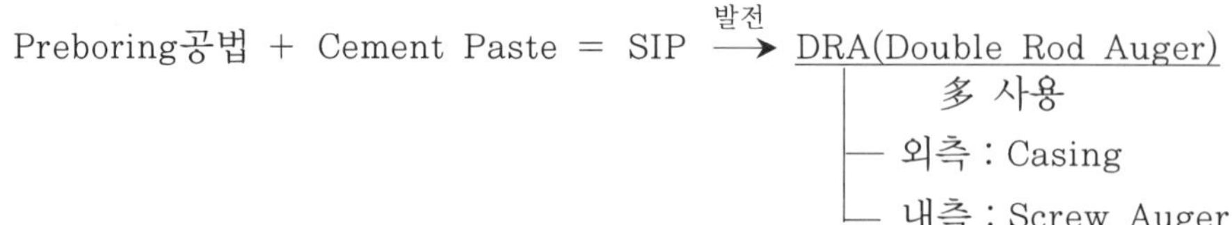

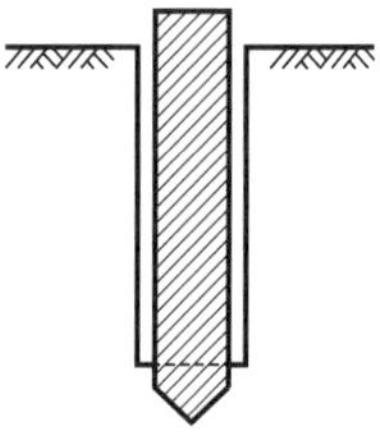

굴진(정회전) → 교반(상하왕복) → 인발(역회전) → 기성말뚝 압입, 경타

> • Memory
> **인순**이가 **최중길**한테 **시**집을 **간** 후 **두세**번 **위**기를 맞았다.

③ 유의사항

- 인접 말뚝 피해 최소화
- 말뚝박기 순서 : 중앙에서 외측으로 타격(관입)
- 최종관입량 확인

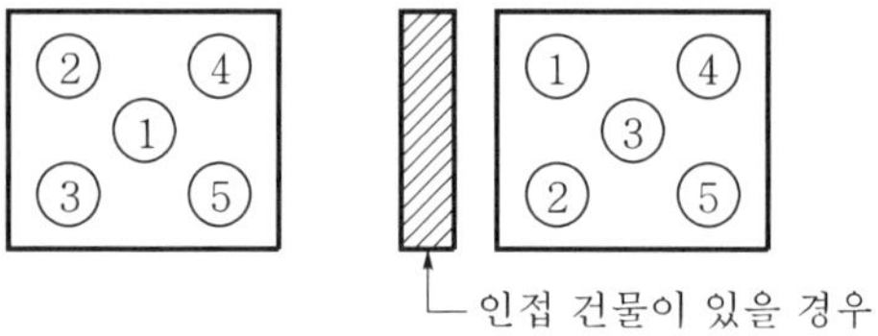

② ④ ① ③ ⑤
① ④ ③ ② ⑤
인접 건물이 있을 경우

- 중단 없이(연속박기)
- 길이변경 검토
- 시험항타(시항타)
  - 1,500m² → 2本
  - 3,000m² → 3本
  - 실제 파일 동일
  - 동일한 Hammer
  - 동일한 지반
  - ⊕
    - 편타
    - Cap
    - Hammer
    - 낙하고
    - Hammer 중량
    - 수직도
- 말뚝박기 간격(2.5*d*, 750mm, 1.25*d*, 375mm)
- 두부정리
- 세우기
- 말뚝위치 확인

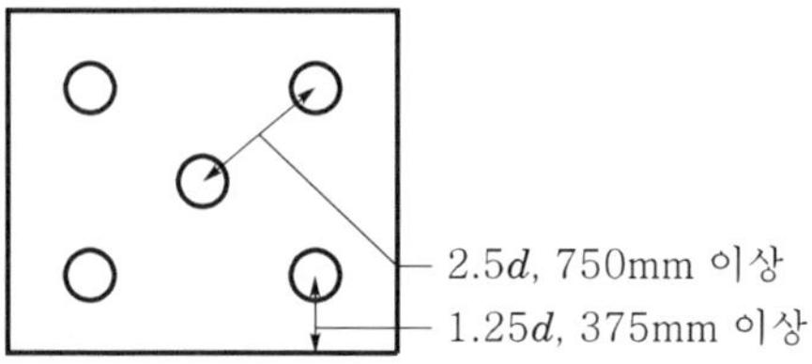

2.5d, 750mm 이상
1.25d, 375mm 이상

2) 이음 – 강관 Pile의 이음

① 분류

> • Memory
> 장충동에 갈 때는 BMW를 타고 간다.

장부식(Band식)	충전식	Bolt식
	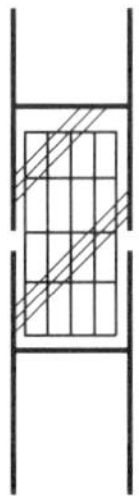	
꺾임(>) 우려	콘크리트 양생시간이 많이 소요	Bolt의 부식 우려

용접식(Welding)	
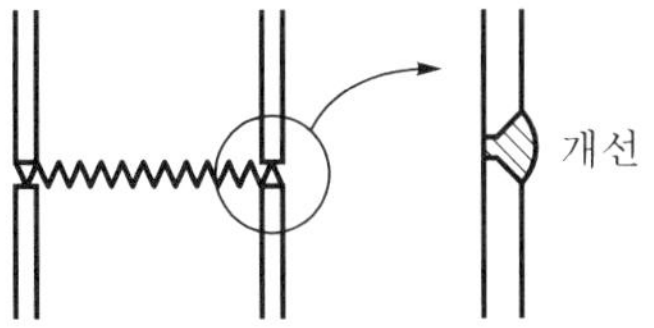	• 용접~(확인하기 어렵다.) ↳ 비파괴시험 • 장점 – 시공 확실 – 간단 – 경제적 – 공기단축 – 품질 향상 • 단점 – 용접부 부식 우려 – 숙련공 필요

② 주의사항

- 개소(이음개소) 최소화
- 구조적으로 여유가 있는 곳에서 이음
- 부식에 영향이 없을 것
- 강도 – 설계강도 이상일 것
- 타격 시 이음부 변형이 없을 것
- 축선 일치(수직도 유지)
- 형상 同一
- 위치 단순화

> • Memory
> • 개구부를 강타하라.
> • 수영(형) 위치

3) 지지력 : R_u(극한지지력)$= R_p + R_f$

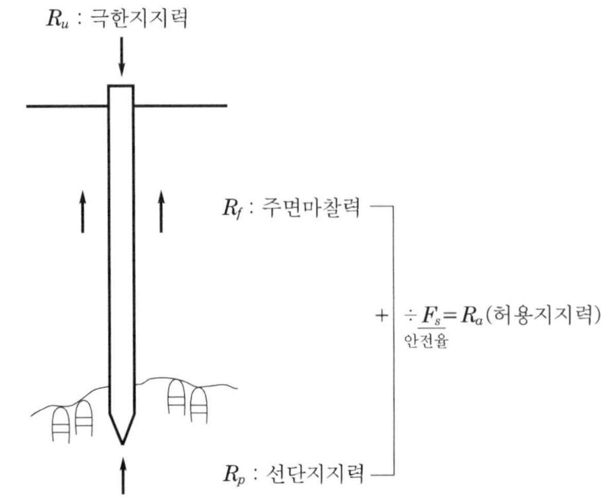

① 허용지지력(R_a)$= \dfrac{R_u(\text{극한지지력})}{F_s(\text{안전율})}$

② 지지력 산정의 원칙 : 재하시험 실시

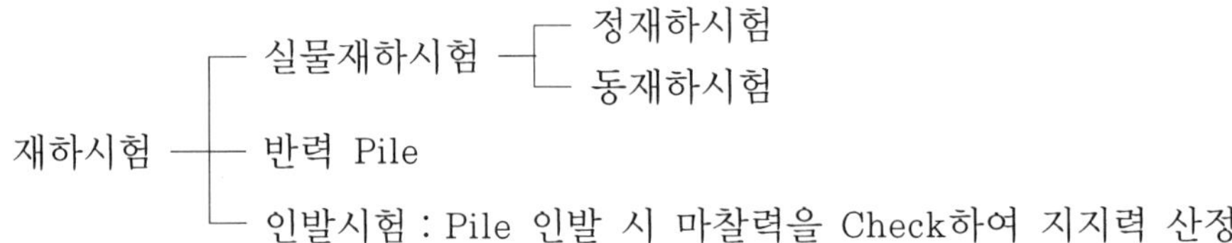

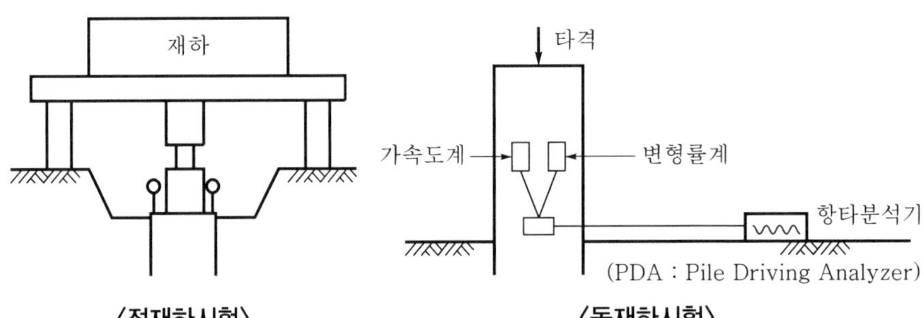

〈정재하시험〉 〈동재하시험〉

구 분	정재하	동재하
시공성	복잡	간단
공기	길다.	짧다.
소요예산	多	少
추정치	확실	보통
현장 적용	少	多
안전	불안전	안전

③ 소량의 Pile 시공 또는 재하시험이 곤란한 경우(정역학 · 동역학적 공식 활용)

㉠ 정역학적 공식

• Memory
정동진에서 새벽 소리(Re)가 시작되었다.

Terzaghi 공식 : $R_u = R_p + R_f$

Meyerhof 공식 : $R_u = 40(30)N_pA_p + \frac{1}{5}N_sA_s + \frac{1}{2}N_cA_c$

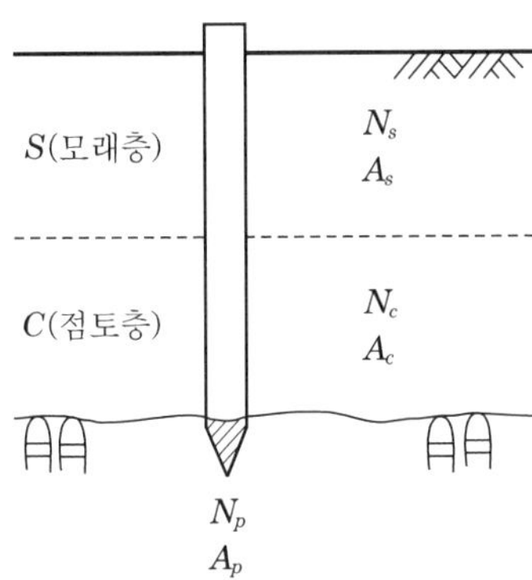

여기서, N_p : 선단부 N치
N_s : 모래층 N치
N_c : 점토층 N치
A_p : 선단부 말뚝면적
A_s : 모래층 말뚝면적
A_c : 점토층 말뚝면적

㉡ 동역학적 공식 → $\frac{\text{타격에너지}}{\text{최종관입량}}$로 추정

Sander 공식 : $R_u = \frac{WH}{S}$

Engineering News 공식 : $R_u = \frac{WH}{S+2.54}$

④ 소리, 진동

⑤ Rebound Check에 의한 방법

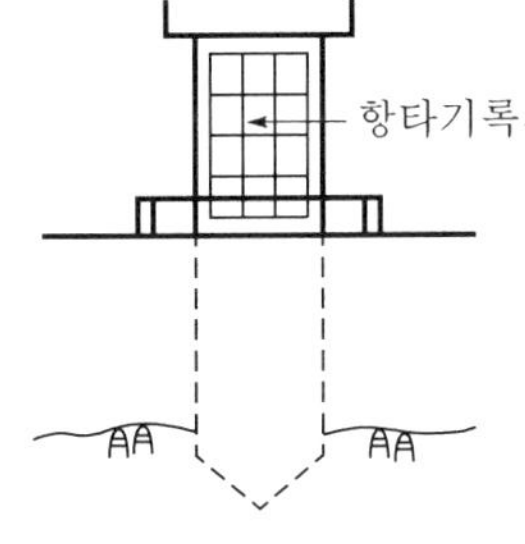

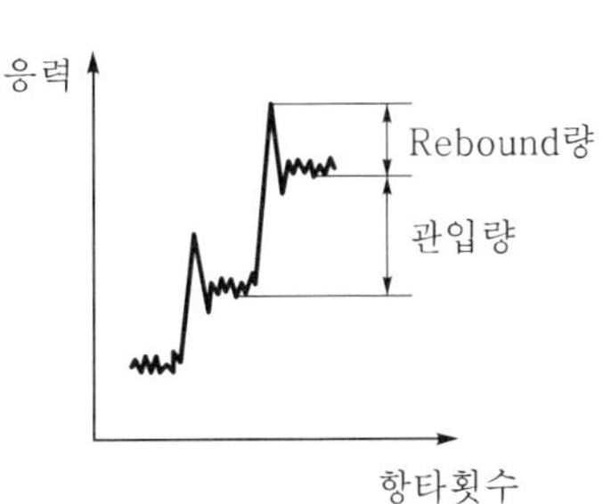

⑥ 시험항타에 의한 방법

⑦ 자료에 의한 방법
Site 주변 항타기록관리 참조

4) 주의사항(두부파손)

① 원인 → ② 대책

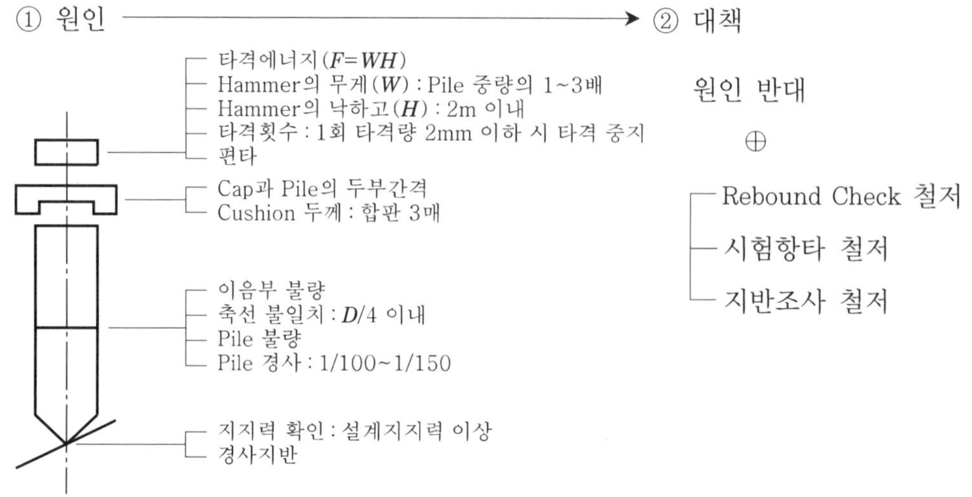

5) 공해대책

타격공법에서 공해가 발생하므로 타격공법에 대한 대안공법

① 기성 Con'c Pile

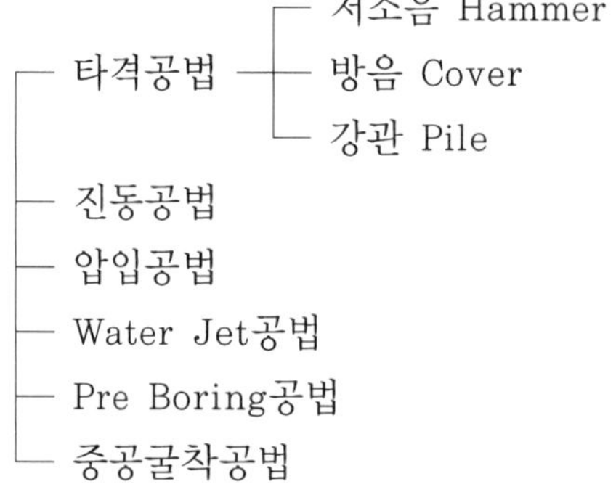

② 현장타설 Con'c Pile

- 관입공법
- 굴착공법
- Prepacked Con'c Pile

2 현장 Con´c Pile

1) 관입공법

> **Memory**
> • PS를 풀어(Fr)버리면 RC가 된다.
> • PS / RC

Pedestal P	외관	+ 내관, 구근
Simplex P	외관(철제신)	+ 추
Franky P	외관(원추형 마개)	+ 추, 합성 Pile
Raymond P	얇은 철판	+ Core(심대), 유각
Compressol P	3개의 추(뾰족, 둥근, 평편)	

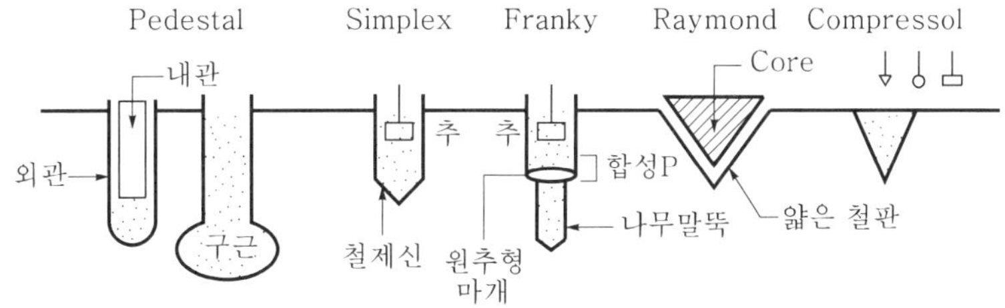

2) 굴착공법

종 류	굴착장비	공벽보호	적용지반	중요도
Earth Drill공법	회전 Bucket	Bentonite	점토	3
Benoto공법	Hammer Grab	Casing	암반 제외 전 토질	2
RCD공법	특수 Bit+ Suction Pump	정수압(20kPa)	암, 사질	1

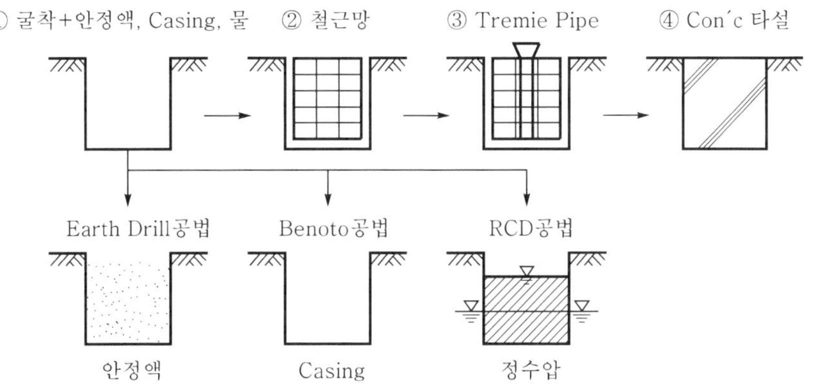

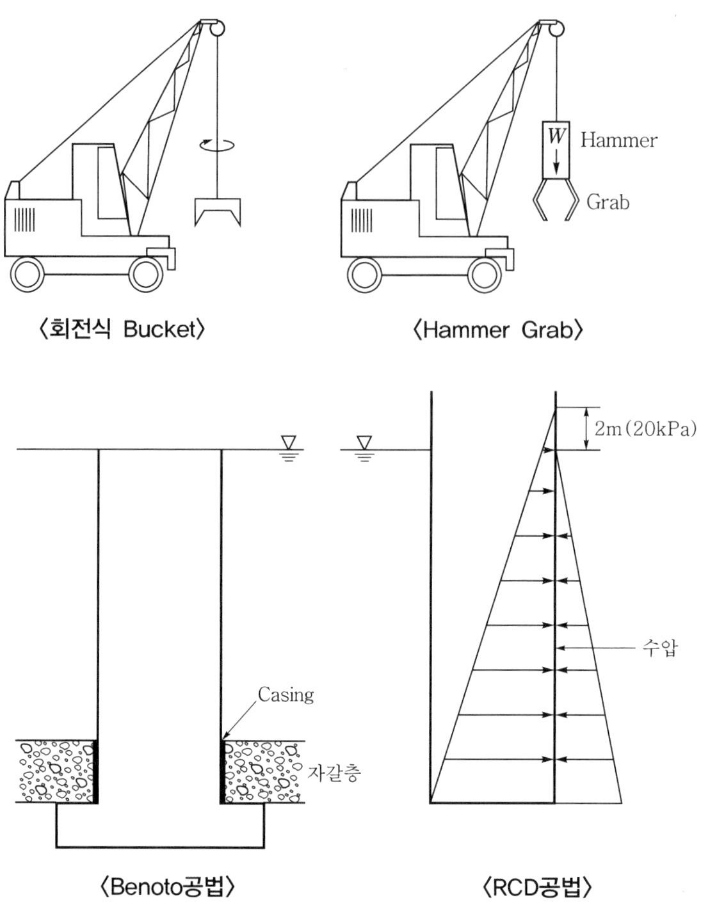

〈회전식 Bucket〉 〈Hammer Grab〉

〈Benoto공법〉 〈RCD공법〉

3) Prepacked Con'c Pile

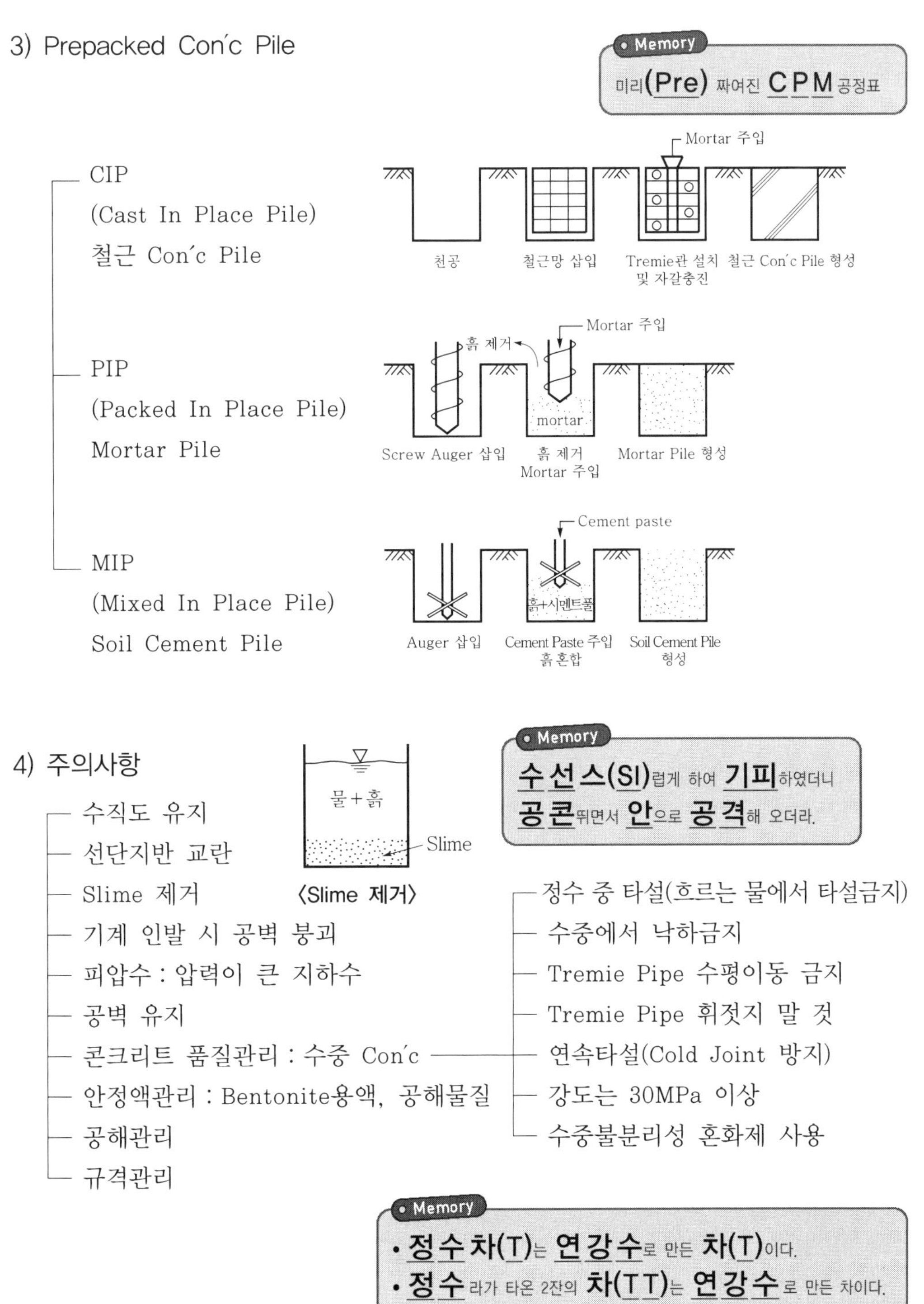

- CIP (Cast In Place Pile) 철근 Con'c Pile
- PIP (Packed In Place Pile) Mortar Pile
- MIP (Mixed In Place Pile) Soil Cement Pile

4) 주의사항

- 수직도 유지
- 선단지반 교란
- Slime 제거
- 기계 인발 시 공벽 붕괴
- 피압수 : 압력이 큰 지하수
- 공벽 유지
- 콘크리트 품질관리 : 수중 Con'c
  - 정수 중 타설(흐르는 물에서 타설금지)
  - 수중에서 낙하금지
  - Tremie Pipe 수평이동 금지
  - Tremie Pipe 휘젓지 말 것
  - 연속타설(Cold Joint 방지)
  - 강도는 30MPa 이상
  - 수중불분리성 혼화제 사용
- 안정액관리 : Bentonite용액, 공해물질
- 공해관리
- 규격관리

〈Slime 제거〉

3 기초침하

1) 종류

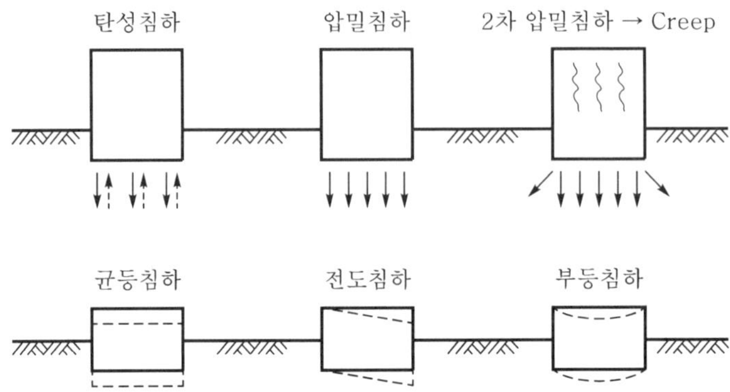

2) 원인

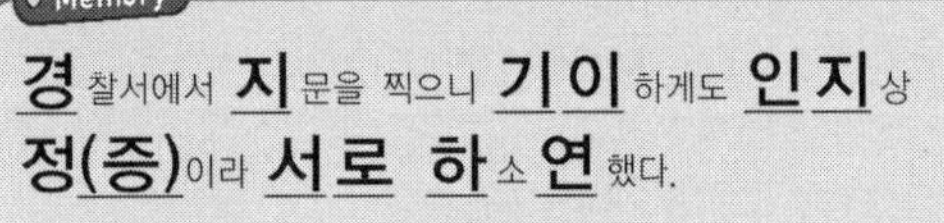

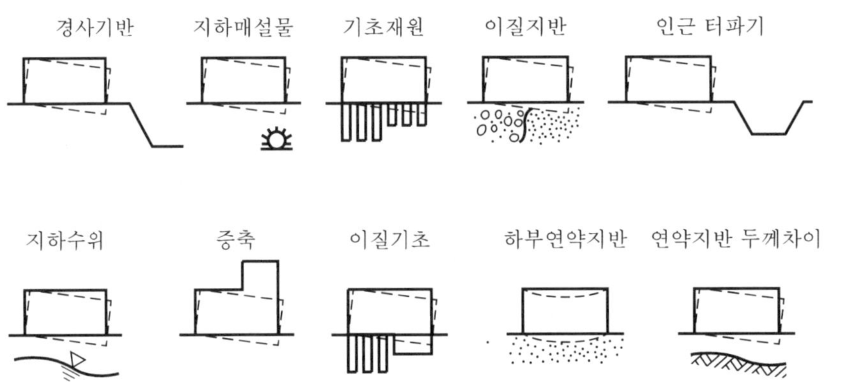

4 RCD와 Barrette 기초의 비교

구 분	RCD	Barrette
단면		
저항하중	수직하중	수직하중 수평하중

5 Caisson

1) Open Caisson – 교량기초

① 분류

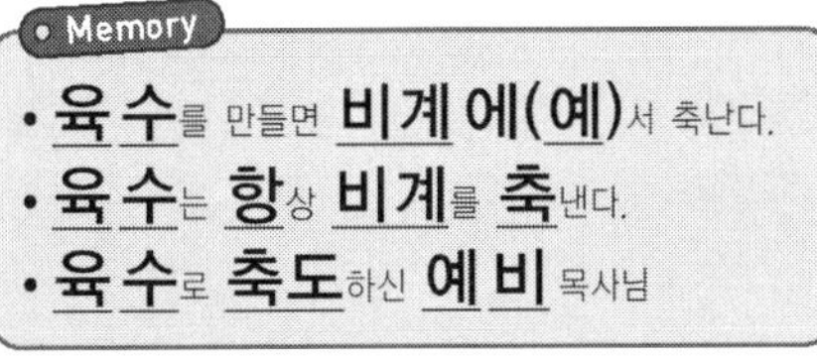

㉠ 축도식 : 수중에 섬을 만들어 Caisson을 제작하므로 Caisson 제작은 육상거치와 같음.

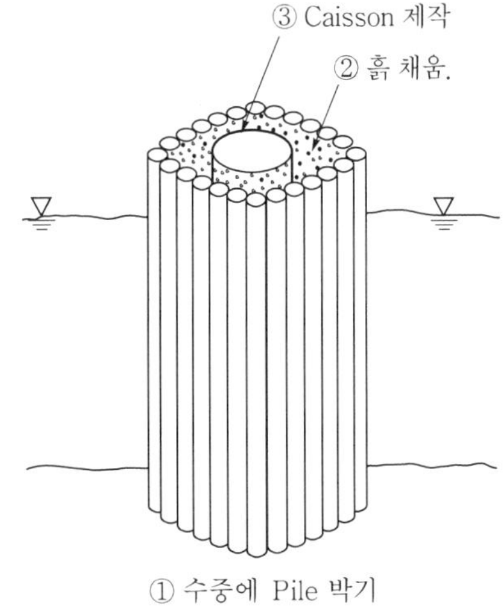

㉡ 예항식 : 육지에서 Caisson을 제작한 후 배로 예항하여 Caisson을 거치하는 방식

㉢ 비계식

- 비계를 설치하고, 비계에 발판을 설치하여 Caisson을 거치하는 방식
- 이론적으로만 존재

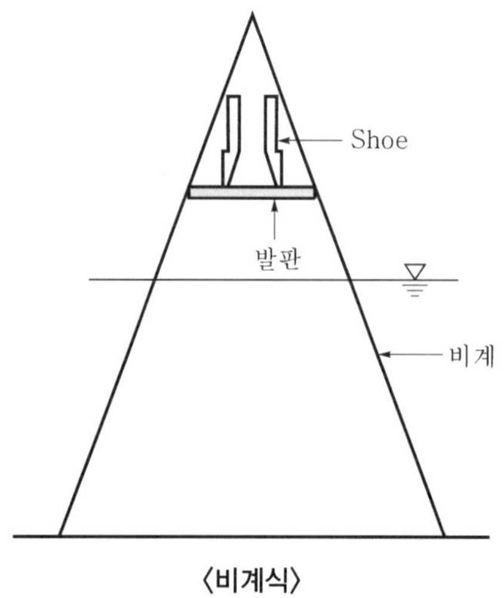

〈비계식〉

② 시공순서(육상거치)

> **Memory**
> **준수(Shoe)**한 **구글(굴) 지**도는
> **저속** 검색이 **캡(Cap)**이다.

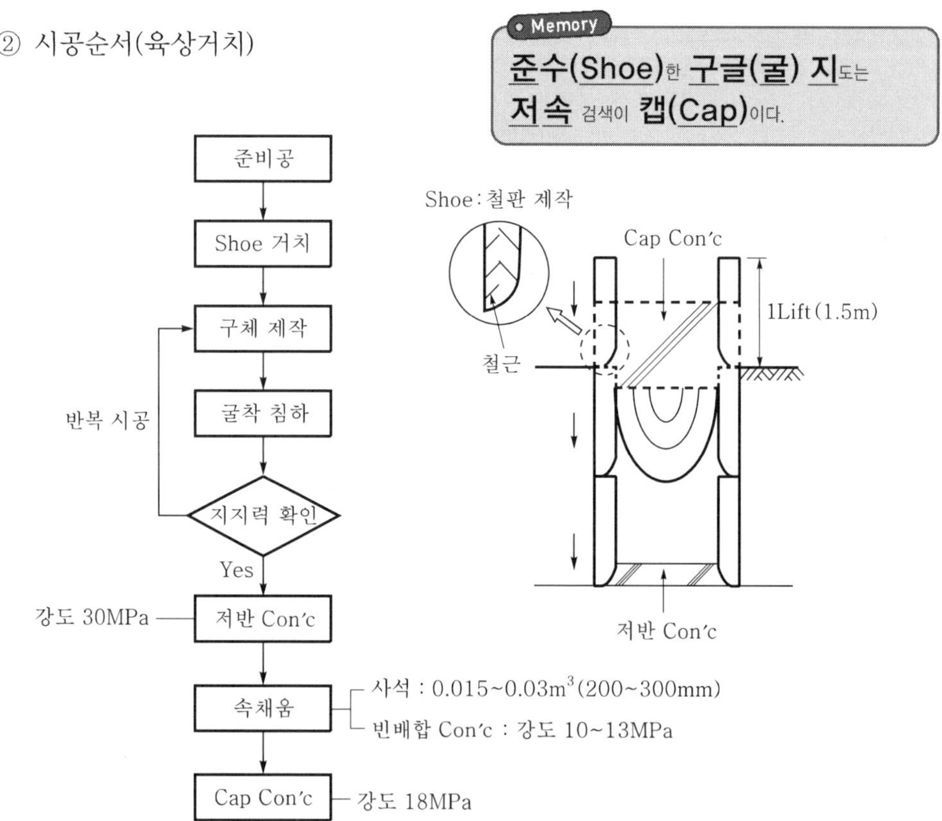

※ 굴착 · 침하

Crane에 Clamshell을 달아서 굴착

※ 침하 조건식

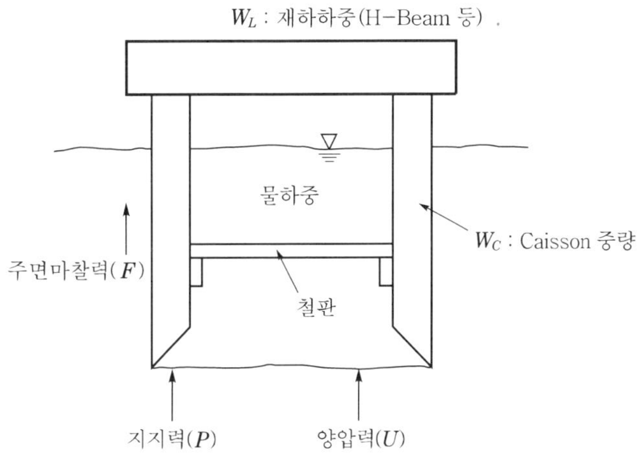

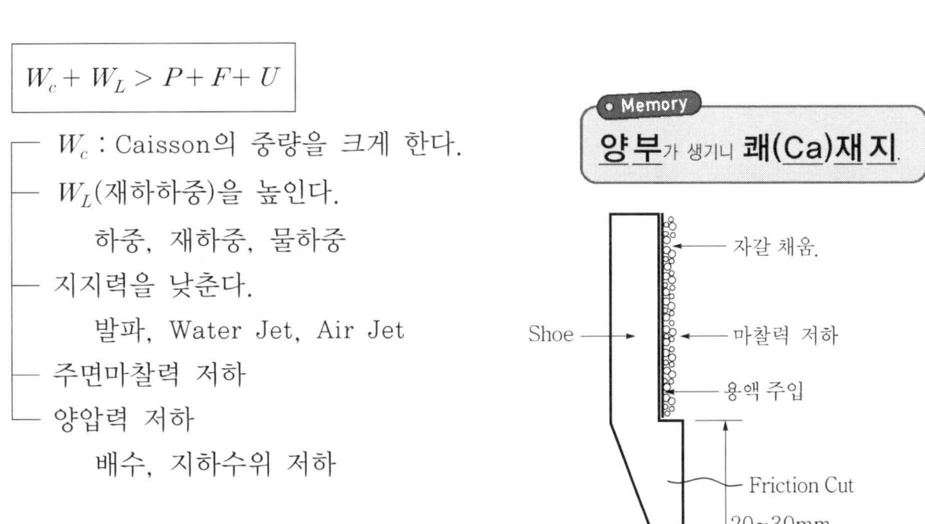

$$W_c + W_L > P + F + U$$

- W_c : Caisson의 중량을 크게 한다.
- W_L(재하하중)을 높인다.
  하중, 재하중, 물하중
- 지지력을 낮춘다.
  발파, Water Jet, Air Jet
- 주면마찰력 저하
- 양압력 저하
  배수, 지하수위 저하

2) Pneumatic Caisson(공기잠함)

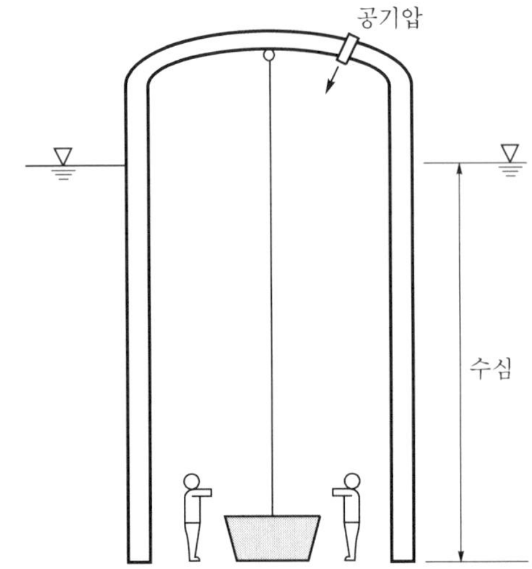

① 수심이 깊을수록 공기압을 높게 하여 수압에 견디게 함.

② 잠수병 발생

③ 영종대교 시공 후 국내에서 시공하지 않음.

3) Box Caisson – 항만

구조물 제작 → 진수 → 예인 → 가거치 → 부상 → 거치 → 속채움

Memory

- 구 수한 애(예)인과 치장한 부인 모두가 그(거) 속은 알 수 없다.
- 구 진수 애인(예인)인 과(가)부의 거들 속이 궁금하다.

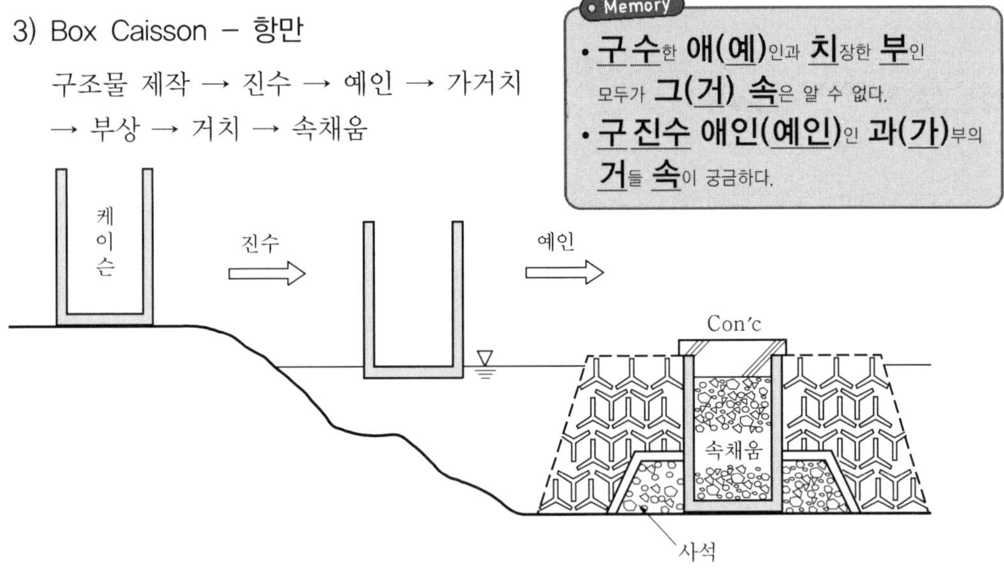

제3장 콘크리트

제 손을 잡아 주세요.
제가 손을 만지니까 벌떡 일어나 왈칵 눈물을 쏟는 해리어트 할머니.
"어디 갔었어?
지난밤에 얼마나 찾았는지 알아?"
제가 호스피스 자원 봉사자로 몇 달간 함께하는 동안
해리어트 할머니는 영적으로 몰라보게 성장했습니다.
우리는 천국 이야기로 꽃을 피우다가 먼저 간 사람들을
다시 볼 기대감에 웃음을 터뜨리곤 했습니다.
하지만 제가 없는 동안에 할머니에게 힘든 순간이 찾아오면,
그러니까 간밤과 같이 홀로 고통에 시달릴 때면 할머니는
예수님에게서 눈을 돌렸습니다.
"간호사가 오지 않았어.
살다 살다 그렇게 아픈 적은 처음이야. 얼마나 무서웠는지 몰라."
"형님, 그래서 어떻게 하셨어요?"
"그냥 누워서 기다렸지 뭐, 밤새 혼자서."
할머니는 아예 목을 놓아 울었습니다.
저는 예수님께 조용히 기도했습니다. 해리어트 할머니와 함께
이 역경을 뚫고 나가는 동안 제 손을 잡고 동행해 달라고.
또 할머니에게도 같은 기도를 추천했습니다.
"형님, 아플 때는 기도를 하세요. 무서울 때는 두 손을 모아.
'예수님 제 손을 잡아 주세요'라고 말하세요.
예수님이 형님 손을 잡고 평안으로 인도하실 거예요."
그러자 할머니의 앙상한 손가락이 제 머리카락을 쓰다듬었습니다.
"자네가 들어올 때마다 빛이 나. 사랑의 빛. 자넨 하나님이 내게 주신 선물이야.
나와 함께 해 줘서 고맙네."
그 짧은 순간 우리가 나눈 어마어마한 사랑,
저는 그런 놀라운 시간을 허락해 주신 하나님께 감사를 드렸습니다.
할머니와 작별인사를 하고 병실을 나오는데, 할머니의 깡마른 손이
천천히 담요에서 빠져나와 높이 들렸습니다.
"예수님, 제 손을 잡아 주세요."

- 「사랑한다 내 딸아」 / 잭 캔필드 외 -

제3장 제1절 철근 · 거푸집

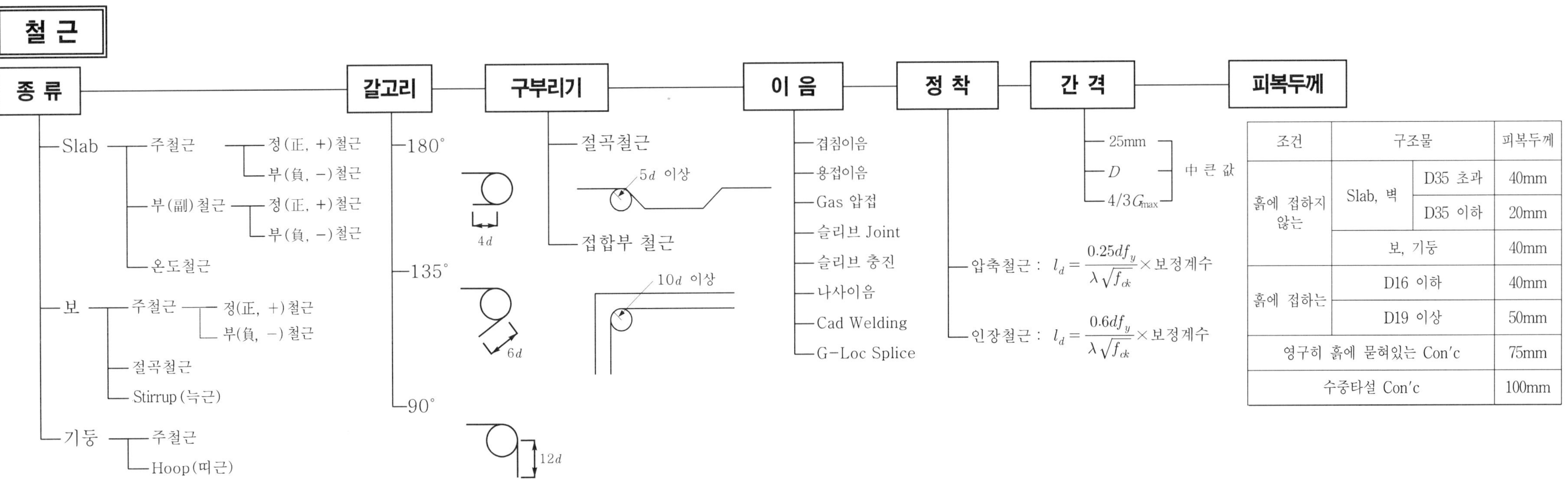

조건	구조물		피복두께
흙에 접하지 않는	Slab, 벽	D35 초과	40mm
		D35 이하	20mm
	보, 기둥		40mm
흙에 접하는	D16 이하		40mm
	D19 이상		50mm
영구히 흙에 묻혀있는 Con'c			75mm
수중타설 Con'c			100mm

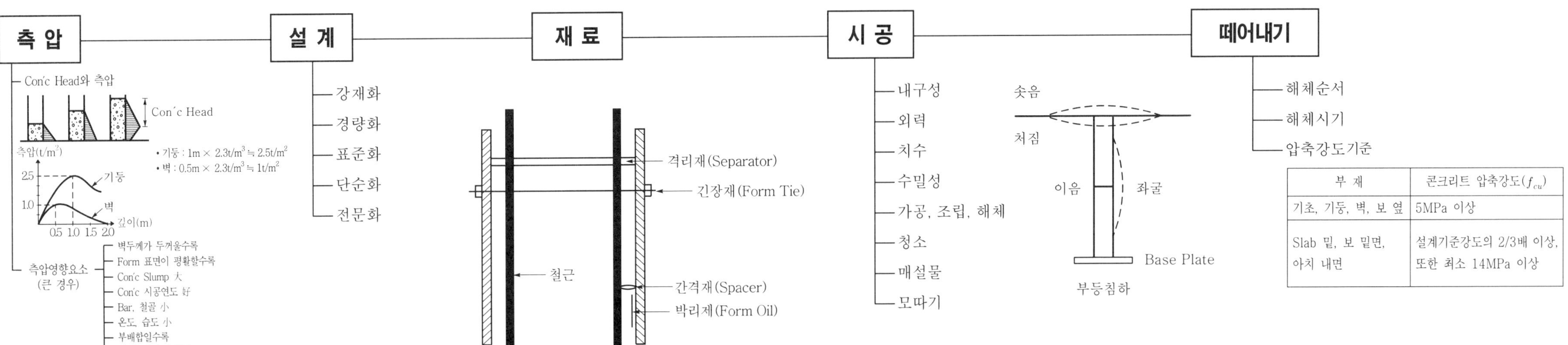

부 재	콘크리트 압축강도(f_{cu})
기초, 기둥, 벽, 보 옆	5MPa 이상
Slab 밑, 보 밑면, 아치 내면	설계기준강도의 2/3배 이상, 또한 최소 14MPa 이상

제1절 철근 · 거푸집

철 근

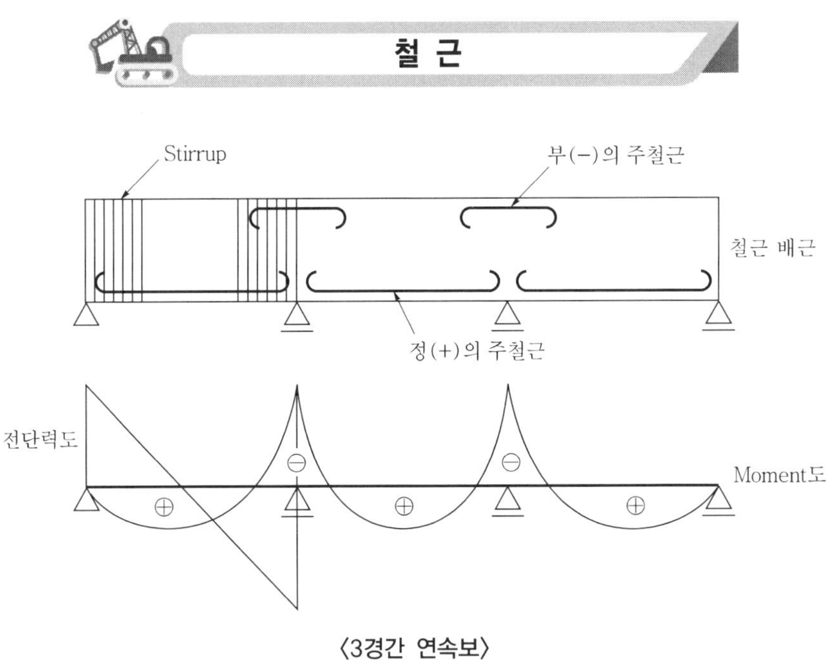

〈3경간 연속보〉

1 종 류

• Memory
주전자의 배쪽은 온도가 높다.

1) 주철근

① 설계하중에 의해 단면적이 정해지는 철근

② ┌ 정(正)철근 : (+)Moment
　 └ 부(負)철근 : (−)Moment

2) 전단철근(전단보강철근)

① RC, PSC 부재에서의 구성

㉠ 수직 Stirrup ┐
㉡ 용접철망 ┘— 부재축에 직각 배치

② RC 부재의 전단철근

㉠ 굽힘철근 : 주인장철근에 30~45° 구부린 철근

㉡ 경사 Stirrup : 주인장철근에 45° 이상 설치된 철근

㉢ Stirrup과 굽힘철근의 조합

㉣ 나선철근(띠철근) : 기둥

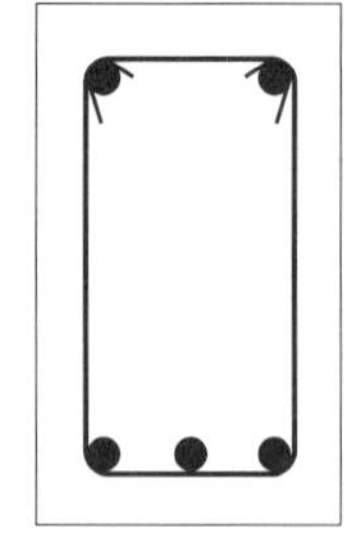

〈폐합 Stirrup〉
비틀림을 받는 곳

3) 배력철근

① 응력분포 목적

② 주철근에 직각방향으로 배치

4) 기타

① 온도철근

② 가외철근 : 건조수축, 온도변화 등에 의해 발생하는 콘크리트의 인장응력에 대비한 철근

2 갈고리

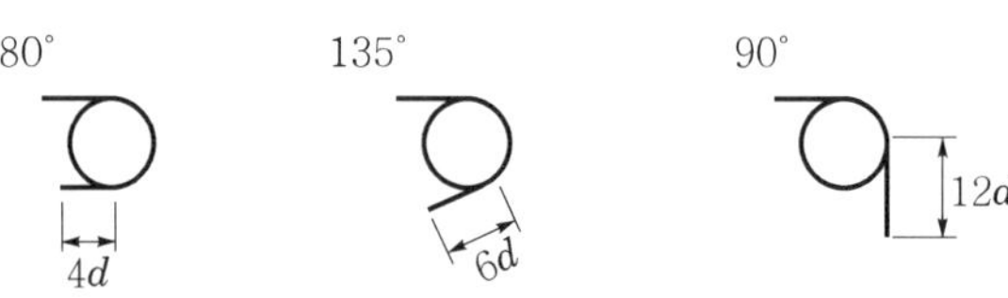

〈표준갈고리의 최소내면반지름〉

철근의 지름	최소반지름
D10~D25	$3d$
D29~D35	$4d$
D38 이상	$5d$

3 구부리기(표준갈고리 이외에서의 최소내면반지름)

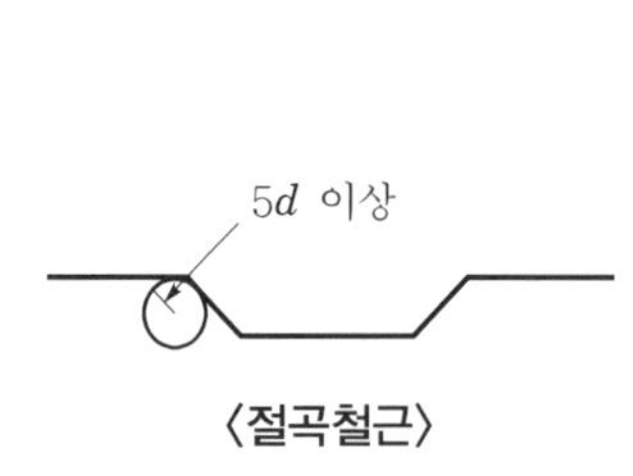

〈절곡철근〉

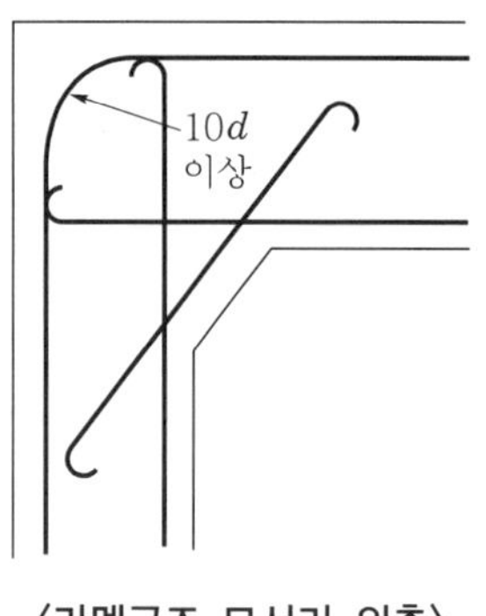

〈라멘구조 모서리 외측〉

① Stirrup, 띠철근의 내면반지름은 철근지름(d) 이상

② 절곡철근의 내면반지름은 $5d$ 이상

③ 라멘구조의 모서리 외측은 $10d$ 이상

④ 콘크리트 속에 매립된 철근은 상온에서(현장에서) 구부리지 않는 것이 원칙임

4 이 음(공법)

1) 원칙

① 한 곳에 반수 이상 잇지 않는다.

② 큰 응력을 받는 곳은 피하고, 엇갈려 잇는다.

③ ϕ28mm 이상 철근이음은 겹침이음을 금지한다.

④ 지름이 다른 경우 작은 철근의 지름에 의한다.

2) 길이

① 압축 : $f_y \leq 400\text{MPa} \rightarrow l_l \geq 0.072 f_y d$

$f_y > 400\text{MPa} \rightarrow l_l \geq (0.13 f_y - 24)d$

② 인장 : A급 이음 $l_l = 1.0 l_d$

B급 이음 $l_l = 1.3 l_d$

> • Memory
> **땡칠이(072)** 가 **일산(13)** 으로 **이사(24)** 간다

3) 위치

① 보

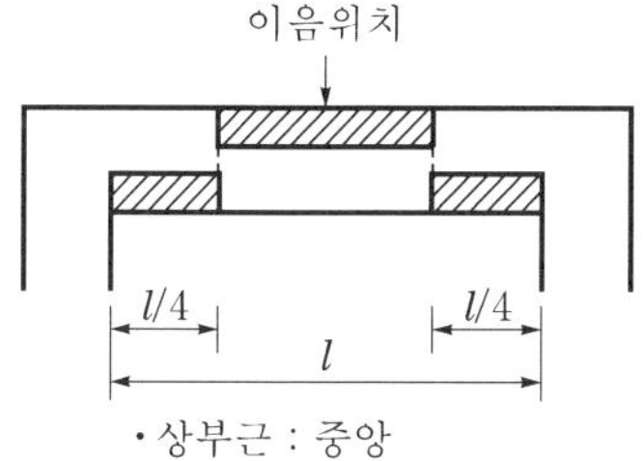

② 기둥

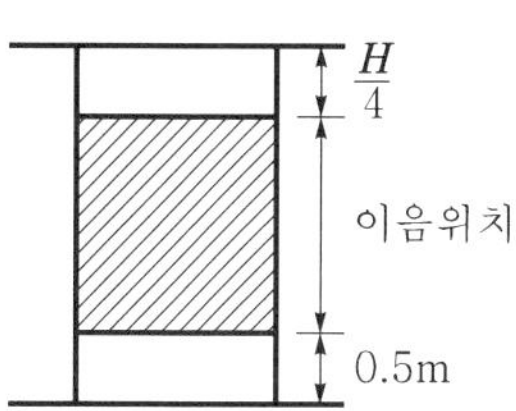

바닥에서 0.5m 이상, 기둥 상부에서 $H/4$ 이하

4) 공법

① 겹침이음

② 용접이음(항복강도의 125% 이상 확보)

③ Gas 압접

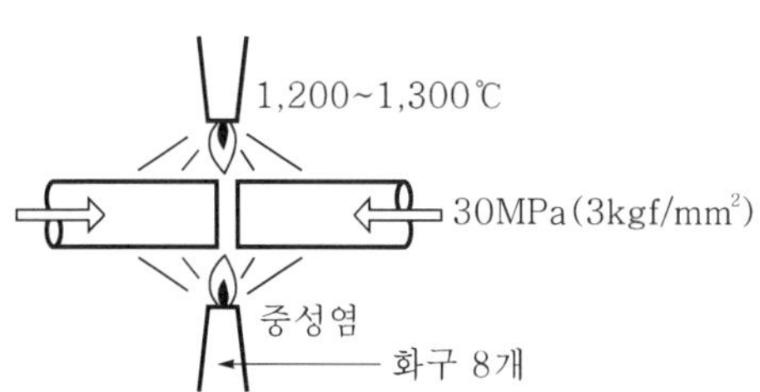

> **Memory**
> 거(겹) 요(용)가(Ga)나 배우러
> 슬(Sl)슬(Sl) 나가(Ca) 지(G)!

1.2d 이상

d 1.4d 이상

기계 설치 → 초기 투입비 多

공사비 ↑

품질관리가 어렵다.

④ Sleeve Joint(압착)

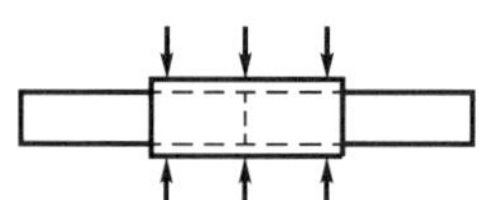

⑤ Sleeve 충전

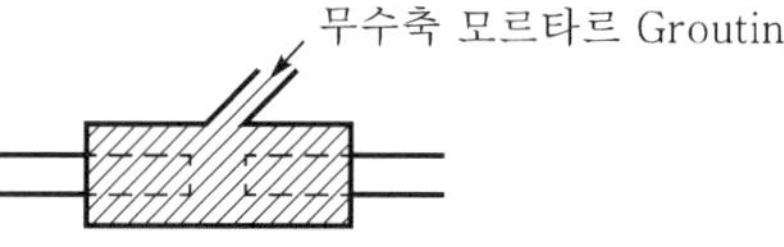

⑥ 나사이음

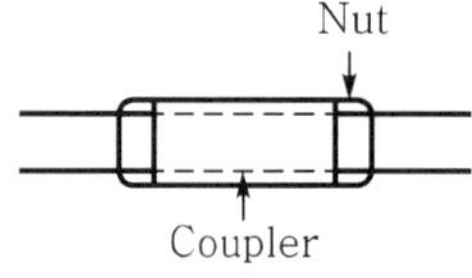

⑦ Cad Welding

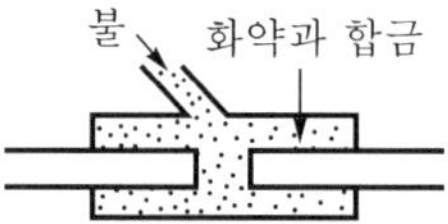

⑧ G-loc Splice

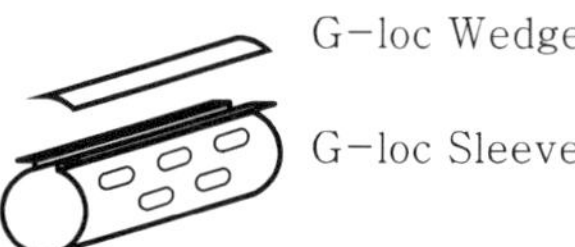

5) 기준

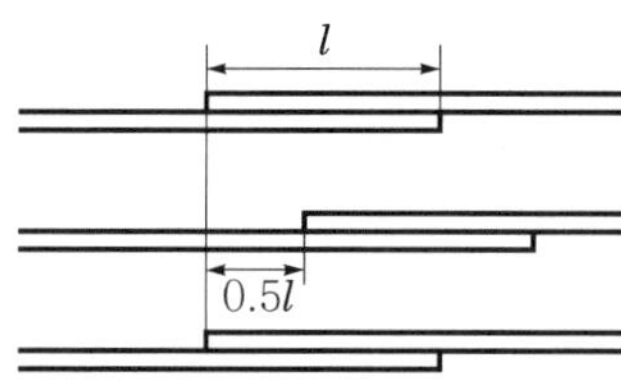

l

1.5l

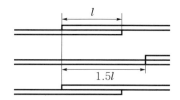

0.5l 또는 1.5l 이상 빗나가게 이음

5 정 착

1) 개요

① 보는 부착파괴보다 휨이나 전단에 의해 파괴

② 모든 철근은 정착길이를 검토하도록 규정(정착 > 부착)

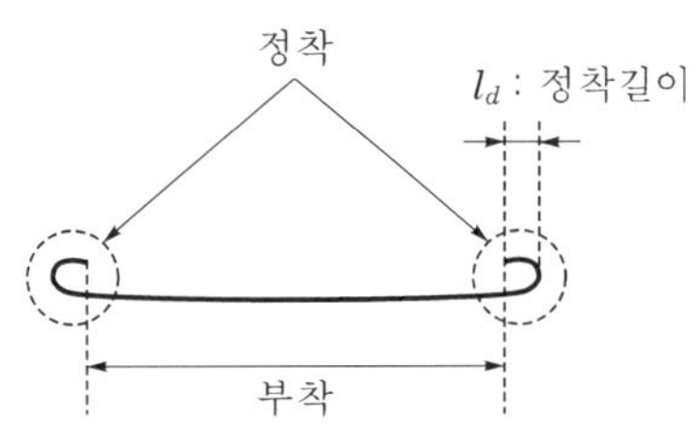

2) 부착

① 개요 : 철근과 콘크리트의 경계면에서 부착력으로서 활동(Slip)에 저항하는 것

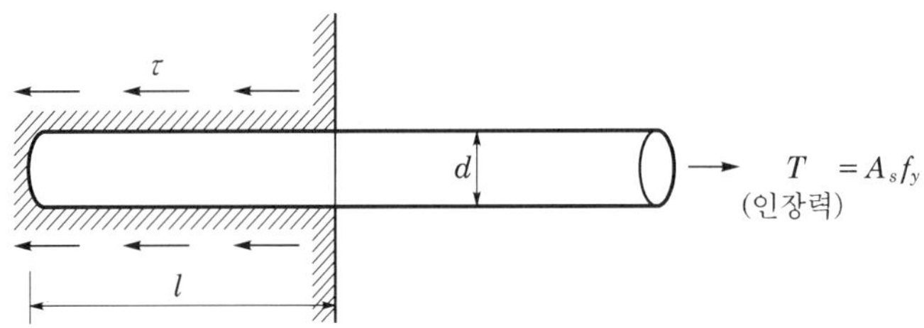

부착응력 $\tau\pi d t l = A_s f_y$

$\therefore\ \tau = \dfrac{A_s f_y}{\pi d l},\ \ l = \dfrac{A_s f_y}{\tau \pi d}$

여기서, τ : 부착응력, l : 필요 부착길이

② 부착력을 형성하는 3가지 작용

- Cement Paste와 철근표면의 교착작용(화학적 작용)에 의한 부착력
- 콘크리트와 철근표면의 마찰작용에 의한 부착력
- 이형 철근의 요철에 의한 기계적 작용에 의한 부착력

Memory
기마학교

③ 부착파괴

뽑힘 부착파괴	쪼갬 부착파괴(할렬파괴)
교착작용과 마찰작용에 대한 부착력보다 인장력이 초과 시 철근이 뽑히는 파괴	부착력 이상의 힘이 철근에 작용 시 이형 철근의 마디에 의해 철근이 뽑히지 않고 콘크리트가 파괴되는 현상
원형 철근에서 발생	이형 철근에서 발생

④ 부착에 영향을 미치는 요소

Memory
표면을 **압축**하면 모두 **다 피**하고 **철**수한다.

㉠ 철근의 표면상태
- 이형 철근 > 원형 철근
- 적당한 녹 발생이 부착에 유리

㉡ 콘크리트의 압축강도 : 클수록 유리

㉢ 철근이 묻힌 길이 및 방향
- 연직 철근 > 수평 철근
- 하부 철근 > 상부 철근

㉣ 피복두께

㉤ 다짐

3) 정착

① 개요

㉠ 철근의 끝부분이 콘크리트 속에서 빠져나오지 않도록 고정하는 것

㉡ 철근 구부리기의 목적

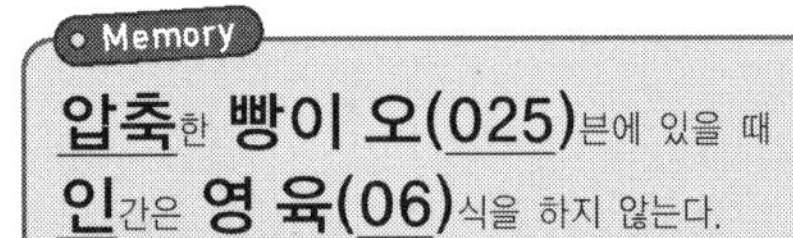

② 압축철근 정착길이

㉠ 정착길이

$$l_d = l_{db} \times 보정계수 = \frac{0.25 d f_y}{\lambda \sqrt{f_{ck}}} \times 보정계수 \geq 0.04 d f_y$$

$$l_{db}(기본\ 정착길이) = \frac{0.25 d f_y}{\lambda \sqrt{f_{ck}}}$$

여기서, l_d : 정착길이(mm)

l_{db} : 기본 정착길이(mm)

d : 철근의 공칭지름(mm)

λ : 경량콘크리트계수(보통 1, 경량 0.75~0.85)

f_y : 철근의 설계기준항복강도(MPa)

f_{ck} : 콘크리트의 설계기준강도(MPa)

㉡ 압축철근의 정착길이(l_d)는 200mm 이상이어야 한다.

③ 인장철근 정착길이

㉠ 정착길이

$$l_d = l_{db} \times 보정계수 = \frac{0.6 d f_y}{\lambda \sqrt{f_{ck}}} \alpha \beta \gamma$$

여기서, $l_{db}(기본\ 정착길이) = \frac{0.6 d f_y}{\lambda \sqrt{f_{ck}}}$

보정계수 $= \alpha \beta \gamma$

〈보정계수〉

철근배근위치계수(α)	상부 철근	α=1.3
	기타 철근	α=1.0
에폭시도막계수(β)	에폭시도막 철근	β=1.2~1.5
	일반 철근, 아연도금 철근	β=1.0
철근굵기계수(γ)	D19 이하의 철근	γ=0.8
	D22 이하의 철근	γ=1.0

ⓛ 인장철근의 정착길이(l_d)는 300mm 이상이어야 한다.

④ 정착길이에 영향을 미치는 요인

㉠ 콘크리트의 종류 및 강도
ⓛ 철근의 간격 및 크기
ⓒ 피복두께
ⓓ 횡방향 철근의 보강 유무
ⓔ 보의 철근위치
ⓕ Epoxy 도막 여부
ⓢ 소요 철근량 및 배근량

• Memory
콘크리트와 **철근**의 **피복**은 **횡방향 보**의 **소요 철근량**이 좌우한다.

b 간 격

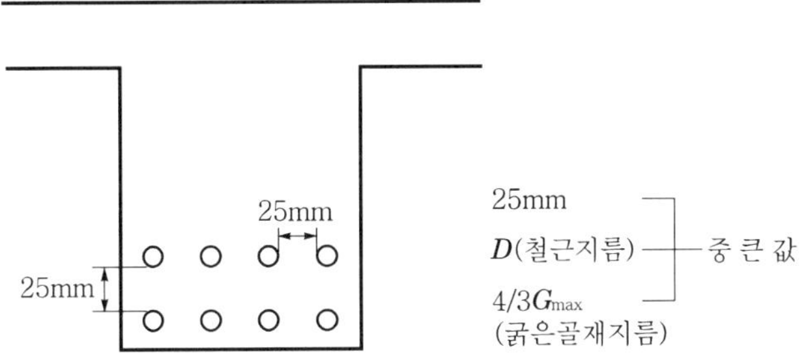

7 피복두께(덮개)

1) 필요성(목적)

① 내구성 확보(중성화 속도)

② 내화성 확보(1시간 화염이 깊이 20mm 진행)

③ 철근의 부착력 확보

④ 시공성 확보

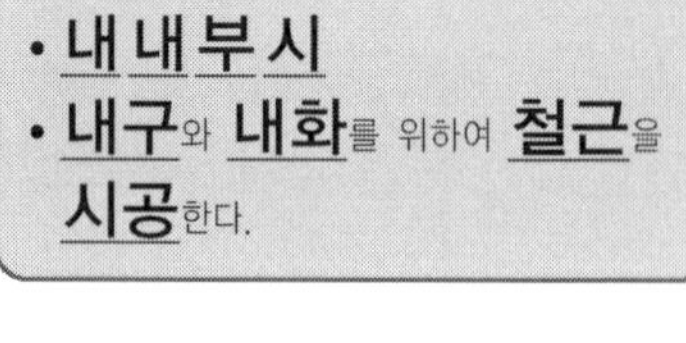

Memory
• 내 내 부 시
• 내구와 내화를 위하여 철근을 시공한다.

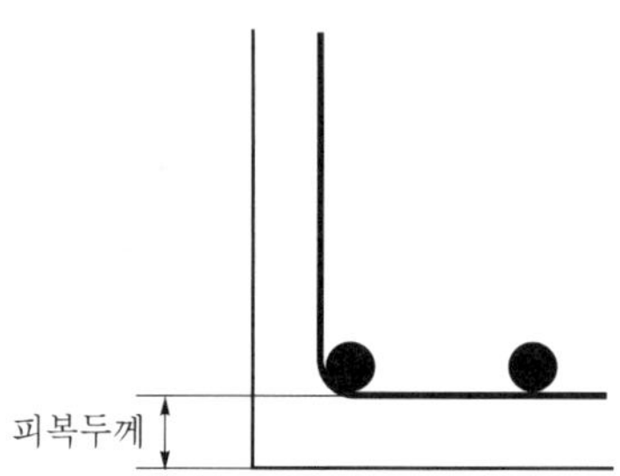

2) 피복두께

조 건	구조물		피복두께
흙에 접하지 않는	Slab, 벽	D35 초과	40mm
		D35 이하	20mm
	보, 기둥		40mm
흙에 접하는	D16 이하		40mm
	D19 이상		50mm
영구히 흙에 묻혀있는 Con'c			75mm
수중타설 Con'c			100mm

8 철근의 방청법

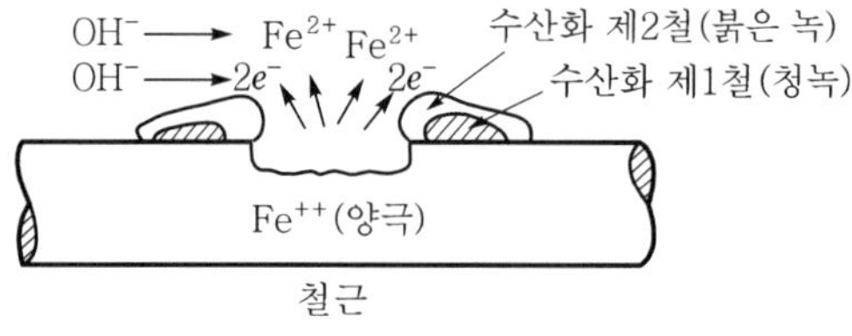

$$Fe + H_2O + \frac{1}{2}O_2 \rightarrow Fe(OH)_2$$: 흑청

$$Fe(OH)_2 + \frac{1}{2}H_2O + \frac{1}{4}O_2 \rightarrow Fe(OH)_3$$: 적청

1) 원인 : 염, 탄, 알, 동, 온, 건, 진, 충, 마, 파

2) 대책(방청법)

① 아연도금 철근 사용

② 에폭시도막 철근 사용

③ 부동태막 유지(탄산화 방지)

④ 제염법 : 해사는 제염하여 사용

⑤ 무염사 : 무염사 혼합 사용

⑥ 낮은 Slump 유지

⑦ 낮은 W/B 유지

⑧ 방청제 사용

⑨ 피복두께 유지

⑩ 수밀 Con´c

⑪ 콘크리트 표면 마무리 : 수밀성 확보

9 철근검사

- 구부리기 → 3 구부리기
- 겹침이음 → 4 이음
- 결속상태 → 5 정착
- 간격 → 6 간격
- 피복두께 → 7 피복두께
- 부식 → 8 방청법

거푸집

1 측 압

$$
\text{거푸집 하중}
\begin{cases}
\text{측압 — Con'c Head} \\
\text{일반하중}
\begin{cases}
\text{연직방향 하중}(w) \\
\quad w = \text{고정하중} + \text{충격하중} + \text{작업하중} \\
\text{수평방향하중(횡방향)}
\begin{cases}
\text{작업 시 진동, 충격} \\
\text{풍압, 유수압, 지진 등}
\end{cases}
\end{cases} \\
\text{특수하중 — 비대칭하중, 경사거푸집}
\end{cases}
$$

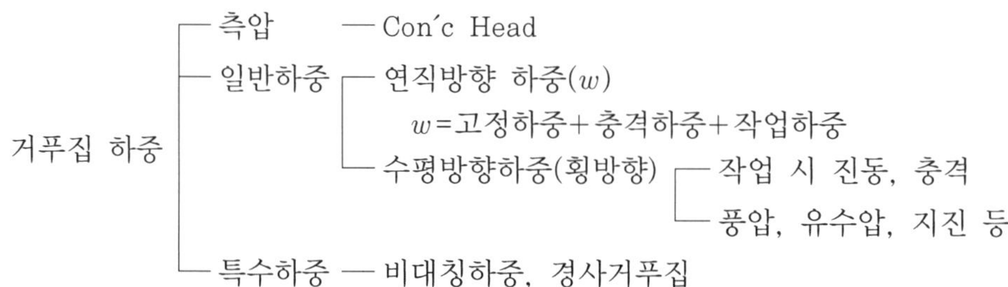

1) Con´c Head와 측압

① 타설 시작 ② 타설 중 ③ 타설 종료

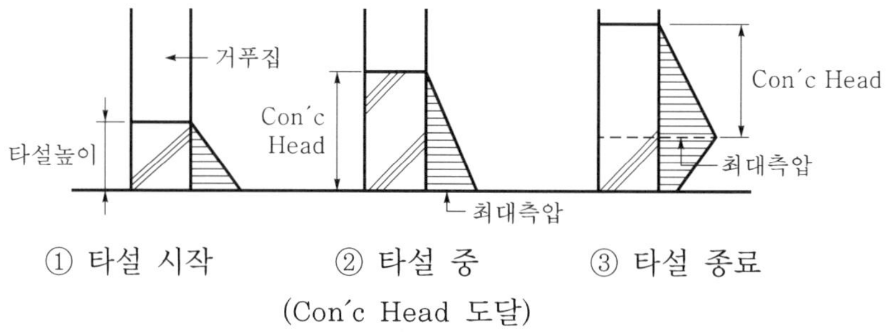

2) Con´c Head에 따른 측압치

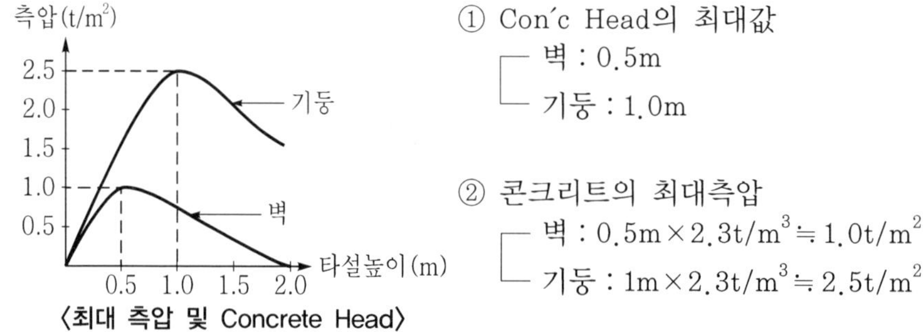

〈최대 측압 및 Concrete Head〉

① Con´c Head의 최대값
- 벽 : 0.5m
- 기둥 : 1.0m

② 콘크리트의 최대측압
- 벽 : 0.5m×2.3t/m^3≒1.0t/m^2
- 기둥 : 1m×2.3t/m^3≒2.5t/m^2

3) 거푸집 설계용 측압 표준치

(단위 : t/m^2)

구 분	벽	기 둥
내부 진동기	2	3
외부 진동기	3	4

4) 측압영향요소(큰 경우)

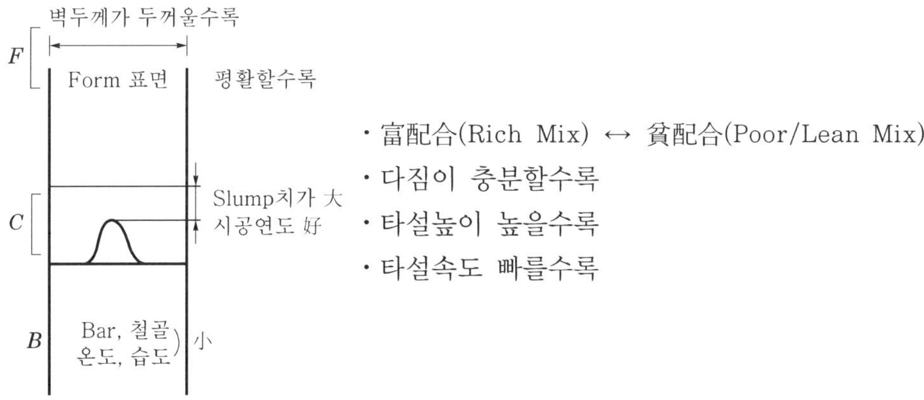

· 富配合(Rich Mix) ↔ 貧配合(Poor/Lean Mix)
· 다짐이 충분할수록
· 타설높이 높을수록
· 타설속도 빠를수록

5) 측압의 판정방법

- 수압판에 의한 방법
- 측압계 이용 방법
- 조임철물의 변형에 의한 방법
- OK식 측압계

> **Memory**
> **조수측** 방은 **오(OK)**른쪽이다.

2 설 계

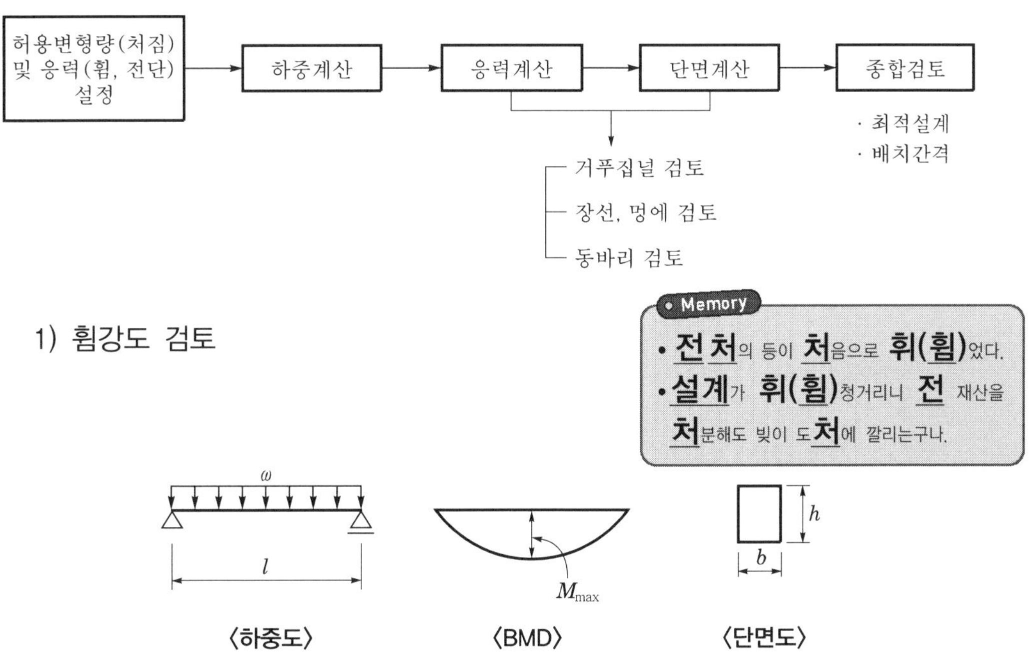

1) 휨강도 검토

> **Memory**
> • **전처**의 등이 **처**음으로 **휘(휨)**었다.
> • **설계**가 **휘(휨)**청거리니 **전** 재산을 **처**분해도 빚이 도**처**에 깔리는구나.

〈하중도〉 〈BMD〉 〈단면도〉

① 최대휨모멘트 : $M_{\max} = \dfrac{\omega l^2}{8}$

② 휨응력도 : $f_b = \dfrac{M_{\max}}{Z} = \dfrac{\frac{\omega l^2}{8}}{\frac{bh^2}{6}} \leq f_{ba}$(허용휨응력도)

2) 전단강도 검토

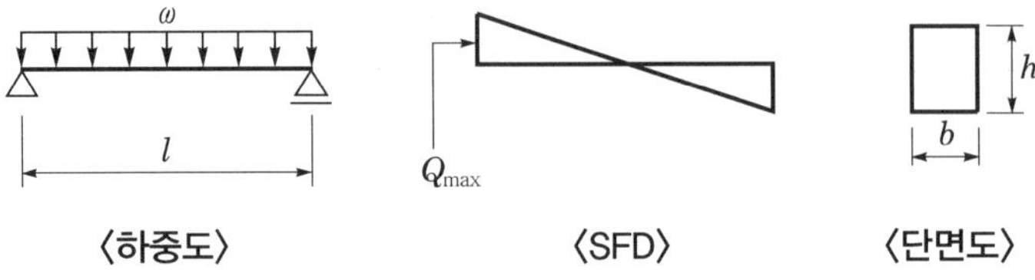

〈하중도〉 〈SFD〉 〈단면도〉

① 최대전단력 : $Q_{\max} = \dfrac{\omega l}{2}$

② 전단응력도 : $\tau = \dfrac{3}{2}\left(\dfrac{Q_{\max}}{A}\right) = \dfrac{3}{2}\left(\dfrac{\frac{\omega l}{2}}{bh}\right) \leq f_s$(허용전단응력도)

3) 처짐 검토

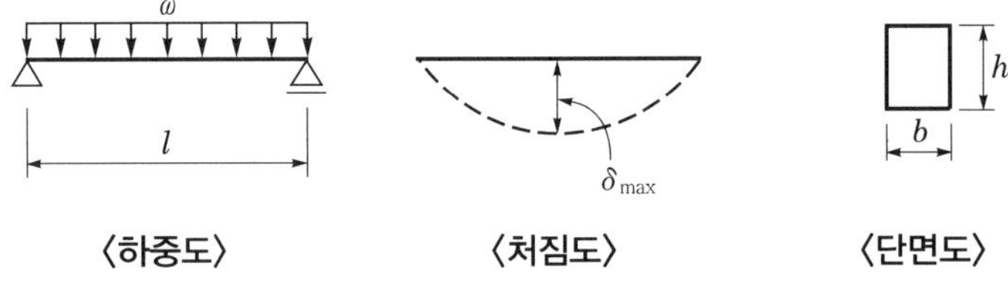

〈하중도〉 〈처짐도〉 〈단면도〉

① 최대처짐 : $\delta_{\max} = \dfrac{5\omega l^4}{384EI} \leq$ 허용처짐량

② 영계수 : $E = \dfrac{\sigma}{\varepsilon} = \dfrac{\frac{P}{A}}{\frac{\Delta l}{l}} = \dfrac{Pl}{A\Delta l}$[MPa]

③ 단면 2차 모멘트 : $I = \dfrac{bh^3}{12}$[mm^4]

> **Memory**
> 38선에서 죽(4)으니 한 계급(5)이 승진한다.

4) 처짐각 검토

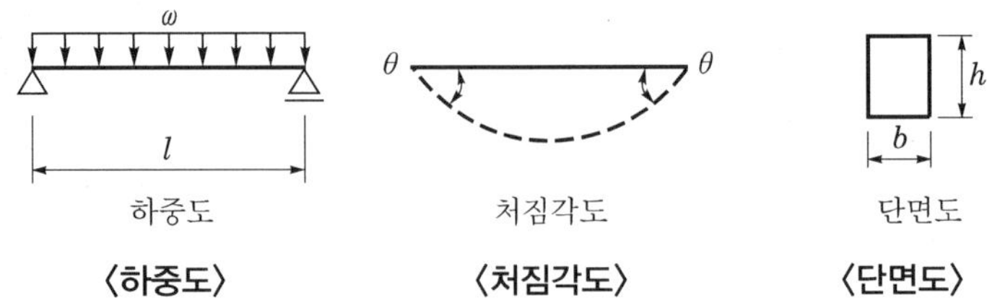

〈하중도〉 〈처짐각도〉 〈단면도〉

최대처짐각 : $\theta = \dfrac{\omega l^3}{24EI} \leq$ 허용처짐각

3 재 료

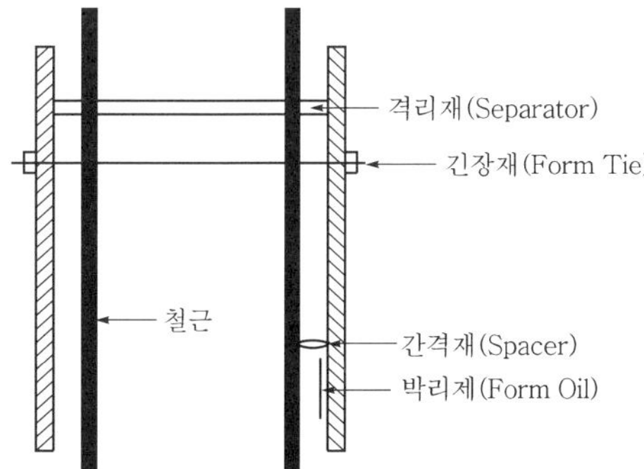

1) 일반 Form

① Wood

② Metal

③ Aluminium

2) 특수 거푸집

① SCF(Self Climbing Form)

㉠ 양중장비가 필요없이 스스로 상승하는 수직 거푸집

㉡ Stock Yard에서 선조립 후 설치

㉢ 벽체의 변형(두께, 평면)에 대처하기 어려움.

㉣ RC 구조물의 Core 부분에 많이 채택

㉤ 교각 Elevator구조 등

② Travelling Form

㉠ 수평으로 이동이 가능한 대형 System화된 거푸집으로서, 연속하여 Con'c 타설이 가능하도록 기계적 장치(이동용 비계, Rail, Caster 등)를 이용하여 이동한다.

㉡ 터널, 지하철공사 등에서 적용되며, 연속시공으로 공기가 단축된다.

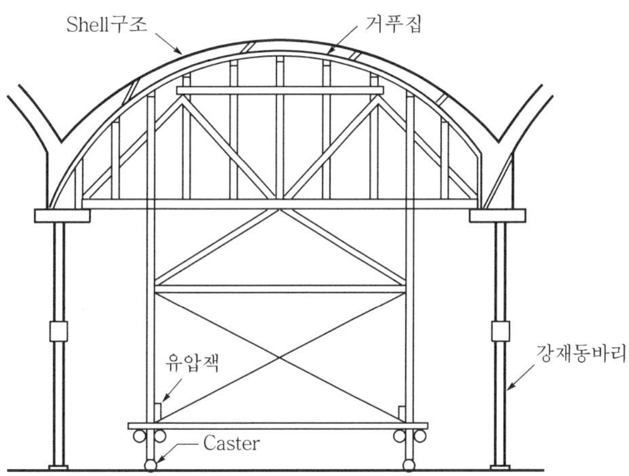

4 시공 시 주의사항 및 검사항목

1) 시공 시 유의사항

① 거푸집

- 강성 및 강도 확보
- 거푸집 수밀성 유지
- 수직, 수평 간격
- 조립 해체 용이
- 매입철물
- 균등한 긴장도 유지
- 정밀시공

② 동바리(받침기둥, 지주)

- 균등한 응력 유지
- 동바리 전도 방지
- 동바리 교체 원칙적 불가
- 교체 시 순서 준수
- 충격, 진동 금지
- Filler처리 유의

2) 검사항목(Check List)

- 거푸집 부풀어 오름
- Mortar 새어나옴
- 이동, 경사, 침하
- 접속부 느슨해짐
- 형상, 치수검사
- 청소, 박리제, 모따기
- 조립의 허용오차
- 비계, 발판, Form Tie 등

Memory

조 접한 **모(Mo)형이 청소 비**만 **부풀**인다.

3) 조립 시 허용오차

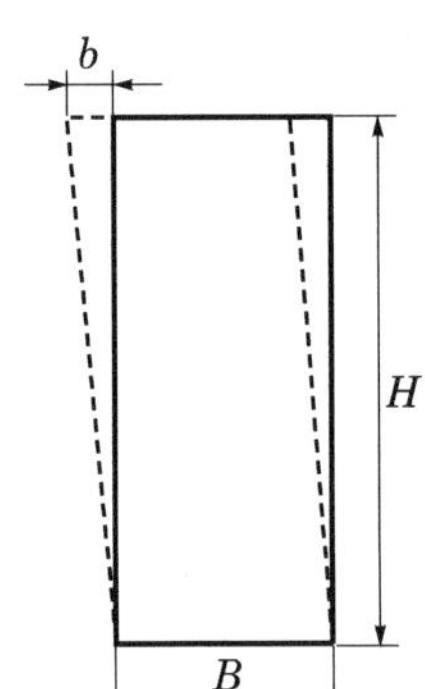

$\frac{b}{B}$ — 0.2% 이내 / 20mm 이내 — 中 작은 값

5 떼어내기(거푸집 존치기간)

1) 콘크리트 압축강도를 시험할 경우

부 재	콘크리트 압축강도(f_{cu})
확대기초, 보 옆, 기둥, 벽 등의 측면	5MPa 이상
슬래브 및 보의 밑면, 아치 내면	설계기준강도 2/3 이상 또한 14MPa 이상

2) 콘크리트 압축강도시험을 하지 않을 경우

구 분	조강 Cement	보통 Cement	고강도 Cement
20℃ 이상	2일	4일	5일
10℃ 이상 20℃ 미만	3일	6일	8일

6 동바리

1) 동바리 존치기간

부 재	콘크리트 압축강도
슬래브 밑, 보 밑	설계기준강도 100% 이상

받침기둥의 존치기간은 Slab 밑, 보 밑 모두 설계기준강도의 100% 이상 콘크리트 압축강도가 얻어진 것이 확보될 때까지 한다.

2) 지주 바꿔 세우기(Reshoring)

① 존치기간이 경과된 개소

② 타설 시 채취한 공시체를 강도시험 : 소요 28일 강도의 1/2을 넘는 경우

③ 모든 지주 동시 철거 후 세우기 금지

④ 먼저 큰 보 일부에서부터 순차적으로 작은 보, 바닥판의 지주를 신속하게 바꿔 세움.

⑥ 바꿔 세운 지주는 상부에 300mm 각 이상의 두꺼운 판을 설치하고, 쐐기 등을 끼워 전의 지주와 동등한 지지력 작용

⑤ 지나치게 하여 역하중 발생 금지

- God For Health -

1. 충분한 음식과 수면은 보약이다.
2. 과로를 피하고 시간은 낭비하지 않는다.
3. 스트레스는 그때 그때 풀어준다.
4. 매일 가벼운 운동(어느 정도 숨 가쁜)과 산책을 한다.
5. 당당하고 활기찬 표정과 자세를 만든다.
6. 창조주를 기억하고 매 순간 의뢰한다.
7. 과음, 과식은 절대 금하고 감사한 마음으로 음식을 먹는다.
8. 담배를 끊는다.
9. 체질 개선을 위해 녹황색 채소, 신선한 과일, 등푸른 생선, 해조류를 많이 먹는다.
10. 고단백, 비타민, 저칼로리, 미네랄을 함유한 균형 있는 영양식품을 섭취한다.

제3장 제2절 콘크리트공사

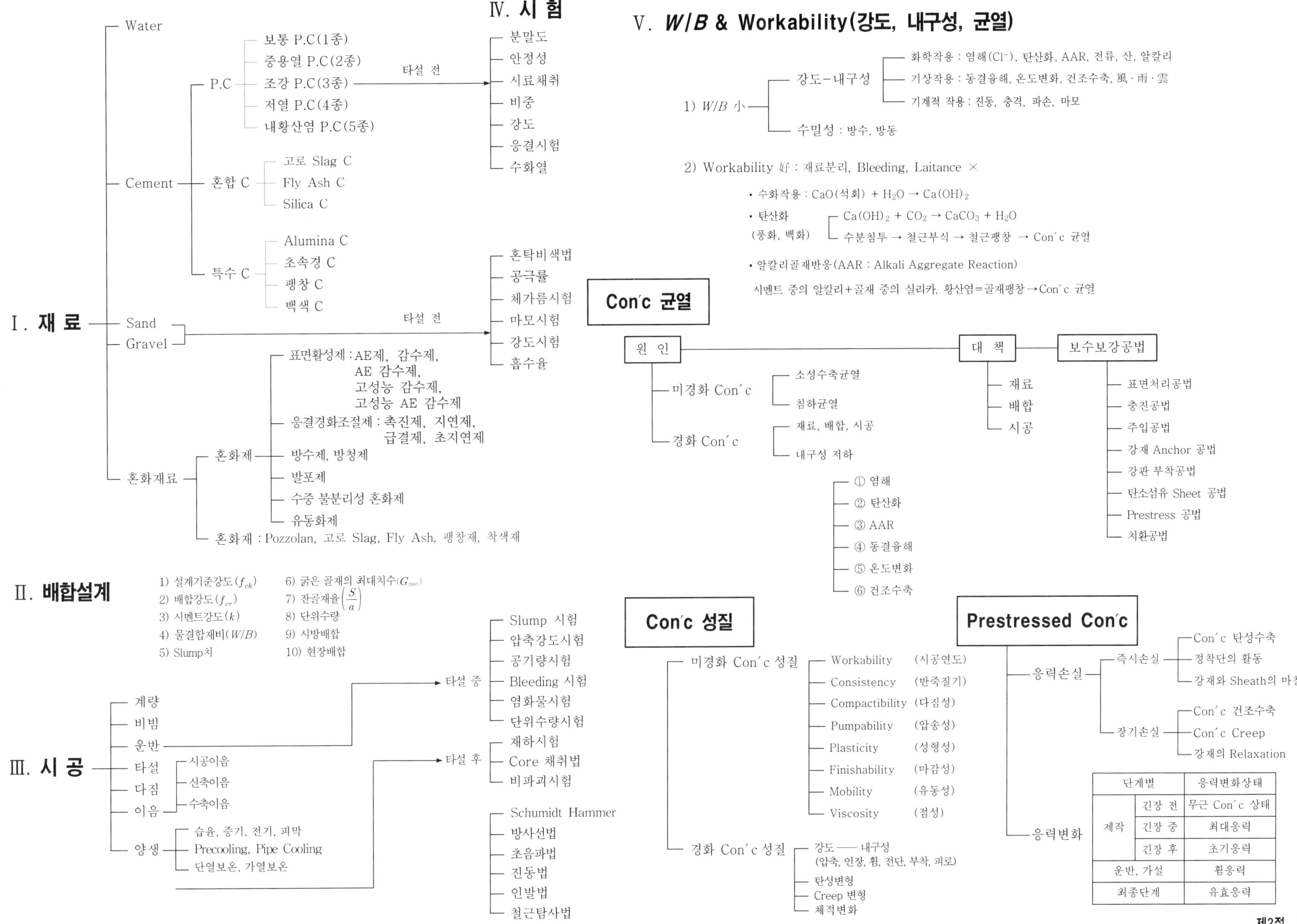

Ⅰ. 재 료
Water
Cement
P.C
보통 P.C(1종)
중용열 P.C(2종)
조강 P.C(3종)
저열 P.C(4종)
내황산염 P.C(5종)
혼합 C
고로 Slag C
Fly Ash C
Silica C
특수 C
Alumina C
초속경 C
팽창 C
백색 C
Sand
Gravel
타설 전
혼화재료
혼화제
표면활성제 : AE제, 감수제, AE 감수제, 고성능 감수제, 고성능 AE 감수제
응결경화조절제 : 촉진제, 지연제, 급결제, 초지연제
방수제, 방청제
발포제
수중 불분리성 혼화제
유동화제
혼화재 : Pozzolan, 고로 Slag, Fly Ash, 팽창재, 착색재
Ⅳ. 시 험
분말도
안정성
시료채취
비중
강도
응결시험
수화열
혼탁비색법
공극률
체가름시험
마모시험
강도시험
흡수율
Ⅱ. 배합설계
1) 설계기준강도(f_{ck})
2) 배합강도(f_{cr})
3) 시멘트강도(k)
4) 물결합재비(W/B)
5) Slump치
6) 굵은 골재의 최대치수(G_{max})
7) 잔골재율$\left(\frac{S}{a}\right)$
8) 단위수량
9) 시방배합
10) 현장배합
Ⅲ. 시 공
계량
비빔
운반
타설
다짐
이음
시공이음
신축이음
수축이음
양생
습윤, 증기, 전기, 피막
Precooling, Pipe Cooling
단열보온, 가열보온
타설 중
Slump 시험
압축강도시험
공기량시험
Bleeding 시험
염화물시험
단위수량시험
타설 후
재하시험
Core 채취법
비파괴시험
Schumidt Hammer
방사선법
초음파법
진동법
인발법
철근탐사법
Ⅴ. W/B & Workability(강도, 내구성, 균열)
1) W/B 小
강도-내구성
화학작용 : 염해(Cl^-), 탄산화, AAR, 전류, 산, 알칼리
기상작용 : 동결융해, 온도변화, 건조수축, 風·雨·雲
기계적 작용 : 진동, 충격, 파손, 마모
수밀성 : 방수, 방동
2) Workability 好 : 재료분리, Bleeding, Laitance ×
• 수화작용 : CaO(석회) + H_2O → $Ca(OH)_2$
• 탄산화 (풍화, 백화)
$Ca(OH)_2 + CO_2 \rightarrow CaCO_3 + H_2O$
수분침투 → 철근부식 → 철근팽창 → Con'c 균열
• 알칼리골재반응(AAR : Alkali Aggregate Reaction)
시멘트 중의 알칼리+골재 중의 실리카, 황산염=골재팽창→Con'c 균열
Con'c 균열
원 인
미경화 Con'c
소성수축균열
침하균열
경화 Con'c
재료, 배합, 시공
내구성 저하
① 염해
② 탄산화
③ AAR
④ 동결융해
⑤ 온도변화
⑥ 건조수축
대 책
재료
배합
시공
보수보강공법
표면처리공법
충진공법
주입공법
강재 Anchor 공법
강판 부착공법
탄소섬유 Sheet 공법
Prestress 공법
치환공법
Con'c 성질
미경화 Con'c 성질
Workability (시공연도)
Consistency (반죽질기)
Compactibility (다짐성)
Pumpability (압송성)
Plasticity (성형성)
Finishability (마감성)
Mobility (유동성)
Viscosity (점성)
경화 Con'c 성질
강도 —— 내구성
(압축, 인장, 휨, 전단, 부착, 피로)
탄성변형
Creep 변형
체적변화
Prestressed Con'c
응력손실
즉시손실
Con'c 탄성수축
정착단의 활동
강재와 Sheath의 마찰
장기손실
Con'c 건조수축
Con'c Creep
강재의 Relaxation
응력변화

단계별		응력변화상태
제작	긴장 전	무근 Con'c 상태
	긴장 중	최대응력
	긴장 후	초기응력
운반, 가설		휨응력
최종단계		유효응력

제3장 제2절 콘크리트공사(특수 콘크리트 비교)

Item	종류	한중 Con'c	서중 Con'c	매스 Con'c	수중 Con'c	수밀 Con'c	고강도 Con'c	고성능 Con'c	유동화 Con'c	고유동 Con'c
개 요		·일평균기온 4℃ 이하 ·타설 후 일최저기온 0℃ 이하 ·동결위험 시 ·초기온도 유지가 가장 중요	·일평균기온 25℃ 이상 ·일최저기온 30℃ 이상 ·초기 2~6시간 내 증발의 최소화가 가장 중요	·부재단면 80cm 이상 ·하부 구속이 있는 벽체 등에서는 50cm 이상 ·댐, 교각 등에 사용	·구조물의 기초 등을 시공하기 위한 수면 아래 타설하는 Con'c	·방수성능 확보 ·방수성·풍화·전류에 강함 ·내화학성능	·압축강도 40MPa 이상의 Con'c	·고강도, 고내구성, 고수밀성 Con'c ·다짐 필요없이 자체 충전 가능	·R.M.C에 유동화제를 첨가하여 일시적으로 Slump를 증대시켜 타설	·유동성, 충전성, 재료분리 저항성을 겸비한 Con'c ·Cement와 골재의 결합력 향상 ·자중에 의한 다짐
특 징		[문제점] ·응결지연 ·동결융해 ·내구성 저하 ·수밀성 감소	[문제점] ·응결촉진 → Cold Joint ·건조수축 → Contraction Joint ·운반 중 Slump 저하 ·소요수량 증가 ·균열 발생 ·강도저하	[문제점] ·온도균열 – 온도구배 ·과도한 수화열 ·내구성·수밀성·강도에 영향	[문제점] ·철근과의 부착강도 ·재료분리 ·품질의 균등성 ·시공 후 품질 확인	·산·알칼리·해수 동결융해에 강함. ·풍화를 방지하고 전류의 해를 받을 우려가 적음.	[장점] ·부재경량화 가능 ·소요단면 감소 [단점] ·취성파괴 우려 ·시공 시 품질변화 우려	[장점] ·시공능률 향상 ·재료분리 감소 ·다짐 및 작업량 감소 ·변형 감소 [단점] ·폭렬현상 우려	[장점] ·시공연도 개선 ·건조수축 균열감소 ·Bleeding 적음. ·수밀성 증대 [단점] ·투입공정 김.	[장점] ·중성화 저항성 우수 ·염해 저항성 우수 [단점] ·탄성계수 부족
일반사항				<온도구배원인> ·수화열로 인한 Con'c 내부 고온 ·거푸집 제거로 표면 급랭	·Prepacked Con'c ·수중 Con'c 타설방법 T.C.밑.포	·Asphalt방수 ·도막방수	※ 제조방법 ·결합재 개선 ·다짐방법 ·활성골재, 양생방법 등	※ 폭렬대책 ·방화 Coating 도포 ·공기구멍	※ 제조방법 ·공장첨가 유동화 ·공장첨가 현장 유동화 ·현장 첨가 유동화	※ 유동성 평가 ·Slump Flow ·L형 Flow ·깔대기 유하
재료	물 ·음료수, 지하수 ·산 ×, 알칼리 × ·염 ×	·좌동 ·더운물 사용	·좌동 ·냉각수 사용	·좌동 ·냉각수 사용	·좌동	·좌동	·좌동	·좌동	·좌동	·좌동
재료	Cement ·풍화 ×, 저장 분안시비, 강응수	·조강, 알루미나 ·가열사용 × ·분말도 높은 것	·중용열, 고로, Fly Ash ·서열저장 ·분말도 낮은 것	·중용열, 고로, Fly Ash	·보통, 중용열	·보통	·보통 ·고로, Fly Ash	·M.D.F Cement	·보통 ·분말도 높은 것	·보통
재료	골재 FM – S 2~3 – G 6~8 ·청정, 견고 ·거칠고 둥근 혼공체마강흡	·좌동 ·빙설 혼합 안 된 것 ·골재동결방지 ·재료가열≦60℃	·좌동 ·찬물 살수 ·직사광선 노출 × ·얼음물 사용	·좌동	·좌동 ·굵은골재치수 : 15mm 이상	·청정, 견고 ·거칠고, 둥근	·청정, 견고 ·거칠고, 둥근	·좌동	·좌동	·좌동
재료	혼화제 표응방방방발수유	·AE제, AE감수제 ·응결경화촉진제→사용 시 주의 (염화물) ·방동제	·AE제, AE감수제 ·응결지연제 ·유동화제	·AE제, AE감수제 ·유동화제	·좌동	·AE제, AE감수제	·Slica Fume ·Fly Ash ·Pozzolan	·고성능감수제 ·Slica Fume	·좌동	·고성능 AE감수제 ·Fly Ash ·고로 Slag 미분말, 분리저감제
배합	W/B비 ·Slump ·시멘트량 ·단위수량 ·G_{max} ·S/a	·W/B비 60% 이하 ·단위수량 적게	·W/B비 낮게 ·단위수량 많게 ·단위시멘트량 증가	·W/B비 낮게 ·단위시멘트량 적게 ·G_{max} 크게	·W/B비 50% 이하 ·S/a 크게 ·단위시멘트량 많게	·W/B비 55% 이하 ·Slump 180mm 이하 ·G_{max} 크게 ·단위시멘트량 많게	·W/B비 50% 이하 ·단위시멘트량 : 시공성 확보범위 내에서 가능한 적게 할 것	·W/B비 낮게	·W/B비 33% 감소효과 ·Slump치 250mm 가능	·Slump Flow 600±100mm ·단위수량 175kg/m^3 이하
시공	·준비작업 계량 비빔 운반 타설 다짐 이음 양생 ·타설 전 슬강공비염단 ·타설 후 재코비슈방초진인철	·재료가열 ·–3~0℃ : 물·골재 가열 필요 ·–3℃ 이하 : 물·골재 가열 ·소요강도(5MPa)까지 5℃ 이상 유지 ·이후 2일간 0℃ 이상 유지 ·가열한 재료의 Mix 투입순서 ·압송관 예열, 보온 ·단열양생 ·가열양생 ·빙설제거 후 타설	·이어치기 시 Cold Joint 주의 ·구Con'c면 미리 살수 냉각 ·가능한 야간작업 실시 ·비빔 후 1~1.5시간 내 타설 ·타설은 연속적으로 실시하여 급속완료 ·Mixer Truck은 살수하여 온도상승 방지 ·Precooling ·Pipe–Cooling	·이어치기 시 Cold Joint 주의 ·타설은 연속타설 ·1회 타설높이 낮게 ·부어넣기 온도≦35(℃) ·습윤상태 유지 ·내·외부 온도차 적게 ·Precooling ·Pipe–Cooling	·Tremie 공법 ·Intrusion Aid ·Con'c Pump공법 ·압송압력 0.1MPa 이상 유지 ·타설방법은 Tremie와 같음. ·밑열림 상자공법 ·소규모 공사 시 타설 ·밑열림 포대 Con'c공법 ·간이 수중 Con'c공법	·시공이음 × ·시공이음부 청소 ·지수판 설치 ·연직 시공이음 ·거푸집의 조립, 누수 ×	·일반적인 시공방법	·일반적인 시공방법 ·Auto Clave 양생	·일반적인 시공방법	·배합시간 60±10초 ·배합에서 타설까지 120분 이내 ·이어치기 ·20℃ 이하 90분 이내 ·20~30℃ 이하 60분 이내
철근공사		·상온 미리 가공 ·온도근 ·배력근	·좌동	·배력근 ·온도근	·좌동	·좌동	·좌동	·좌동	·좌동	·좌동
거푸집공사		·단열거푸집 ·지반동결융해로 인한 Support 설치 시 주의	·거푸집 살수, 습윤	·보온성 거푸집 ·측압주의	·측압에 견디는 거푸집 구조 ·골재 채움선 청소 철저	·수밀 거푸집	·좌동	·좌동	·좌동	·수밀 거푸집

제 2 절 콘크리트공사

〈건설재료의 기본적 성질(공학적 성질)〉

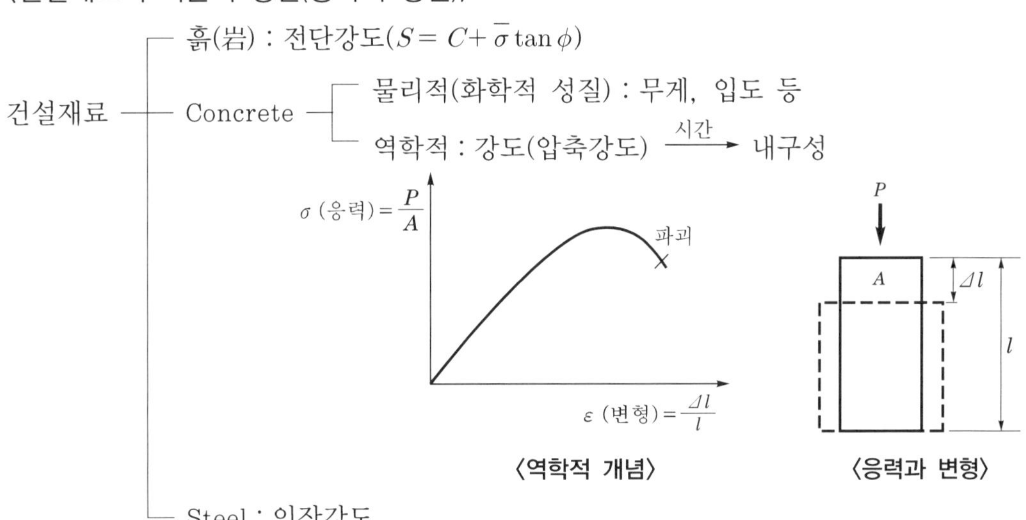

〈역학적 개념〉 〈응력과 변형〉

1 재 료

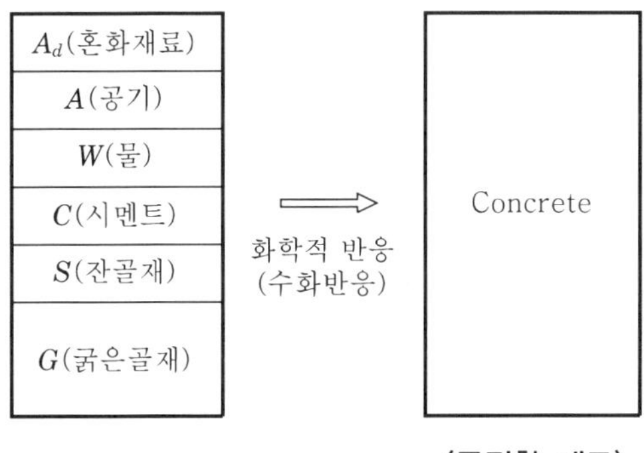

〈균질한 재료〉

1) Water(물)

① Cl^- : 0.04% 이하

② pH : 6~8

2) Cement : 강도 大, 적정 분말도(2,800~3,200cm^2/g)

비중(보통 3.15, 최소 3.05) 응결시간(초결 1시간 이상, 종결 10시간 이내)

수화열(125cal/g) $\xrightarrow[\text{균열관리}]{\text{수화열관리}}$ 적정 수화열(70cal/g)

Memory

보증(중) 섰다. **조저내**!! **초조**하네!

① PC

- 보통 PC(1종)
- 중용열(2종) : 서중 Con´c, 초기강도 발현 늦음, 장기강도 유리
- 조강(3종) : 한중 Con´c, 28일강도 → 7일강도
- 저열(4종) : Mass Con´c, 중용열보다 수화열↓, 수밀 Con´c
- 내황산염(5종) : 온천, 해안, 항만
- 초조강 : 한중 Con´c, 긴급공사용 28일강도 → 3일강도

② 혼합 C

- Pozzolan : 천연 Pozzolan, 인공 Pozzolan
- 고로 Slag : 용광로, 장기강도↑, 수화열↓
- Fly Ash : 화력발전소, 굴뚝재, 석탄회, 미분탄회

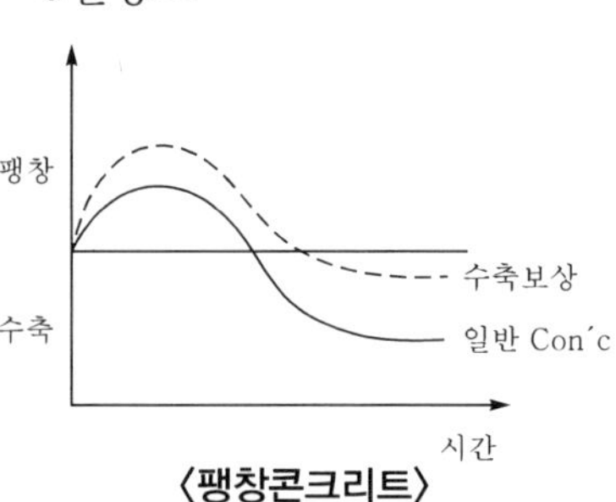

〈팽창콘크리트〉

③ 특수 C

- Alumina : 28일강도 → 1일강도, 긴급공사
- 초속경 : 1~2시간, 10MPa, 긴급보수공사, Grout
- 팽창 : 수축보상용(팽창 小), 화학적 프리스트레스용(팽창 大)
- 백색 : 타일줄눈용, 칼라 Cement

④ 저장

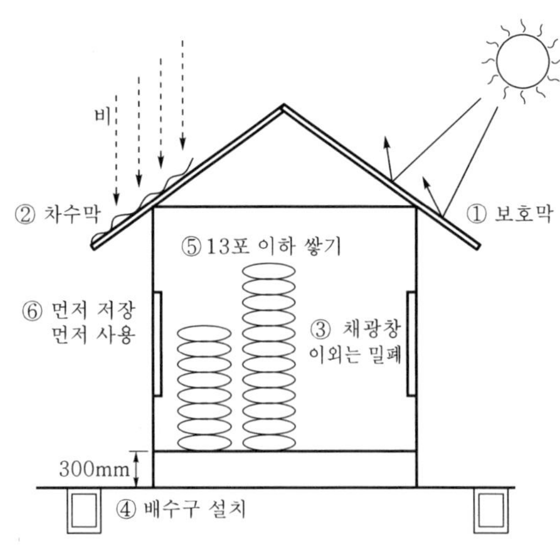

⑤ 분말도(비표면적, cm^2/g)

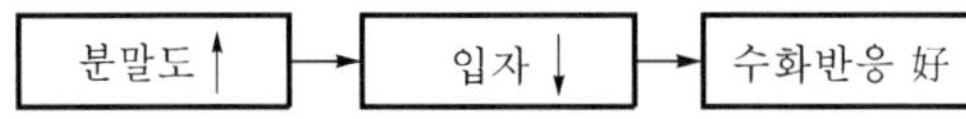

3) 골재

Sand ─┐
　　　　├ 청정, 견고, 내구성(유기불순물 ×, 미세립분 ×)
Gravel ─┘

① 입경

- 잔골재(모래) : 5mm체 85% 이상 통과
- 굵은골재(자갈) : 5mm체 85% 이상 남음.

② 산지

- 천연골재
- 인공골재

③ 비중

- 경량골재 : 2 이하
- 보통골재 : 2.5 정도
- 중량골재 : 3.0 이상

4) 혼화재료

① 혼화제 : Cement 중량의 5% 미만, 중량계산 제외

㉠ 종류

- 표면활성제 : AE제, 감수제, AE 감수제, 고성능감수제, 고성능 AE감수제
- 응결경화조절제 : 촉진제, 지연제, 급결제, 초지연제
- 방수제, 방청제
- 발포제
- 수중불분리성혼화제
- 유동화제

㉡ 유동화제

- 경시효과 : 시간의 흐름에 따라 나타나는 반응

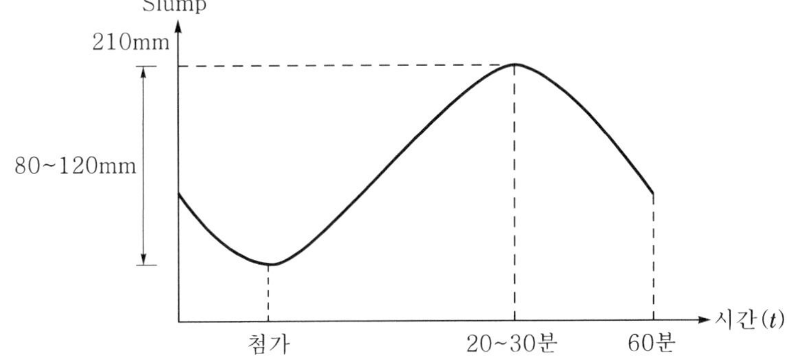

㉢ 고성능감수제

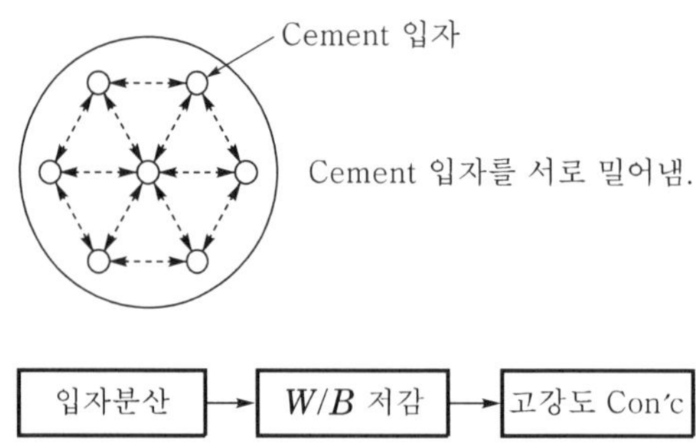

입자분산 → W/B 저감 → 고강도 Con'c

㉣ AE제(Air Entraining Agent)

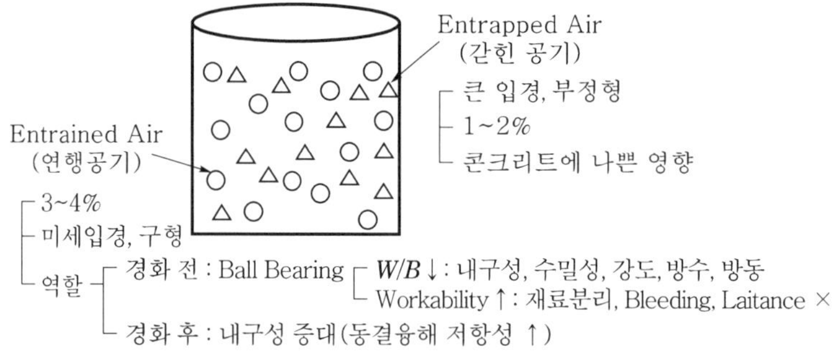

② 혼화재 : Cement중량의 5% 이상, 중량계산

㉠ 종류

- Pozzolan
- 고로 Slag
- Fly Ash
- Silica Fume
- 팽창재, 착색재

• Memory
그대를 **보(Po)고플(Fl) 시(Si)**
내 마음이 **팽창(착)**하네.

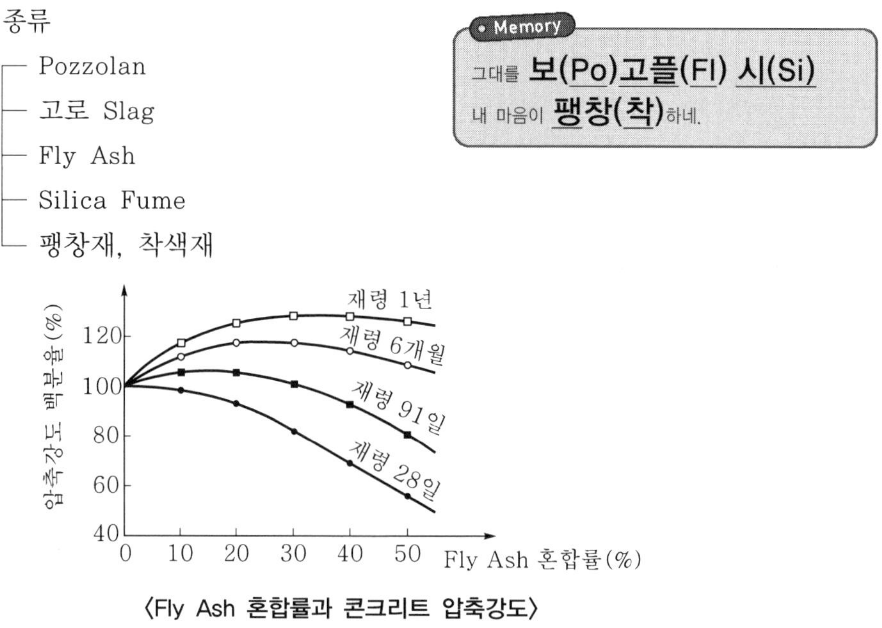

〈Fly Ash 혼합률과 콘크리트 압축강도〉

※ Fly Ash 혼합률이 20% 내외 시 콘크리트 압축강도가 높다.

㉡ Pozzolan반응, 잠재적 수경성

참고! 시멘트의 강도발현

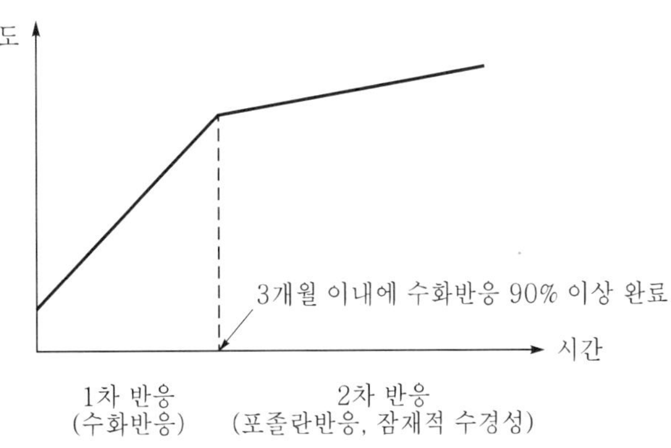

1. 1차 반응(수화반응) : 수경성이 있는 물질이 물과 만나 경화

$CaO + H_2O \rightarrow Ca(OH)_2 + 125cal/g$

생석회 수산화칼슘(=소석회) 수화열

2. 2차 반응 : 수경성이 없는 물질이 수산화칼슘($Ca(OH)_2$)과 만나 경화
   - Fly Ash, Silica Fume … 1) 포졸란반응
   - 물과 만나 표면에 막이 생긴 고로슬래그 … 2) 잠재적 수경성

1) 포졸란반응

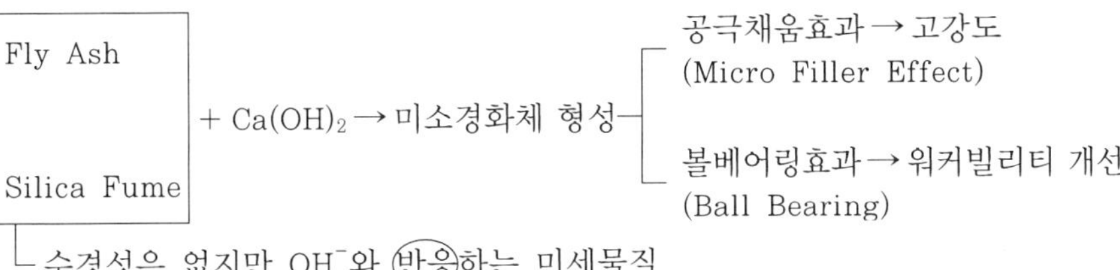

2) 잠재적 수경성

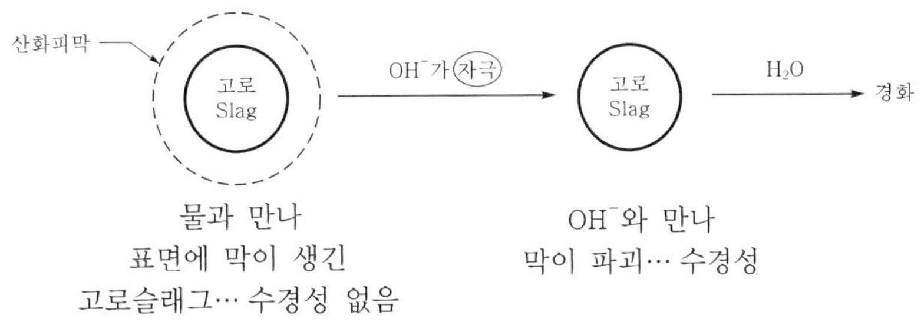

2 배합설계

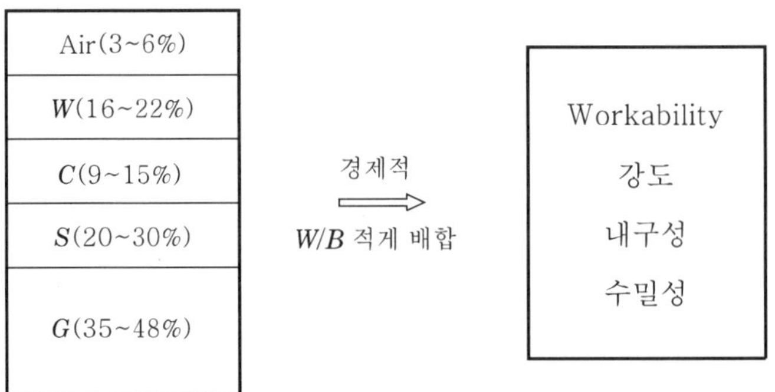

1) 순서

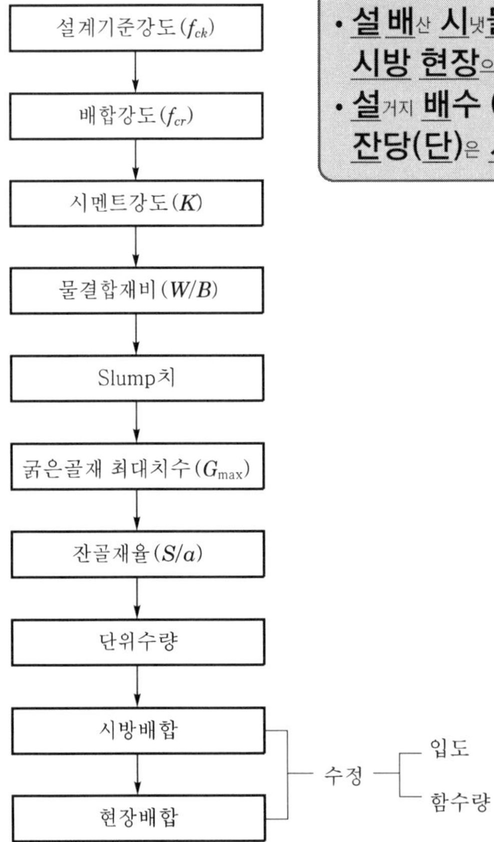

Memory

- **설 배**산 **시**냇**물**로 담은 **술(슬)**을 **굵**은 **잔**에 **담(단)**아 **시방 현장**으로 보내라.
- **설**거지 **배수 (시) 물**은 **쓸(Sl)**어내고, **굵은 잔당(단)**은 **시방 현장**에 보내라.

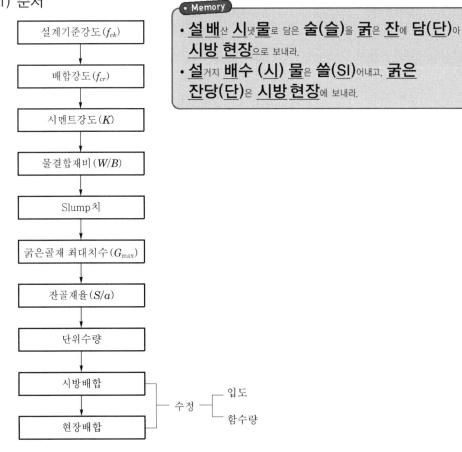

2) 설계기준강도(f_{ck})

부재 설계 시 기준이 되는 강도

3) 배합강도(f_{cr})

$$f_{cr} = \alpha f_{ck}$$ 여기서, α : 증가계수, 할증계수

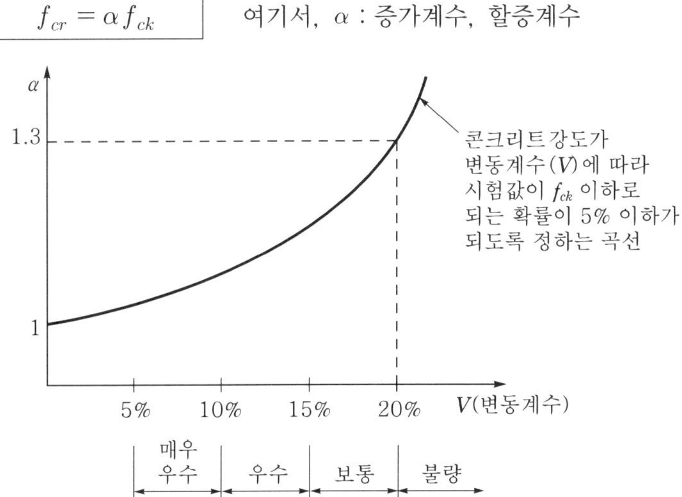

① 배합을 정할 때 목표로 하는 강도

② $f_{cr} \geq f_{ck} + 1.34s\,[\text{MPa}]$
$f_{cr} \geq (f_{ck} - 3.5) + 2.33s\,[\text{MPa}]$ ─ 中 큰 값

> • Memory
> **일산사(1 34)**는 **사모(3 5)**님
> **두(2)** 분이 **심심(33)**해 하신다.

4) Cement강도(k)

5) W/B (물결합재비)

① 압축강도기준

$$W/B = \frac{51}{\dfrac{f_{28}}{k} + 0.31}$$

여기서, k : 시멘트강도

② 내구성, 내동해성 : 45~60% 이하

③ 내화학성 : 45~50% 이하

④ 수밀성 : 50% 이하

6) Slump → Workability 판단

종 류		기준치수(mm)
RC	일반적인 경우	80~150
	단면이 큰 경우	60~120
무근	일반적인 경우	50~150
	단면이 큰 경우	50~100

7) 굵은골재 최대치수(G_{max})

① G_{max} ↑ : 단위시멘트량 감소
단위수량 감소, W/B 감소 → 강도 大

② 부재 종류에 따른 G_{max}

구조물의 종류	굵은골재의 최대치수(mm)
일반적인 경우	20 또는 25
단면이 큰 경우	40
무근콘크리트	40 부재 최소치수의 1/4 이하

8) 잔골재율(S/a)

① S/a ↓ : 단위시멘트량 감소
단위수량 감소 → 강도 大

② S/a ↑ : 단위시멘트량 증가
단위수량 증가 → 시공성은 좋아지나
재료분리, Bleeding ↑

③ $S/a = \dfrac{\text{sand 용적}}{\text{aggregate 용적}} \times 100\% = \dfrac{\text{sand 용적}}{\text{gravel 용적} + \text{sand 용적}} \times 100\%$

9) 단위수량(kg)

① Workability가 확보되는 범위 내에서 가능한 작게(표준값 : 185kg/m^3 이하)

② W/B비와 Cement량 산정에 영향

10) 시방배합(기준배합)

산출 및 조정배합의 표시

G_{max}	Slump	Air	W/B	S/a	단위수량(kg/m^3)				
					W	C	S	G	혼화재료

11) 현장배합(보정배합)

골재의 흡수량(함수상태)
입도상태 → 고려

시방배합	현장배합
• 시방서나 책임기술자 • 골재함수상태 : 표면건조 내부포화상태	• 시방배합 → 보정(입도, 표면수량) • 골재함수상태 : 기건상태 또는 습윤상태

3 시 공

1) 계량 : 재료의 허용오차범위

재료의 종류	콘크리트 표준시방서
물	−2∼+1%
시멘트	−1∼+2%
골재	3%
혼화제	3%
혼화재	2%

2) 비빔

기계>손(강도 10~20%↑), 1m/sec, 가경성 90초 이상, 기경성 60초 이상

3) 운반

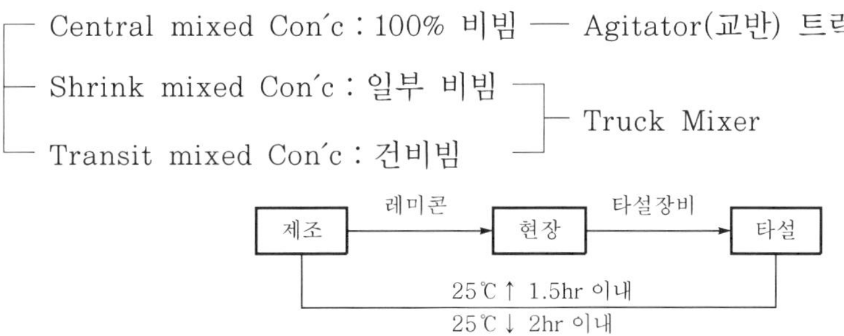

KS F 4009(KS기준)	콘크리트 표준시방서	
혼합 직후부터 배출까지	혼합 직후부터 타설완료까지	
90분	외기온도	일반
	25℃ 초과	90분
	25℃ 이하	120분

4) 타설

① 낙하높이 1.5m 이하 유지

② Cold Joint 유의

③ 타설속도 유지

④ 타설구획 사전계획(3경간 연속보)

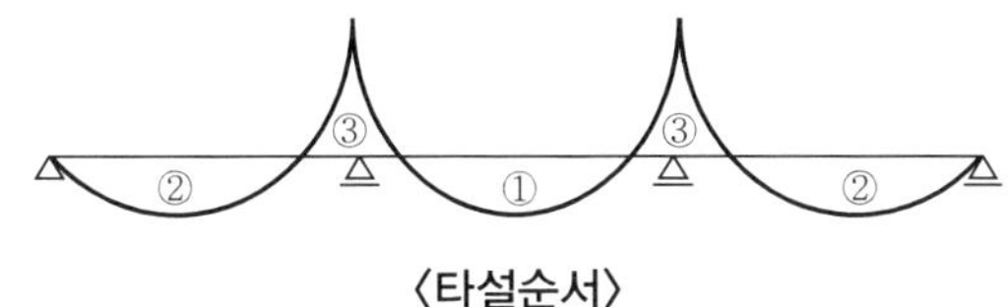

〈타설순서〉

5) 다짐

① 진동기 사용요령

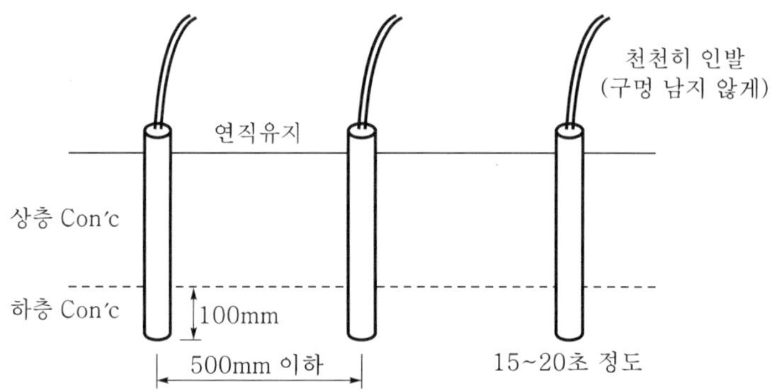

② 철근에 닿지 않게 유의

③ 거푸집 두들김은 나무 Hammer 사용(기둥, 벽체)

6) 이음

① 종류

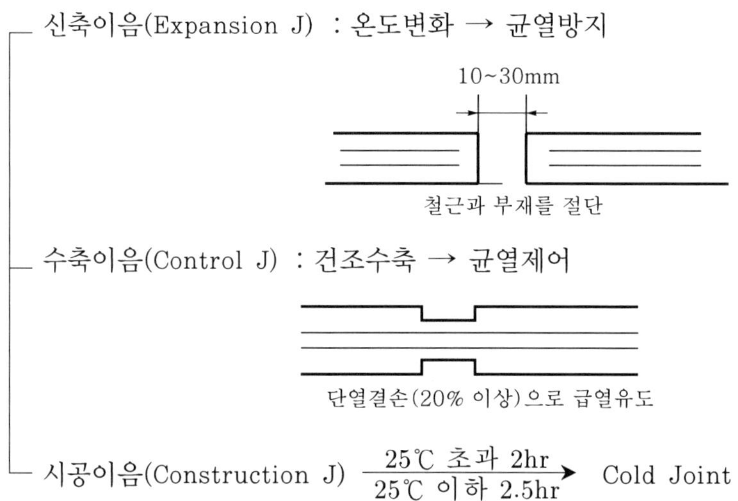

② 신축이음의 간격

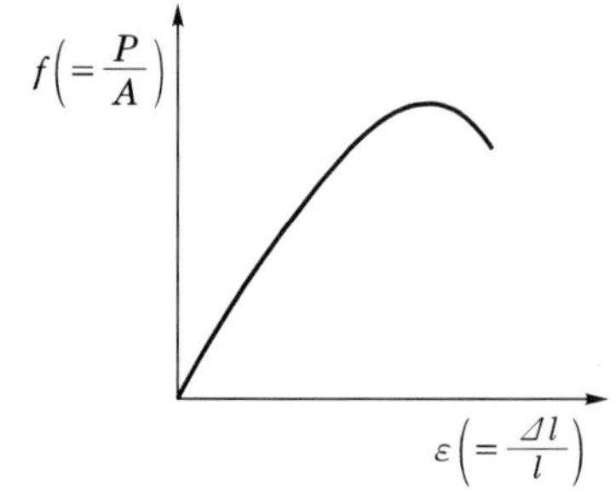

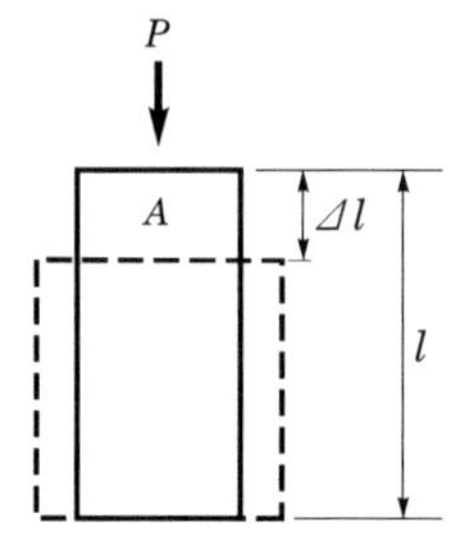

$$\varepsilon = \frac{\Delta l}{l}, \quad \varepsilon = a\,\Delta T \quad \therefore \frac{\Delta l}{l} = a\Delta T, \quad \Delta l = a\Delta T l$$

- a : 선팽창계수
- ΔT : 온도변화

7) 양생

Memory 습증전피는 PP단가

① 습윤양생(Wet Curing) : 일반

② 증기양생(Steam Curing)

③ 전기양생(Electric Curing) : 한중

④ 피막양생(Membrane Curing)

⑤

Precooling	: 골재살수	냉각수	얼음물	액체질소	Mass, 서중
재료온도↓	3℃	5℃	12℃	20℃	
Pipe Cooling	: 배관 → 냉각수, 액체질소				
배관					

⑥ 보온양생

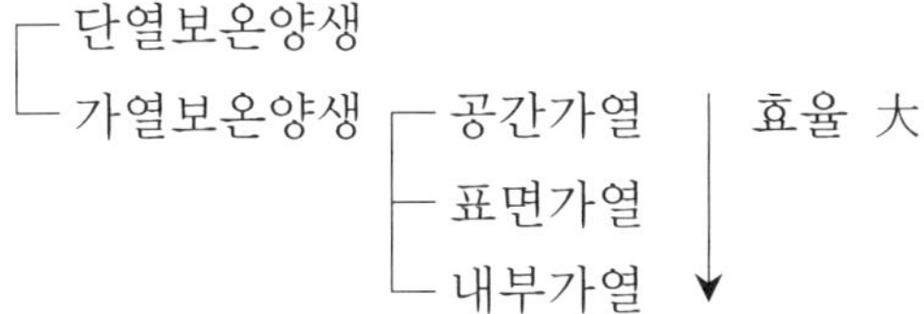

4 시 험

1) 재료시험(타설 전 시험)

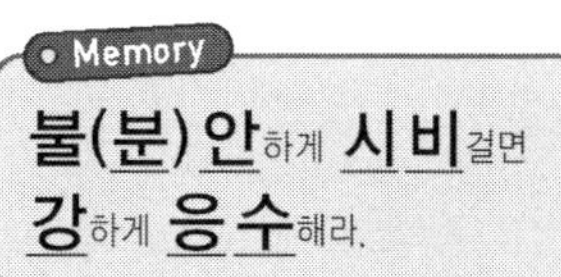

① Water : 수질시험

② Cement

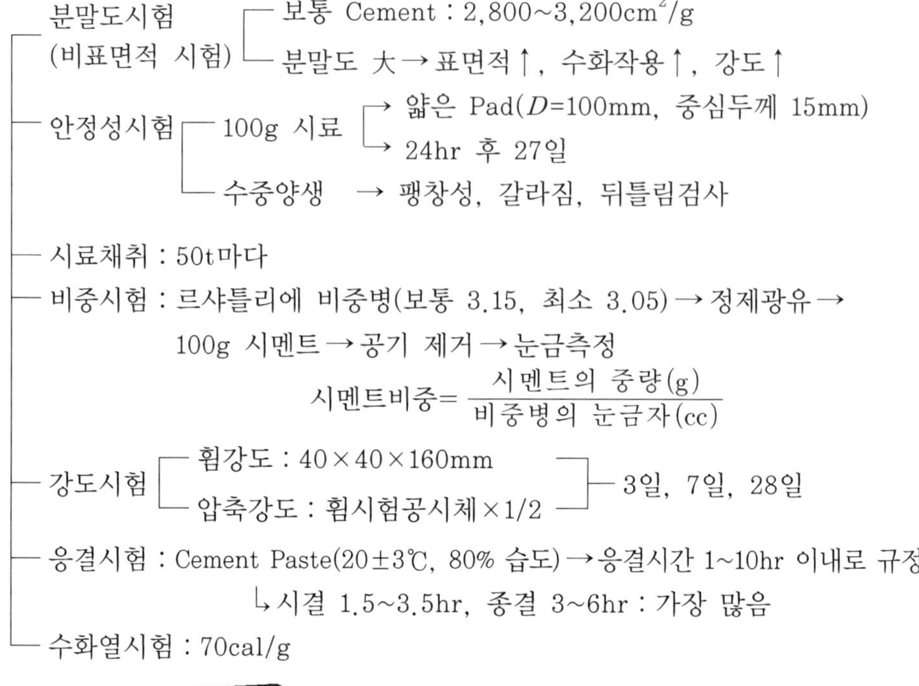

분말도시험 (비표면적 시험)
보통 Cement : 2,800~3,200cm²/g
분말도 大 → 표면적↑, 수화작용↑, 강도↑
안정성시험
100g 시료
얇은 Pad(D=100mm, 중심두께 15mm)
24hr 후 27일
수중양생 → 팽창성, 갈라짐, 뒤틀림검사
시료채취 : 50t마다
비중시험 : 르샤틀리에 비중병(보통 3.15, 최소 3.05) → 정제광유 →
100g 시멘트 → 공기 제거 → 눈금측정
시멘트비중= 시멘트의 중량(g) / 비중병의 눈금자(cc)
강도시험
휨강도 : 40×40×160mm
압축강도 : 휨시험공시체×1/2
3일, 7일, 28일
응결시험 : Cement Paste(20±3℃, 80% 습도) → 응결시간 1~10hr 이내로 규정
↳ 시결 1.5~3.5hr, 종결 3~6hr : 가장 많음
수화열시험 : 70cal/g

Memory
홍(혼)콩(공)에 가서는 있는 **체 마**세요. **강도**에게 **흡수**당하니까요.

③ 골재

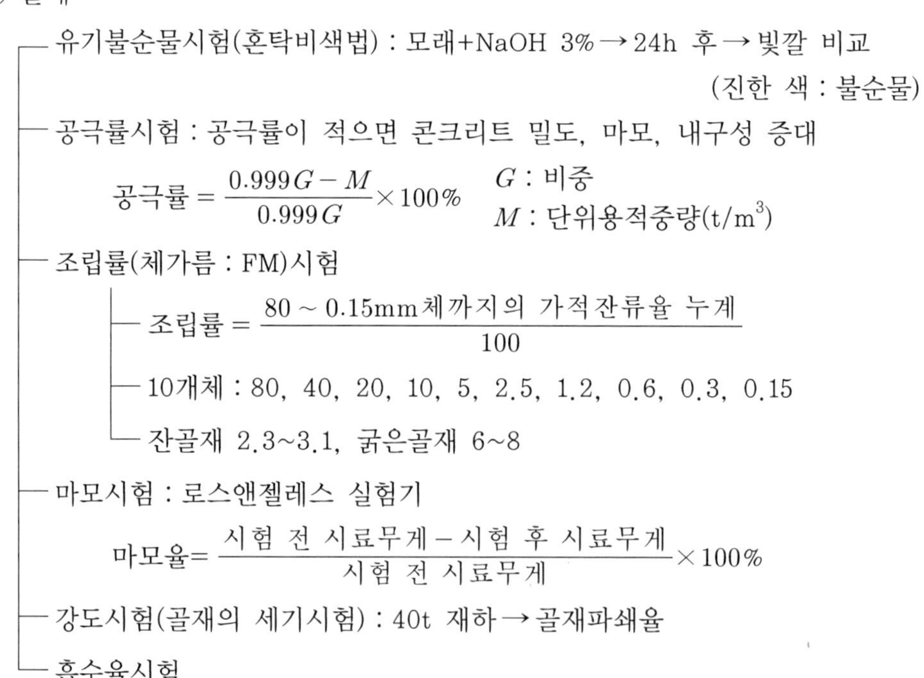

유기불순물시험(혼탁비색법) : 모래+NaOH 3% → 24h 후 → 빛깔 비교
(진한 색 : 불순물)
공극률시험 : 공극률이 적으면 콘크리트 밀도, 마모, 내구성 증대
공극률 = (0.999G − M) / 0.999G × 100%
G : 비중
M : 단위용적중량(t/m³)
조립률(체가름 : FM)시험
조립률 = 80 ~ 0.15mm체까지의 가적잔류율 누계 / 100
10개체 : 80, 40, 20, 10, 5, 2.5, 1.2, 0.6, 0.3, 0.15
잔골재 2.3~3.1, 굵은골재 6~8
마모시험 : 로스앤젤레스 실험기
마모율= (시험 전 시료무게 − 시험 후 시료무게) / 시험 전 시료무게 × 100%
강도시험(골재의 세기시험) : 40t 재하 → 골재파쇄율
흡수율시험

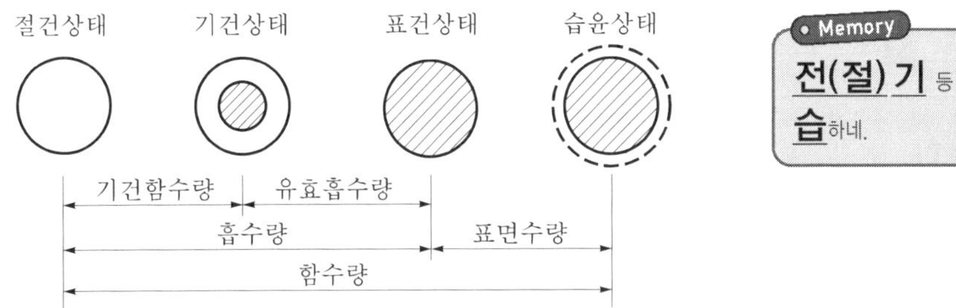

> Memory
> **전(절) 기** 등 **표**면이 **습**하네.

2) Con´c시험

① 타설 중 시험($120m^3$마다)

> Memory
> **슬럼프**에 빠진 **강도 공비(B)염**

- Slump시험 : ±25mm
- 압축강도시험 : 3개조 9개 시료, 7일, 28일 압축강도, $150m^3$마다
- 공기량시험 : 4.5±1.5%, Air Meter
- Bleeding시험 : 블리딩양(cm^3/cm^2) = $\frac{V(\text{블리딩수용적})}{A(\text{실험표면적})}$
- 염화물시험
  - 레미콘 : $0.3kg/m^3$
  - 잔골재 : 0.02%
- 단위수량시험 : $185±20kg/m^3$

② 타설 후 시험

> Memory
> **재코(Co)**에 **비수(Schu)**가 박혀있는 **방초 진인철**

- 재하시험
- Core채취법
- 비파괴시험
  - Schumidt Hammer법(타격법, 반발경도법)

    N형 보통 / L형 경량 / P형 저강도 / M형 Mass

    30mm, 30mm, 교점 20개

  - 방사선법 : X선, γ선 → 밀도, 철근위치, 간격, 크기, 내부결함
  - 초음파법(음속법) : 음속의 크기 → 강도 추정

    $$V_t = \frac{L}{T}$$

  - 진동법 : Con´c 공시체에 공기로 진동 → 공명 · 진동으로 Con´c 탄성계수 측정
  - 인발법 : 철근과 Con´c의 부착력검사
  - 철근탐사법 : 전자유도에 의한 병렬공진회로의 진폭
  - 복합법 : 2가지 이상 같이 사용 → 평균값

5 균 열

1. 원인

1) 미경화 콘크리트

소성수축균열	침하균열
Bleeding속도<증발속도	수막 → 침하 → 균열(상부)
바람 : 증발 Bleeding	침하 침하

2) 경화 콘크리트

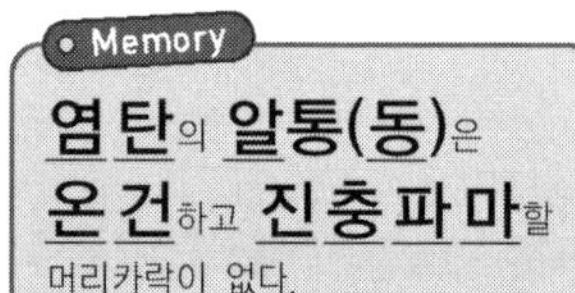

① 염해

㉠ 잔골재 염화물 함유량 규제치 : 0.04% 이하

㉡ 콘크리트 : 0.3kg/m^3 이하(염소이온 : Cl^-)

② 탄산화(풍화, 백화)

㉠ $Ca(OH)_2 + CO_2 \rightarrow CaCO_3 + H_2O$
(Alkali 상실)

㉡ 

③ AAR(Alkali Aggregate Reaction, 알칼리 골재반응)

㉠ (시멘트의) Na^+, K^++(골재의) SiO_2 → 규산칼슘(반응성 물질)
↳ 골재팽창→Con´c균열→철근부식

㉡ 대책 : 저알칼리, 비반응성 골재, 천연자갈, 수밀성 마감

④ 동결융해 : 9% 체적팽창(수축) 반복 ↔ 융해

⑤ 온도균열

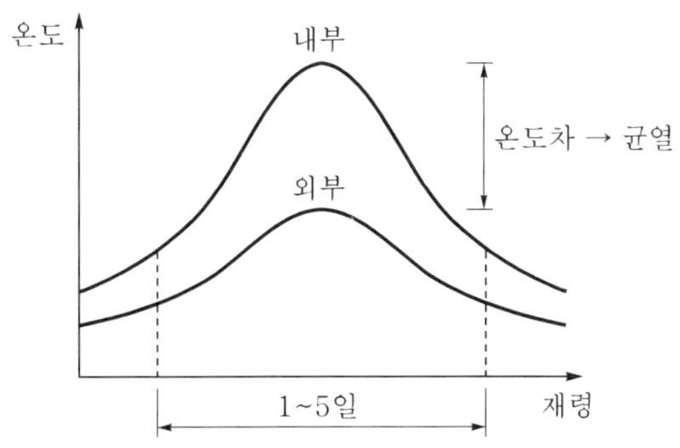

㉠ 온도균열지수(I_{cr})= $\dfrac{\text{인장강도}}{\text{(온도)인장응력}}$

㉡ 수화반응 시 ─┬ 내부고온 ─┬─ 온도차에 의해 균열 발생
　　　　　　　└ 표면저온 ─┘

⑥ 건조수축

〈콘크리트 경화에 필요한 물〉

구 분	W/B비
수화반응 Gel 수 Workability 확보	15~25% 10~15% 20~25%
합 계	**45~65%**

※ Gel 수 : 재료의 유동성을 확보하여 수화반응을 도와주는 역할

㉠ 경화수축 : 수분공급이 없을 때의 체적감소로 수축 발생
㉡ 건조수축 : 수분증발로 인한 체적감소로 수축 발생

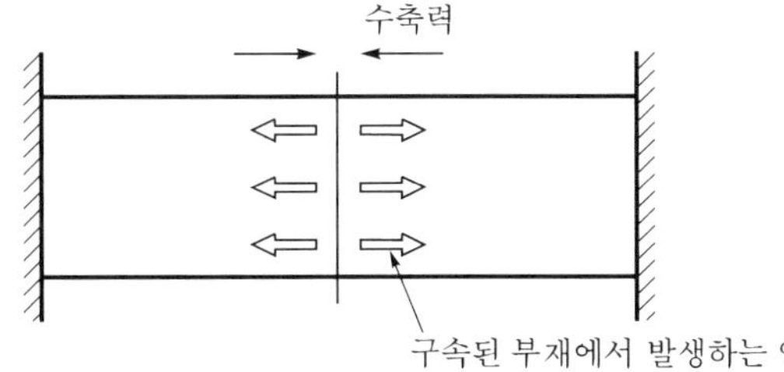

- 인장응력(수축력) > 인장강도 → 균열 발생

㉢ 탄산화수축 : Cement 수화물의 탄산화에 의한 수축 발생

⑦ Creep – 영구변형

㉠

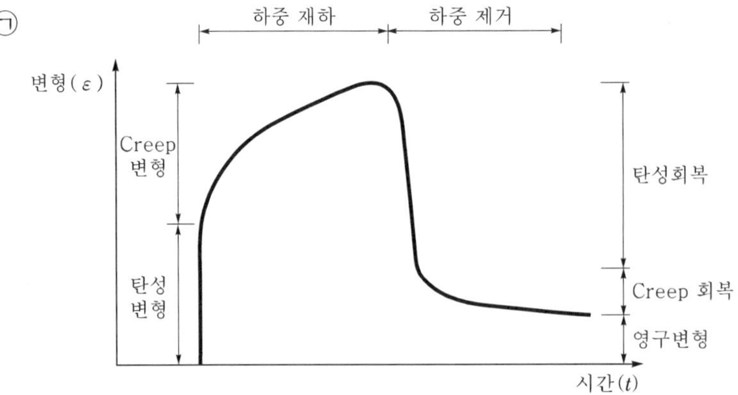

㉡ ϕ_c(크리프계수) $= \dfrac{\text{Creep 변형}}{\text{탄성변형}} = 1\sim4$

㉢ 하중을 가한 뒤 하중을 제거해도 남아있는 변형

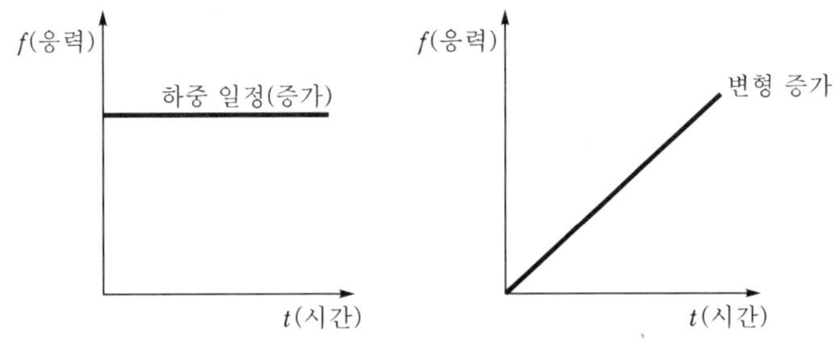

2. 대책

① 재료 ② 배합 ③ 시공

3. 보수보강공법

① 표면처리공법 : Tapping

② 충진공법 : V-cut, U-cut 후 Mortar 또는 Epoxy 충전

③ 주입공법 : Epoxy 주입, Grout

보수 : 기능 회복

④ 강재 Anchor공법

보강 : 기능 향상

⑤ 강판부착공법

⑥ 탄소섬유 Sheet공법

⑦ Prestress공법

⑧ 치환공법

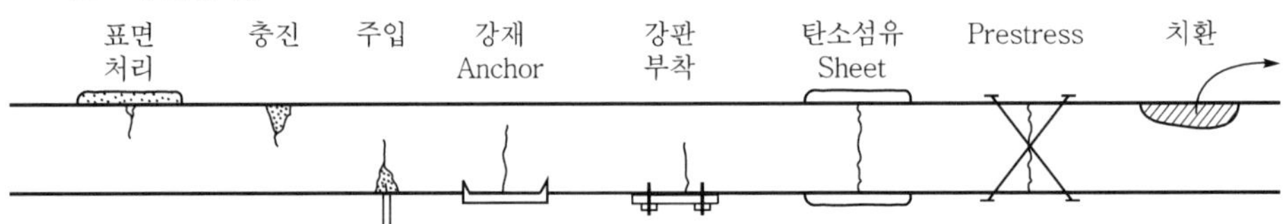

b 콘크리트의 성질

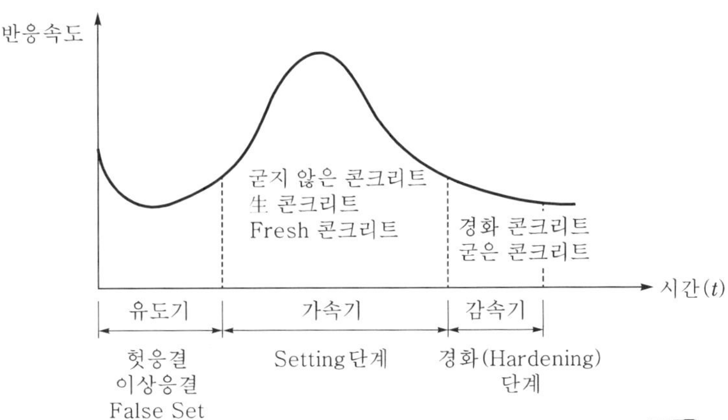

1) 굳지 않은 콘크리트

① 성질

- Workability(시공연도) : Slump, Flow Test
- Consistency(반죽질기)
- Compactibility(다짐성)
- Pumpability(압송성) : Pump Car 타설, 폐색현상, S/a 영향
- Plasticity(성형성)
- Finishability(마감성)
- Mobility(유동성)
- Viscosity(점성)
- 재료분리 : 비중차이, 낙하고 1.5m 이내, 골재-골재 분리
  골재-물 분리 → Bleeding현상

> **Memory**
> - Work를 꼼(Con)꼼(Com)히 하고 있는데 PP가 와서 중단(Finish)하고 집에 갔더니 모(Mo)친이 비스켓(Visco)을 주시더라.
> - WCCMVPF

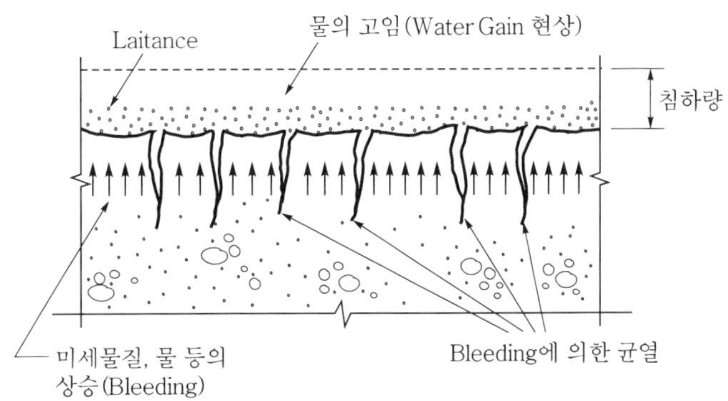

〈Water Gain현상〉

2) 굳은 콘크리트

① 강도 ──시간 (오래 유지)──▶ 내구성
(열화) : 강도가 떨어지는 것

- 압축강도
- 휨강도 : 압축강도 $\times \frac{1}{5} \sim \frac{1}{8}$
- 전단강도 : 압축강도 $\times \frac{1}{4} \sim \frac{1}{6}$
- 인장강도 : 압축강도 $\times \frac{1}{10} \sim \frac{1}{13}$

② 탄성계수

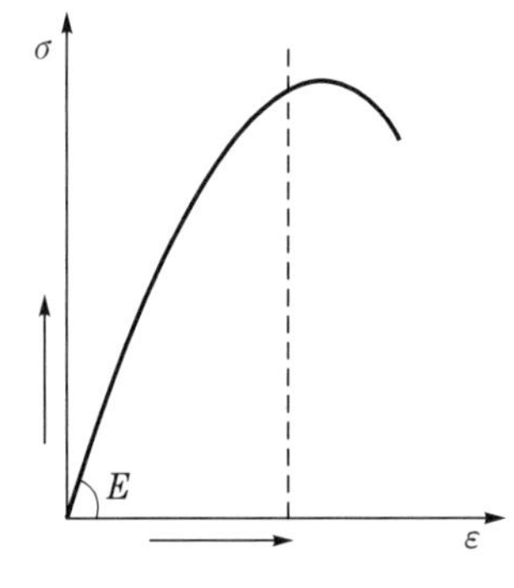

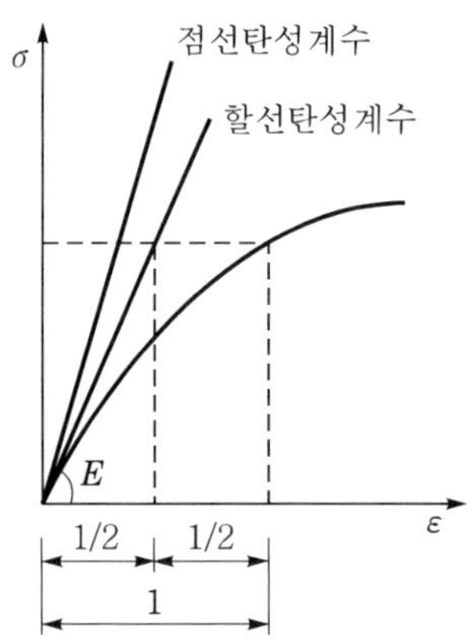

- 콘크리트는 할선탄성계수를 사용한다.
- 탄성계수$(E) = \dfrac{\sigma}{\varepsilon} = \dfrac{\frac{P}{A}}{\frac{\Delta l}{l}} = \dfrac{Pl}{A\Delta l}$, 탄성변형$(\Delta l) = \dfrac{Pl}{EA}$

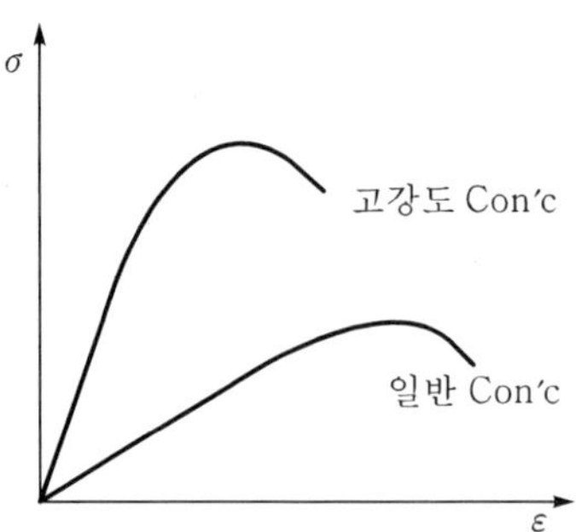

고강도 콘크리트 탄성계수가 일반 Con'c보다 크다.

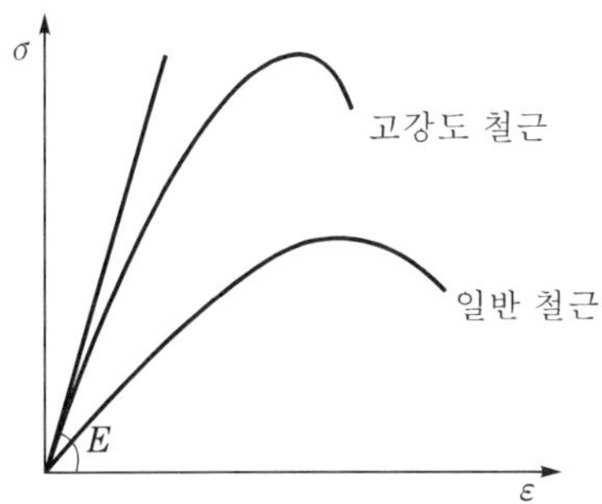

철근은 일반 철근과 고강도 철근의 탄성계수가 거의 비슷하다.

7 Prestressed Con'c(PSC)

1) 개념(원리)

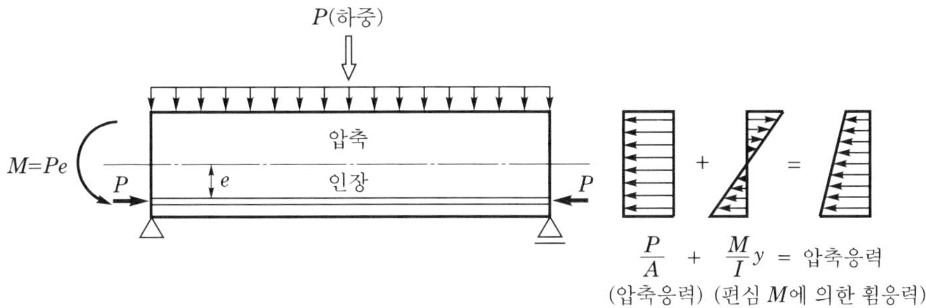

① 부재에 Prestress를 주어 부재 하부에 작용하는 인장응력을 압축응력으로 전환시켜 콘크리트의 전단면이 압축응력을 받게 하기 위한 방법

② 장대교량 축조 시 콘크리트 구조물의 단면을 줄이기 위해 많이 사용

2) 도입공법

> • Memory
> **PS**: **인**도의 **타**지마할은 **도** 닦는 곳이다.

구 분	Pre-Tension공법	Post-Tension공법
시공개요	• PS강선 인장 • 콘크리트 타설 • Prestress 도입(강선긴장 해체)	• PS 강선배치 – Sheath관 • 콘크리트 타설 • Prestress 도입(강선긴장) • 정착 및 Grouting
특징	• 공장생산 • 직선배치 • 설계기준강도 35MPa 이상	• 현장제작 • 곡선배치 가능 • 설계기준강도 30MPa 이상

3) Prestress의 응력손실(Loss of Prestress)

① PS 강재에 인장응력이 감소하면 콘크리트에 도입된 Prestress가 감소한다.

② 즉, 유효 Prestress를 결정하기 위해서 Prestress손실을 고려해야 한다.

즉시 손실(PS 도입 시 손실)	장기 손실(PS 도입 후 시간적 손실)
• 정착장치의 활동으로 인한 손실 • 강재와 Sheath관의 마찰손실 • 콘크리트 탄성변형에 의한 손실	• 콘크리트 Creep에 의한 손실 • 콘크리트 건조수축에 의한 손실 • PS 강재의 Relaxation으로 인한 손실

※ Relaxation(응력이완)

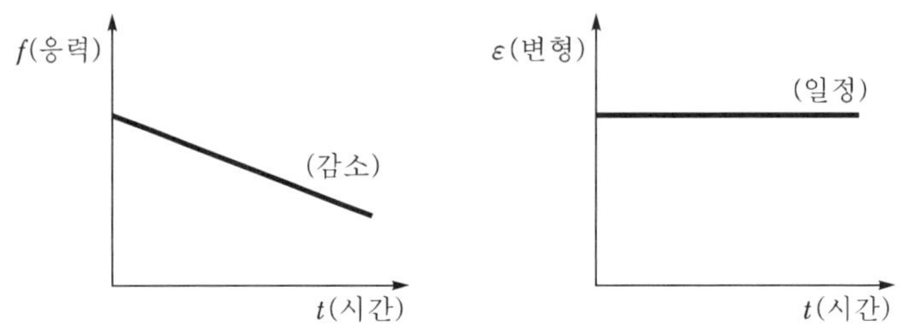

③ 유효율(R)

$$P_e = RP_i$$

㉠ P_e(유효 Prestress 힘) : PS 강재 인장력의 감소량을 감안하여 최종적으로 긴장재에 작용하는 인장력

㉡ P_i(초기 Prestress 힘) : 최초에 PS 강재에 준 인장력

㉢ R(유효율)
- Pre-Tension : 0.8
- Post-Tension : 0.85

제4장 도 로

- 새 삶을 얻은 주정뱅이 -

한 주정뱅이가 있었습니다. 노름으로 재산을 날리고 부인과 자식들에게
폭행을 일삼는 사람이었습니다. 그런 그가 교회에 나가게 되었습니다.
그를 아는 사람들은 고개를 가로저으며,
"저런 사람이 교회를 다녀 봤자 달라질 게 있겠어?"하며 회의적이었습니다.
어느 날 한 친구가 그에게 물었습니다.
"교회에서 목사님이 무어라 가르치시던가?"
"착하게 살라고 하기도 하고
뭐 그런 말씀을 하신 것 같기도 한데
잘 모르겠어…."
친구가 또 물었습니다.
"그럼 성경은 누가 썼다던가?"
그는 당황하며 대답했습니다.
"글쎄, 잘 모르겠는걸."
친구가 다시 여러 가지 질문을 했지만
그의 대답은 모두 신통치가 않았습니다.
그러자 친구는 답답하다는 듯이 물었습니다.
"도대체 교회에 다닌다면서 자네가 배운 것이 뭔가?"
그러자 그는 자신 있게 대답했습니다.
"그런 건 잘 모르겠는데 확실히 달라진 것이 있다네.
전에는 술이 없으면 못 살았는데 요즘은 술 생각이 별로 나질 않아.
그리고 전에는 퇴근만 하면 노름방으로 달려갔는데
지금은 집에 빨리 가고 싶고, 전에는 애들이 나만 보면 슬슬 피했는데
지금은 나랑 함께 저녁식사를 하려고 기다린다네.
그리고 아내도 전에는 내가 퇴근해서 집에 가면 나를 쳐다보지도 못했는데,
지금은 내가 퇴근할 무렵이면 대문 앞까지 나와 나를 기다린다네."
예수님을 개인적으로 만난 경험, 그 경험을 말로 설명하기는 어렵습니다.
그러나 예수님과의 진실한 만남을 경험한 사람은
행동과 생활과 대인관계가 달라지고 새로운 삶을 얻습니다.

-「30년만의 휴식」/ 이무석 -

제4장 도 로

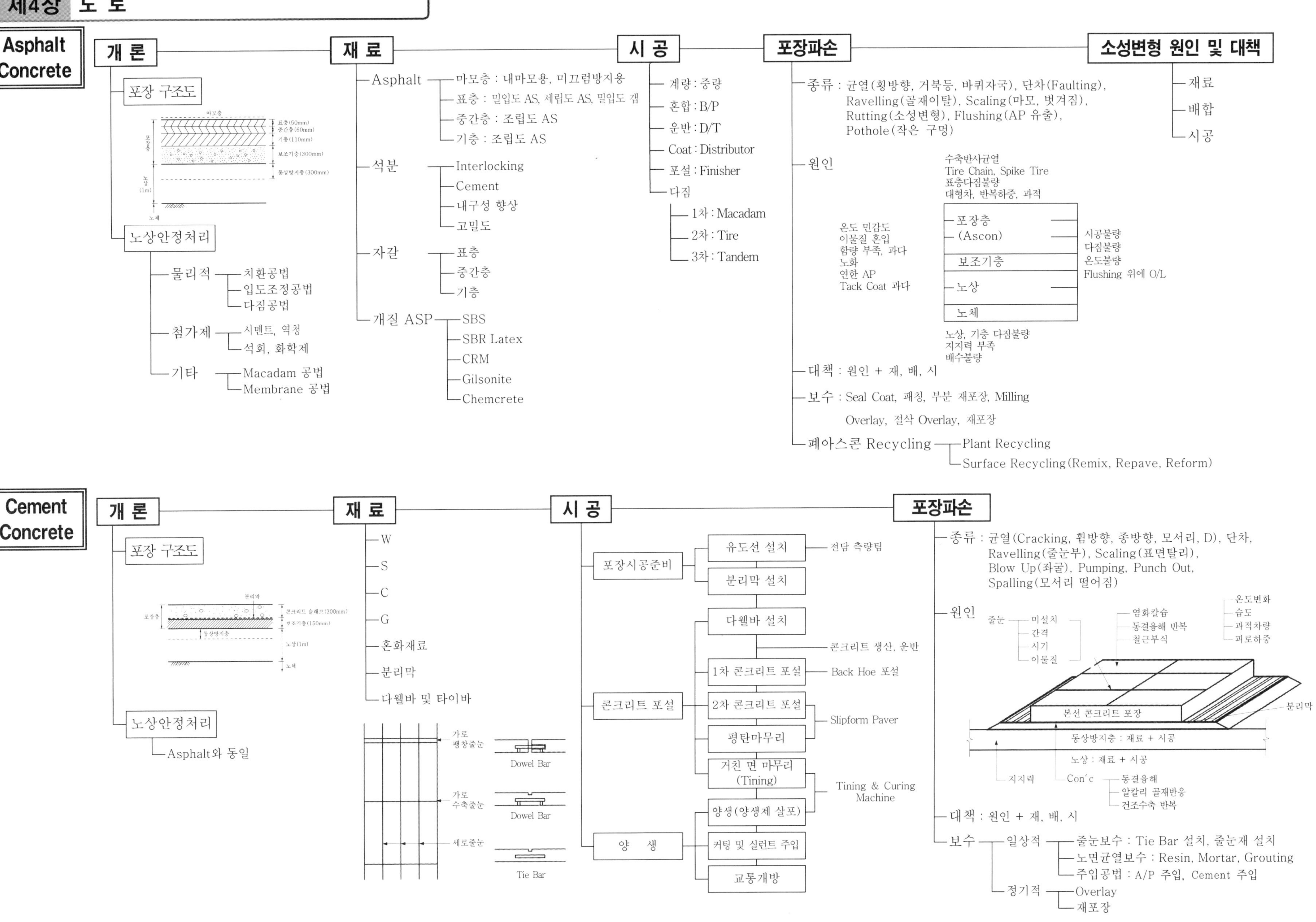

Asphalt Concrete
개 론
포장 구조도
마모층
표층(50mm)
중간층(60mm)
기층(110mm)
보조기층(300mm)
동상방지층(300mm)
노상(1m)
노체
노상안정처리
물리적
치환공법
입도조정공법
다짐공법
첨가제
시멘트, 역청
석회, 화학제
기타
Macadam 공법
Membrane 공법
재 료
Asphalt
마모층 : 내마모용, 미끄럼방지용
표층 : 밀입도 AS, 세립도 AS, 밀입도 갭
중간층 : 조립도 AS
기층 : 조립도 AS
석분
Interlocking
Cement
내구성 향상
고밀도
자갈
표층
중간층
기층
개질 ASP
SBS
SBR Latex
CRM
Gilsonite
Chemcrete
시 공
계량 : 중량
혼합 : B/P
운반 : D/T
Coat : Distributor
포설 : Finisher
다짐
1차 : Macadam
2차 : Tire
3차 : Tandem
포장파손
종류 : 균열(횡방향, 거북등, 바퀴자국), 단차(Faulting), Ravelling(골재이탈), Scaling(마모, 벗겨짐), Rutting(소성변형), Flushing(AP 유출), Pothole(작은 구멍)
원인
수축반사균열
Tire Chain, Spike Tire
표층다짐불량
대형차, 반복하중, 과적
온도 민감도
이물질 혼입
함량 부족, 과다
노화
연한 AP
Tack Coat 과다
포장층 (Ascon)
보조기층
노상
노체
시공불량
다짐불량
온도불량
Flushing 위에 O/L
노상, 기층 다짐불량
지지력 부족
배수불량
대책 : 원인 + 재, 배, 시
보수 : Seal Coat, 패칭, 부분 재포장, Milling
Overlay, 절삭 Overlay, 재포장
폐아스콘 Recycling
Plant Recycling
Surface Recycling(Remix, Repave, Reform)
소성변형 원인 및 대책
재료
배합
시공
Cement Concrete
개 론
포장 구조도
분리막
포장층
콘크리트 슬래브(300mm)
보조기층(150mm)
동상방지층
노상(1m)
노체
노상안정처리
Asphalt와 동일
재 료
W
S
C
G
혼화재료
분리막
다웰바 및 타이바
가로 팽창줄눈
Dowel Bar
가로 수축줄눈
Dowel Bar
세로줄눈
Tie Bar
시 공
포장시공준비
유도선 설치
전담 측량팀
분리막 설치
다웰바 설치
콘크리트 생산, 운반
콘크리트 포설
1차 콘크리트 포설
Back Hoe 포설
2차 콘크리트 포설
Slipform Paver
평탄마무리
거친 면 마무리 (Tining)
Tining & Curing Machine
양 생
양생(양생제 살포)
커팅 및 실런트 주입
교통개방
포장파손
종류 : 균열(Cracking, 횡방향, 종방향, 모서리, D), 단차, Ravelling(줄눈부), Scaling(표면탈리), Blow Up(좌굴), Pumping, Punch Out, Spalling(모서리 떨어짐)
원인
줄눈
미설치
간격
시기
이물질
염화칼슘
동결융해 반복
철근부식
온도변화
습도
과적차량
피로하중
본선 콘크리트 포장
분리막
동상방지층 : 재료 + 시공
노상 : 재료 + 시공
지지력
Con'c
동결융해
알칼리 골재반응
건조수축 반복
대책 : 원인 + 재, 배, 시
보수
일상적
줄눈보수 : Tie Bar 설치, 줄눈재 설치
노면균열보수 : Resin, Mortar, Grouting
주입공법 : A/P 주입, Cement 주입
정기적
Overlay
재포장

제 4 장 도 로

개 론

Asphalt Concrete(Ascon) : 접착제 – Asphalt
Cement Concrete : 접착제 – Cement

① 4차선 이상의 신규도로는 Cement Concrete 포장이 원칙이다.

② 단, 시가지 도로나 보수가 빈번할 것으로 예상되는 도로는 Asphalt Concrete 포장으로 한다.

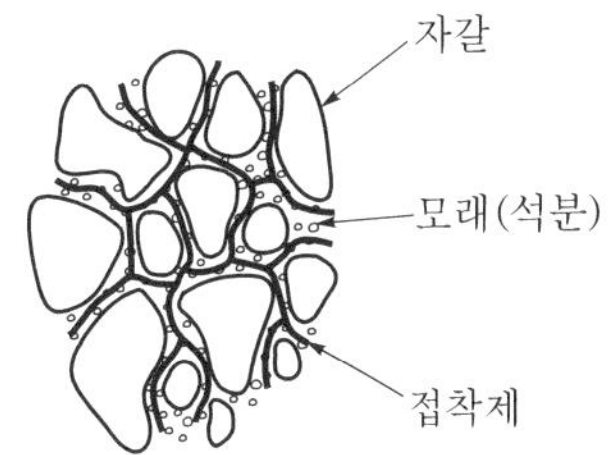

Asphalt Concrete Pavement

1 포장 구조도

Memory
마포(표)에 기중 기를 보조한다 하니
동네 사람들이 노상에서 노(No, 거절)하네!

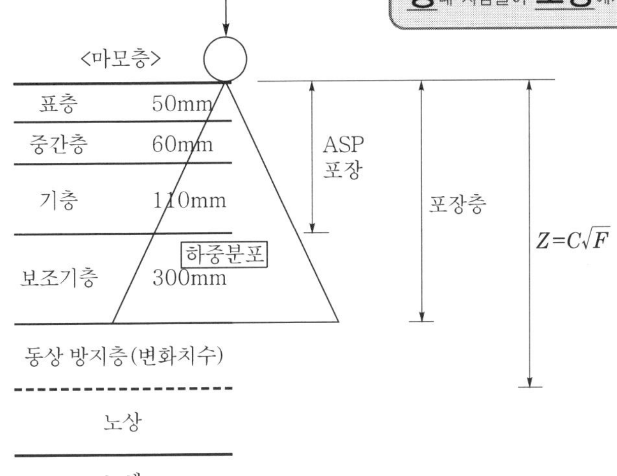

2 노상 · 노반 안정처리

> **Memory**
> **안정처리**할 때는 필히 **물**을 **첨가**하**기**!

노상 : 수정 CBR<2 ┐
노반 : 수정 CBR<10 ┘— 지반안정처리 필요

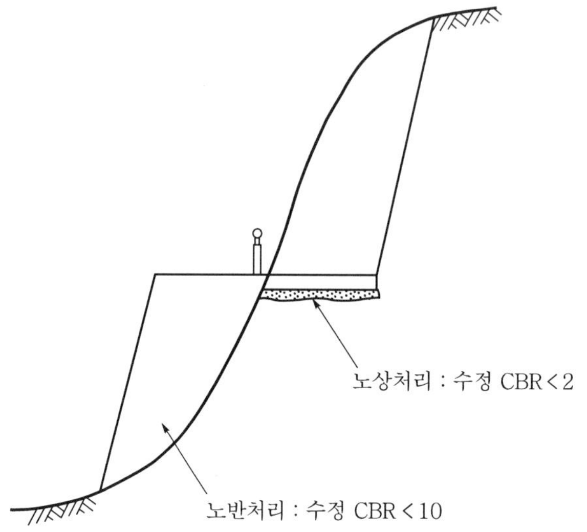

1) 물리적

> **Memory**
> **물리**선생님은 **치**마를 **입**는**다**.

① 치환공법

② 입도조정공법

③ 다짐공법 : OMC

2) 첨가제

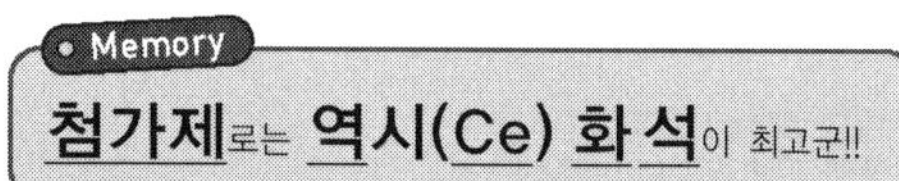

① Cement : Soil Cement

② 석회석

③ 역청재료 : Asphalt

④ 화학약제 : NaCl, $CaCl_2$, $MgCl_2$

3) 기타

① Macadam공법 : 굵은골재를 포설한 후 Macadam장비로 다짐.

② Membrane공법 : 배수층

3 재 료

Asphalt Con'c		Cement Con'c
자갈		자갈
석분		모래
Asphalt		Cement
개질제		AE제, AE 감수제

1) Asphalt

Memory
마포(표)에 기중기

① 마모층

- 내마모용
- 미끄럼 방지용

② 표층

- 밀입도 Asphalt : 내유동성 大, 내마모용, 미끄럼 방지용
- 세립도 Asphalt : 교통량이 적은 도로, 보행자나 자전거 도로
- 밀입도 갭 Asphalt : 미끄럼 방지용

※ 미끄럼 방지 포장

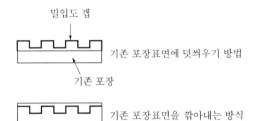

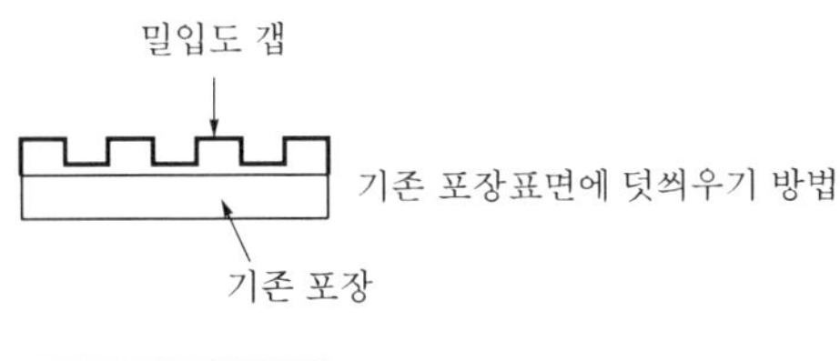

- 타이닝 : 포장 시 시공, 표면을 긁는 것
- 그루빙 : Saw Cut, 표면을 파는 것

③ 중간층 ┐
④ 기층 ┘ 조립도 Asphalt

2) 석분

0.08mm(200번)체를 통과하는 고운 흙가루

Memory
• 시(Ce)냇(내)물이 고인(In)다.
• 섭섭하지 않게 인 세(人稅)는 내고 들어가다.

① 효과

- Interlocking효과 : 맞물림효과
- Cement효과 : 접착효과
- 내구성 향상
- 고밀도 Asphalt 생성

② 재료
- 석회암가루
- 화성암가루
- 소석회
- Cement

> **Memory**
> - 석회를 화성에 가져갔다는 소식(Ce)이 전해온다.
> - 회 화는 소시(Ce)적에 끝냈다.

3) 자갈

① 표층 : 13mm

② 중간층 : 19mm

③ 기층 : 19~25mm

(②, ③) Chemcrete 사용 (소성을 탄성으로 성질변형)

4) 개질재 – 혼화재료

① SBS : 고체

② SBR Latex : 액체

③ CRM : 폐타이어가루

④ Gilsonite : 미국 유타주 채굴

⑤ Chemcrete : 소성변형

4 시 공 - 온도관리

> **Memory**
> - 결(계)혼 운에 나쁜 코트(Coat)는 포기한다.
> - 결(계)혼 준비를 위해 운반한 코트(Coat)를 길에다 포설하다.

1) 계량

중량계량

2) 혼합

Batch Plant(160℃, 185℃ 이상 시 산화)

3) 운반

Dump Truck

4) Coat

Distributor

5) 포설(150℃ 이상)

Asphalt Finisher
- 중간층 : 10m/min 이하
- 표층 : 6m/min 이하

6) 다짐

	온도관리	다짐횟수	목 적
1차 다짐 : Macadam	140℃ 이상	2회	전압
2차 다짐 : Tire Roller	120℃ 이상	多	Interlocking
3차 다짐 : Tandem Roller	60~100℃	2회	평탄성

5 포장파손

> • Memory
> • 단단한 와플(Fl)을 먹다가 포(Po)도균을 보고 소스(S)라(Ra)치게 놀랐다.
> • 태권도가 구(균)단이라(Ra)서(S) 소뿔(Fl)을 뽀(Po)게 버렸다.

1) 종류

① 균열
- 횡방향 균열 : 지지력 문제
- 거북등 균열 : Asphalt 문제(배합, 온도), Chemcrete
- 바퀴자국 균열 : 소성
- 종방향 균열 : 동상

② 단차(Faulting) : 지지력 문제

③ Ravelling : 골재 이탈

④ Scaling : 마모, 벗어짐, 표면탈락

⑤ 소성변형(Rutting)

⑥ Flushing : 콘크리트의 Bleeding현상과 유사

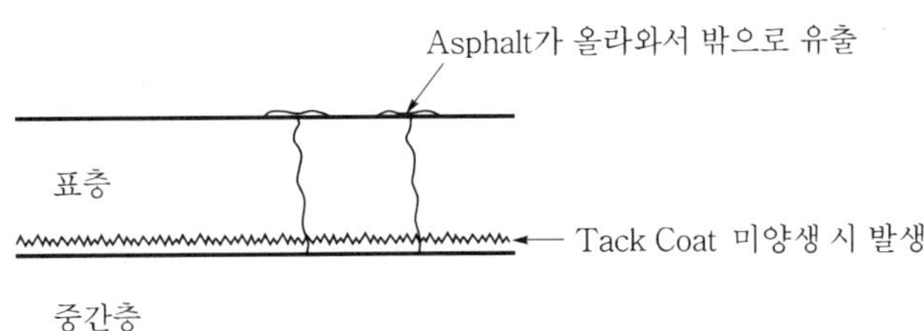

⑦ Pot Hole : 골재가 빠져나간 구멍, 온도관리 부족

2) 소성변형(Rutting)

① 발생 Mechanism

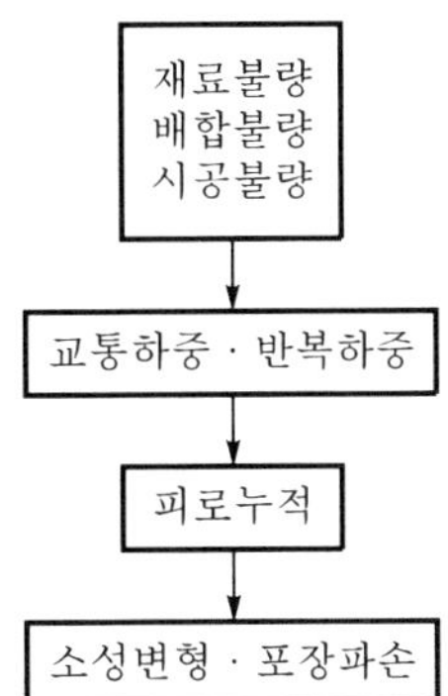

② 원인 : 재 · 배 · 시

- 골재입도불량 : Interlocking 저하 시
- 불량석분 사용 : 시방규정 외
- AP
  - 침입도 클 때 : AP-3 사용 시
  - 量 많을 때 : 재료분리, 흐름도 상승
  - Consistency 클 때
- 포장온도불량
- 여름철 혹서기 시공 : 외기온도 > Asp 포장온도
- 과적, 과다하중
- 다짐 불량

③ 대책 : 재 · 배 · 시

- 마샬안정도시험 : 안정도 5kN(500kgf) → 7.5kN(750kgf)
- 석분의 시방규정
  - No.200체 통과율 70~100%
  - No.30체 통과율 100%
  - 비중 2.6 이상
  - 수분 1% 이하
- AP침입도 저하 : AP-3 → AP-5
- 적정 AP량 사용

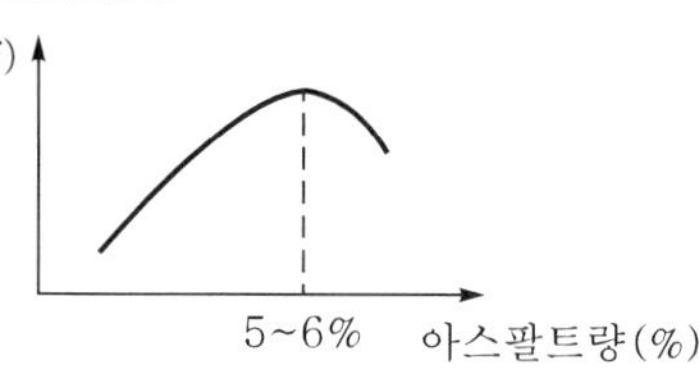

- AP 생산관리

구 분	계 량	계량오차	비빔시간
규정	중량	1%	40~60s/Batch

- 혼합물의 적정 온도 → 다짐관리 철저

생산 시	운반 시	1차 다짐	2차 다짐	3차 다짐
160℃	±10℃	140℃ 이상	120℃ 이상	60~100℃

3) 원인

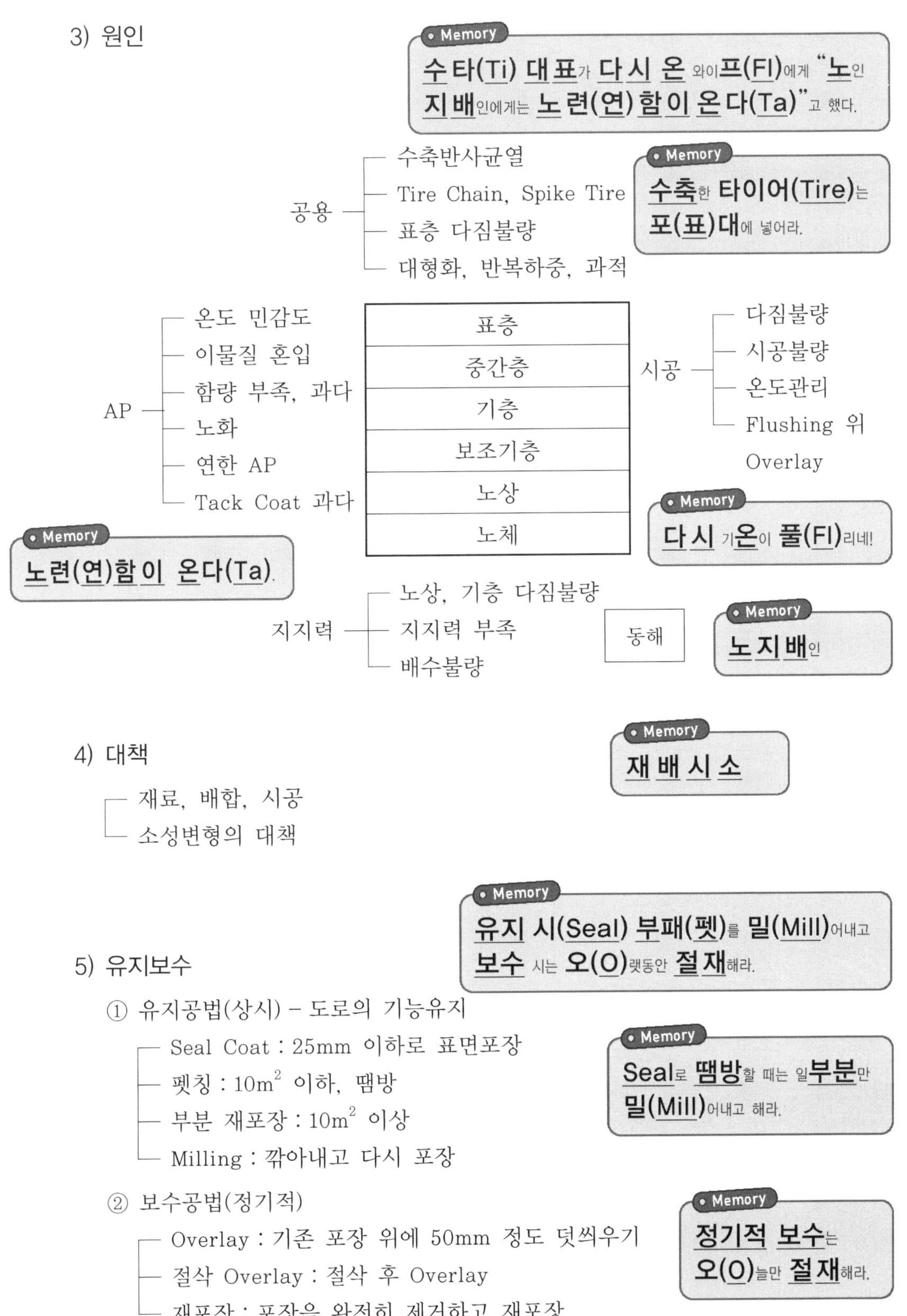

4) 대책

- 재료, 배합, 시공
- 소성변형의 대책

Memory
재배시소

5) 유지보수

Memory
유지 시(Seal) 부패(펫)를 밀(Mill)어내고 보수 시는 오(O)랫동안 절재해라.

① 유지공법(상시) – 도로의 기능유지

- Seal Coat : 25mm 이하로 표면포장
- 펫칭 : $10m^2$ 이하, 땜방
- 부분 재포장 : $10m^2$ 이상
- Milling : 깎아내고 다시 포장

Memory
Seal로 땜방할 때는 일부분만 밀(Mill)어내고 해라.

② 보수공법(정기적)

- Overlay : 기존 포장 위에 50mm 정도 덧씌우기
- 절삭 Overlay : 절삭 후 Overlay
- 재포장 : 포장을 완전히 제거하고 재포장

Memory
정기적 보수는 오(O)늘만 절재해라.

6) 포장폐재 이용방안

① Asphalt 혼합용

> **Memory**
> - Plant의 표면 Recycling은 다시(Re) 미(Mi)도 파(Pa) 앞 보(fo)도에서 해라.
> - PS3R

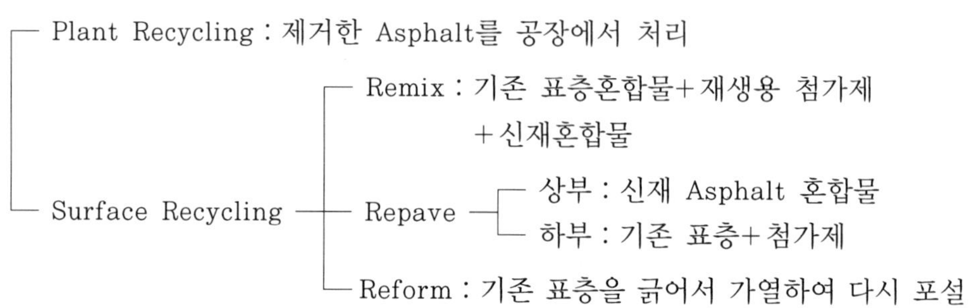

② 기층 이하

- 재생기층 Plant방식 : 폐Asphalt를 공장에서 처리하여 기층에 사용
- 노상재생기층방식 : 폐Asphalt+첨가제+보충재

Cement Concrete Pavement

1 포장 구조도

> **Memory**
> • 정부가 **콘크리트**를 **보조**한다 하니 **동**네 사람들이 **노상**에서 **노**(No, 거절)하네!
> • **콘크리트 Slab**를 **빈배합**으로 **선택**하면 **노**조에서 **노(No)**한다.

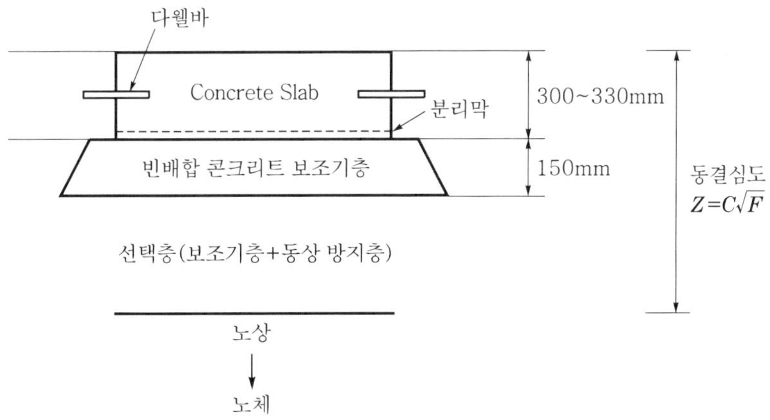

※ 노상·노반 안정처리－Asphalt Concrete와 동일

2 재 료

> **Memory**
> **물** 먹은 **시멘트**에 **모 자**를 빠뜨리니 **흥(혼)분**된다.

1) 물

음용수, 150kg/m^3 이하

2) Cement

280~350kg/m^3

3) 모래

조립률(FM) 2.6~3.2

4) 자갈

40mm 이하

5) 혼화제

AE제, AE감수제

6) 분리막

① 설치

- 폴리에틸렌 필름 0.08mm 이상
- 전폭 설치원칙, 이음 시 300mm 겹이음
- 핀으로 고정

② 기능

- 마찰저항 감소 : 건조수축 균열예방
- Mortar 손실예방
- 이물질 혼입 방지

7) 다웰바, 타이바

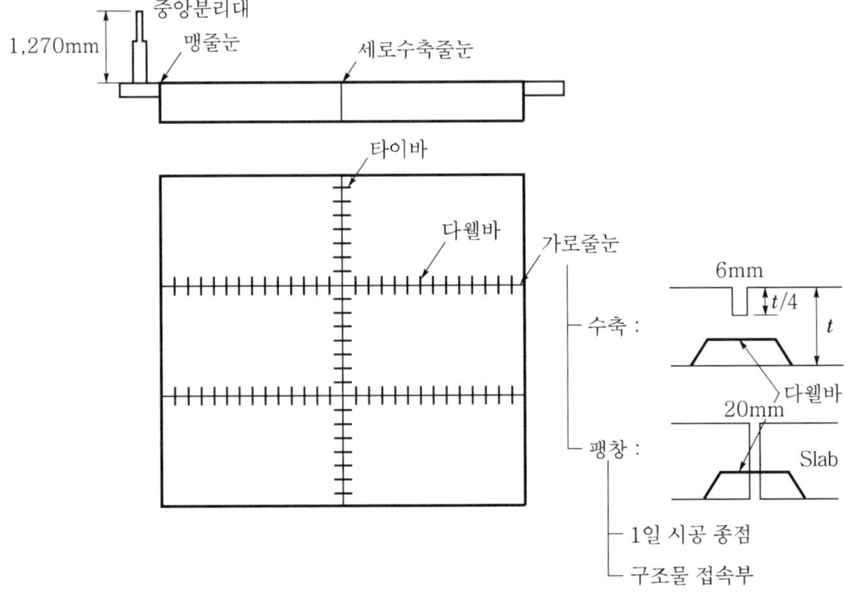

〈다웰바와 타이바의 비교〉

구 분	다웰바	타이바
규격	D32×500(원형 철근)	D16×800(이형 철근)
간격	300mm	750mm
용도	가로수축줄눈 가로팽창줄눈	세로수축줄눈

3 시 공

• Memory

유도선수가 거주하는 **분당(다) 12평**의 **거**실 **양**편을 **컷팅**하**고(교)**.

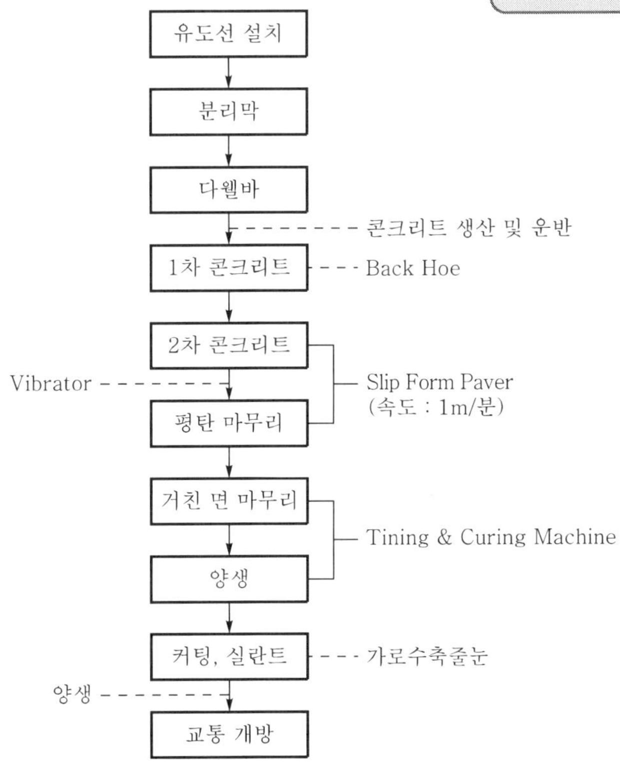

※ 유도선 설치

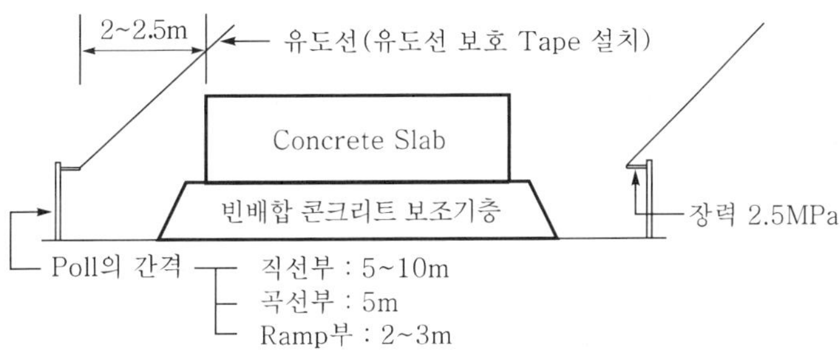

4 포장파손

> • Memory
> • 세균이 든 단무지로 라면 스(S)프(B)를 만들다니 뻔(Pum)뻔(Pun)스(S)럽다.
> • 태권도가 구(균)단이라(Ra)서(S) 확 불(Bl)어 버리는 폼이 뻔(Pum)뻔(Pun)스(S)럽다.

1) 종류

① 균열

- 횡방향 균열 : 지지력 문제
- 종방향 균열 : 동해(노상, 노체, 동상 방지층 등 하부)
- 모서리 균열 : Cutting시기 부적절
- D 균열 : 콘크리트 Slab의 균열

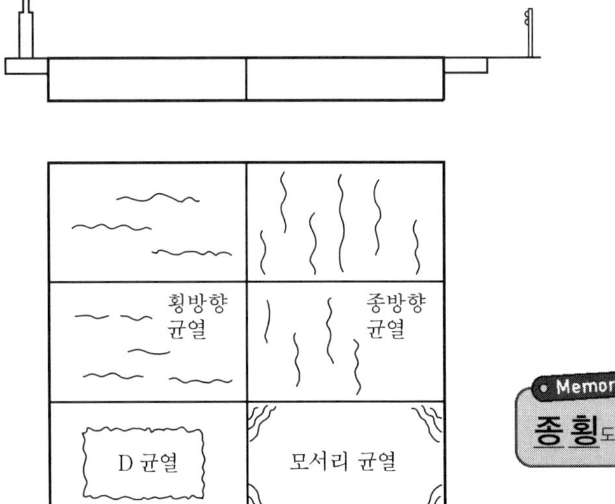

> • Memory
> 종 횡도로가 모자란다(D).

② 단차 : 다웰바 또는 타이바 누락 시 발생

③ Ravelling : 줄눈부의 골재 이탈

④ Scaling

- 표면탈리 : 표면이 마모 또는 벗겨지는 것
- 염화칼슘으로 인한 표면부식

⑤ Blow Up : 좌굴

- 선택층에 고인물이 차량통행 시 균열부를 통해 물+모래가 분출(Pumping현상)
- 물+모래 분출로 선택층 공극 발생으로 Con'c Slab가 좌굴(Blow Up)

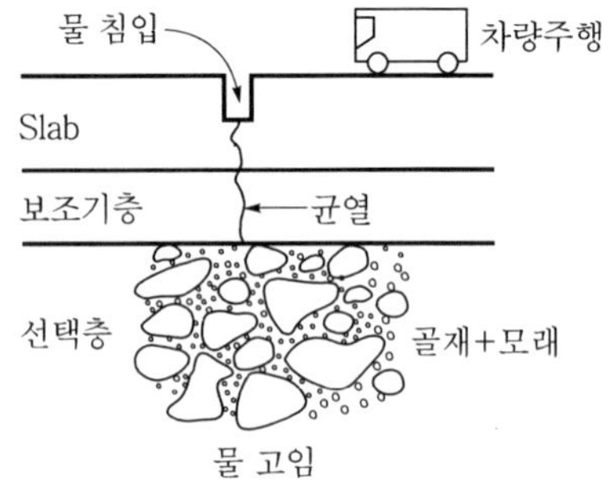

⑥ Pumping

⑦ Punch Out

(연속) 철근 콘크리트 포장에서 철근이 콘크리트를 뚫고 나오는 현상

- 무근 콘크리트 포장 : 다웰바와 타이바만 존재, 대부분 포장
- 철근 콘크리트 포장 : 톨게이트 등 영업소 포장
- 연속 철근 콘크리트 포장 : 사용 ×, 다웰바, 타이바 없이 철근배근

⑧ Spalling

- 모서리가 떨어져 나가는 현상
- Cutting 부적절

2) 원인 및 대책

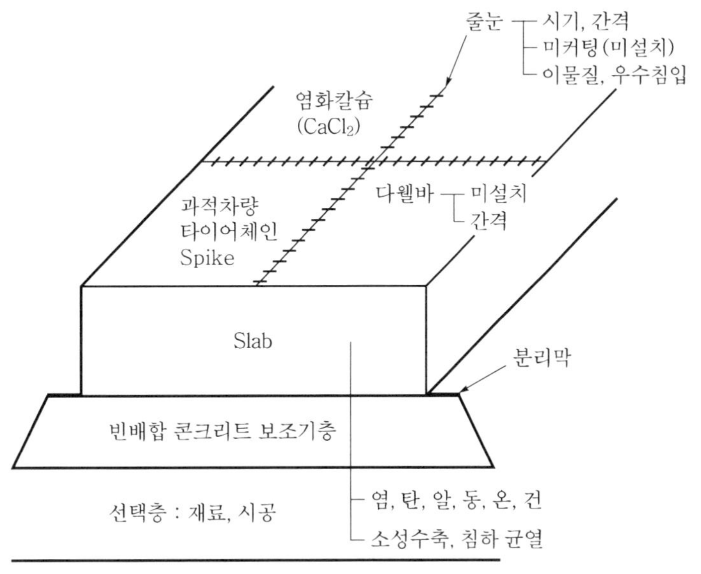

3) 유지보수

① 일상적 보수

- 줄눈보수 : Tie Bar 설치, 줄눈재 설치
- 노면균열보수 : Resin, 초속경 콘크리트
- 주입공법 : Asphalt 주입, Cement Paste 주입

② 정기적 보수

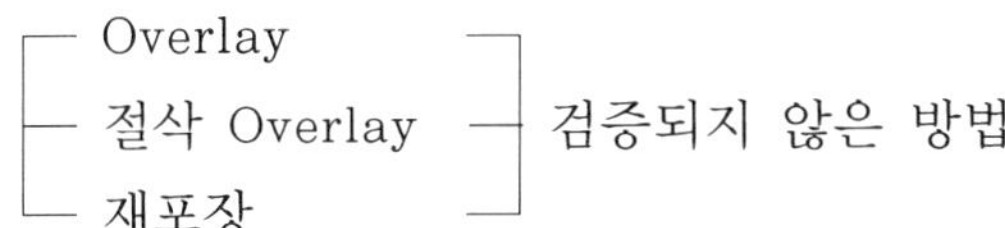

- 생명 불감증(不感症) -

세상에는 얼마나 많은 소중한 것들이
우리의 미지(未知)와 무지(無知)와 무시행(無試行) 속에 사장되어 있는지 모른다.
반면 얼마나 위험한 것들이 우리가 모르는 영역에 복병(伏兵)하고 있는지 모르고 있다.

인류는 지구가 도는데도 몇 천년 동안 천동설을 믿어 왔고,
원자 속에서 그렇게 엄청난 원자탄 에너지를 뽑아낼 줄 상상도 못했다.

어쩌면 모르는 세계가 99퍼센트도 더 될 것이다.
물 한 방울 속에 50억도 더되는 미생물들이 가진 지식과 경험만큼이나
인간 전체의 지식과 경험의 총량은 너무도 미미한 것임을 알아야 하겠다.
마이크로와 미크론의 미지의 세계의 신비 앞에 숙연해 지고
특히 영계(靈界)와 하나님의 신비 앞에 겸손히 기도하는 자세로
신앙에 귀를 기울이는 겸허와 지혜를 배워야 하겠다.
주님은 너희가 온천하를 얻고도 네 생안에 있는 영원한 생명의 가치에 대한 무지
이것이 무지 중의 무지이며 생명 불감증이다.

제5장 교 량

- 예수 믿는 이유 -

1. 당신의 노력으로는 구원을 받을 수 없기 때문입니다.
당신이 아무리 훌륭하다 하더라도 하나님 앞에서는 한낱 피조물인 인간일 수 밖에 없습니다.
인간이 이 땅에 살면서 아무리 행복하려고 노력해도 죄에 대한 근본적인 고통의 멍에를 짊어지고
있는 한 참 자유와 평안을 누릴 수는 없습니다. 그러나 성경이 우리에게 일러 주시기를
"하나님이 그 아들을 세상에 보내신 것은 세상을 심판하려 하심이 아니요
저로 말미암아 세상이 구원을 받게하려 하심이라" 하셨습니다. (요한복음 3장 17절)

2. 당신은 구원받아야 할 사람이기 때문입니다.
구원은 과거에 대한 용서이며, 새 생활에 대한 선물이고, 미래에 대한 확신입니다.
성경에 말씀하시길 "누구든지 주의 이름을 부르는 자는 구원을 얻으리라." (로마서 10장 13절)
또 "사람이 마음으로 믿어 의에 이르고 입으로 시인하여 구원에 이르느니라"
(로마서 10장 10절) 하셨습니다.

3. 당신이 구원 받을 오직 한 길이기 때문입니다.
"예수께서 가라사대 내가 곧 길이요 진리요 생명이니
나로 말미암지 않고는 아버지께로 올 자가 없느니라." (요한복음 14장 6절)
"다른 이로서는 구원을 얻을 수 없나니 천하 인간에 구원을 얻을 만한 다른 이름을
우리에게 주신 일이 없음이니라." (사도행전 4장 12절)
"너희가 그 은혜로 인하여 믿음으로 말미암아 구원을 얻었나니
이것이 너희에게서 난 것이 아니요 하나님의 선물이라" (에베소서 2장 8절) 말씀하셨습니다.

제5장 교 량

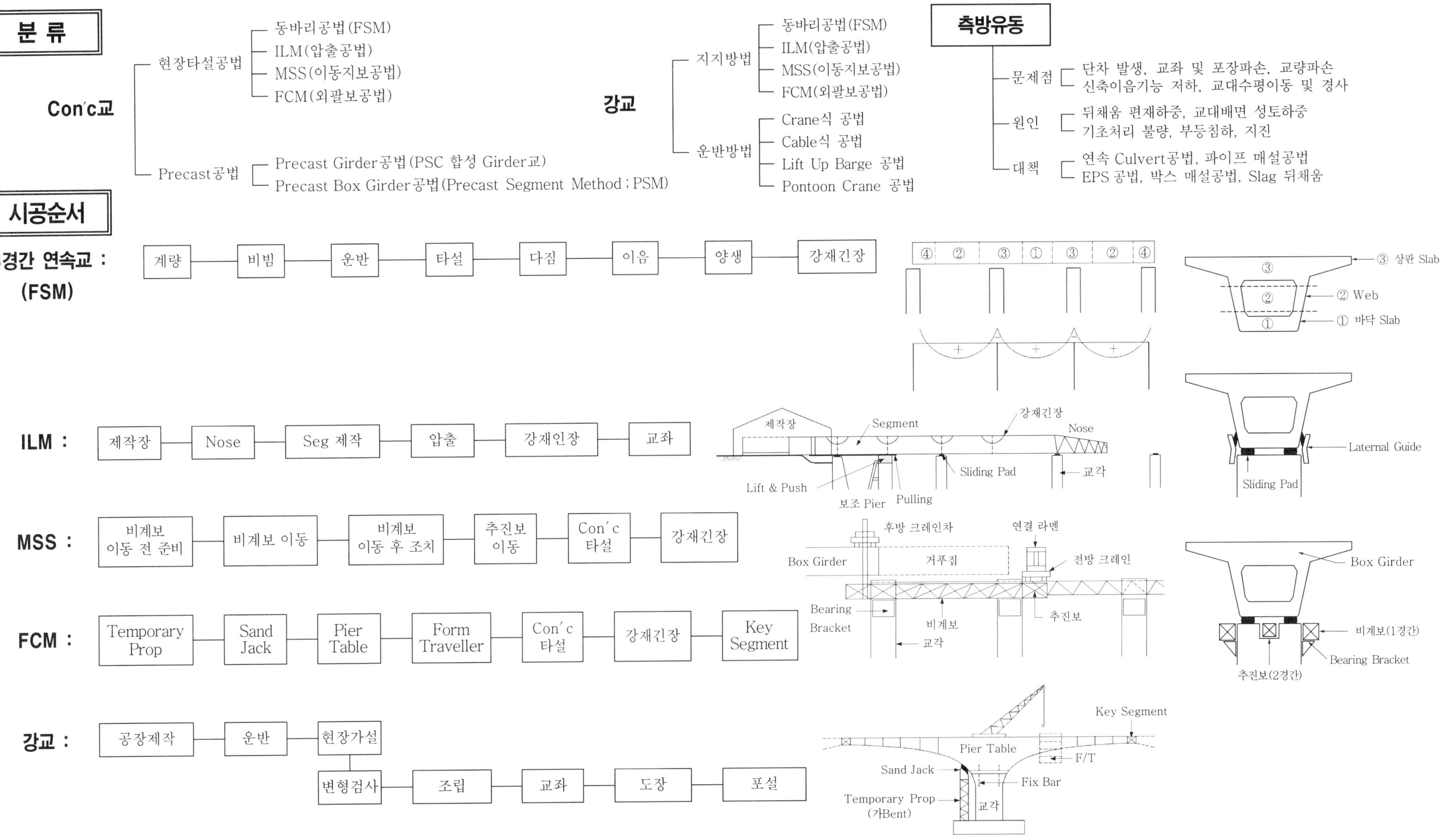
분 류
Con'c교
현장타설공법
동바리공법(FSM)
ILM(압출공법)
MSS(이동지보공법)
FCM(외팔보공법)
Precast공법
Precast Girder공법(PSC 합성 Girder교)
Precast Box Girder공법(Precast Segment Method ; PSM)
강교
지지방법
동바리공법(FSM)
ILM(압출공법)
MSS(이동지보공법)
FCM(외팔보공법)
운반방법
Crane식 공법
Cable식 공법
Lift Up Barge 공법
Pontoon Crane 공법
측방유동
문제점
단차 발생, 교좌 및 포장파손, 교량파손
신축이음기능 저하, 교대수평이동 및 경사
원인
뒤채움 편재하중, 교대배면 성토하중
기초처리 불량, 부등침하, 지진
대책
연속 Culvert공법, 파이프 매설공법
EPS 공법, 박스 매설공법, Slag 뒤채움
시공순서
3경간 연속교 : (FSM)
계량
비빔
운반
타설
다짐
이음
양생
강재긴장
③ 상판 Slab
② Web
① 바닥 Slab
ILM :
제작장
Nose
Seg 제작
압출
강재인장
교좌
제작장
Segment
강재긴장
Nose
Sliding Pad
교각
Lift & Push
보조 Pier
Pulling
Lateral Guide
Sliding Pad
MSS :
비계보 이동 전 준비
비계보 이동
비계보 이동 후 조치
추진보 이동
Con´c 타설
강재긴장
후방 크레인차
연결 라멘
Box Girder
거푸집
전방 크레인
Bearing Bracket
비계보
추진보
교각
Box Girder
비계보(1경간)
Bearing Bracket
추진보(2경간)
FCM :
Temporary Prop
Sand Jack
Pier Table
Form Traveller
Con´c 타설
강재긴장
Key Segment
강교 :
공장제작
운반
현장가설
변형검사
조립
교좌
도장
포설
Key Segment
Pier Table
F/T
Sand Jack
Fix Bar
Temporary Prop
(가Bent)
교각

제 5 장 교 량

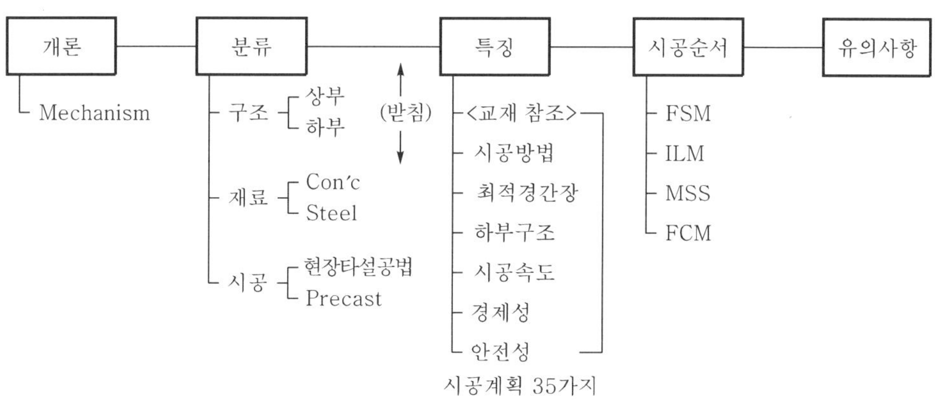

1 Mechanism

Memory
하루살이 주식은 상장하지마.

Memory
• 사활을 건 부표 차지하기.
• 활하중과 사하중을 지지하는 부력의 표차는?

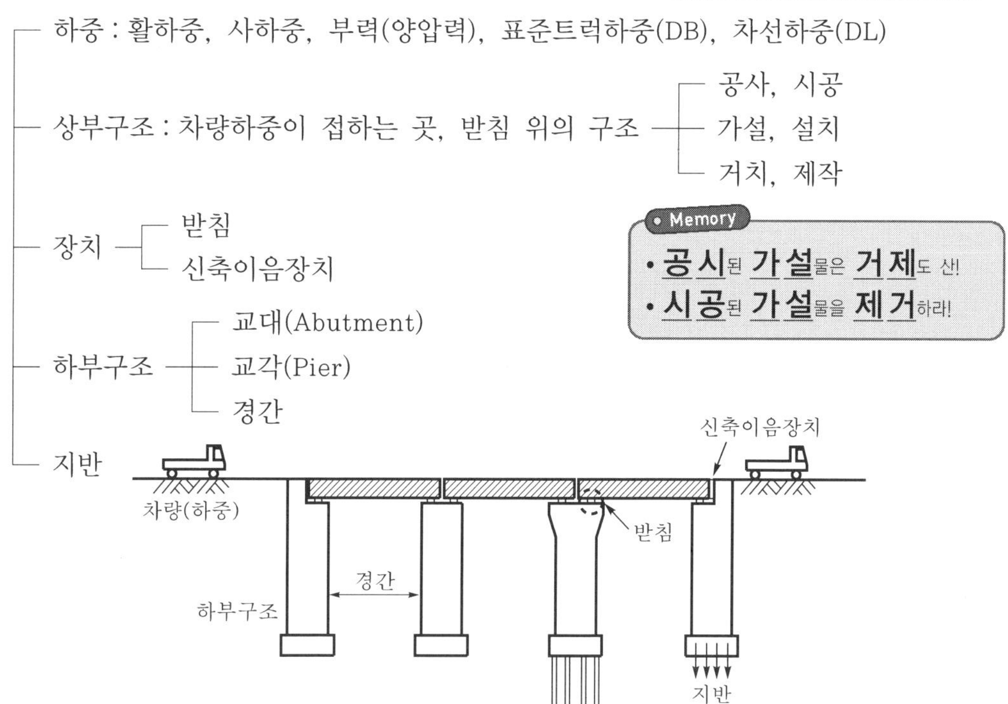

Memory
• 공시된 가설물은 거제도 산!
• 시공된 가설물을 제거하라!

2 상부구조

• Memory
RC와 PSC 틀(T)이 아(A)갑(Ca)거(Gir)든.

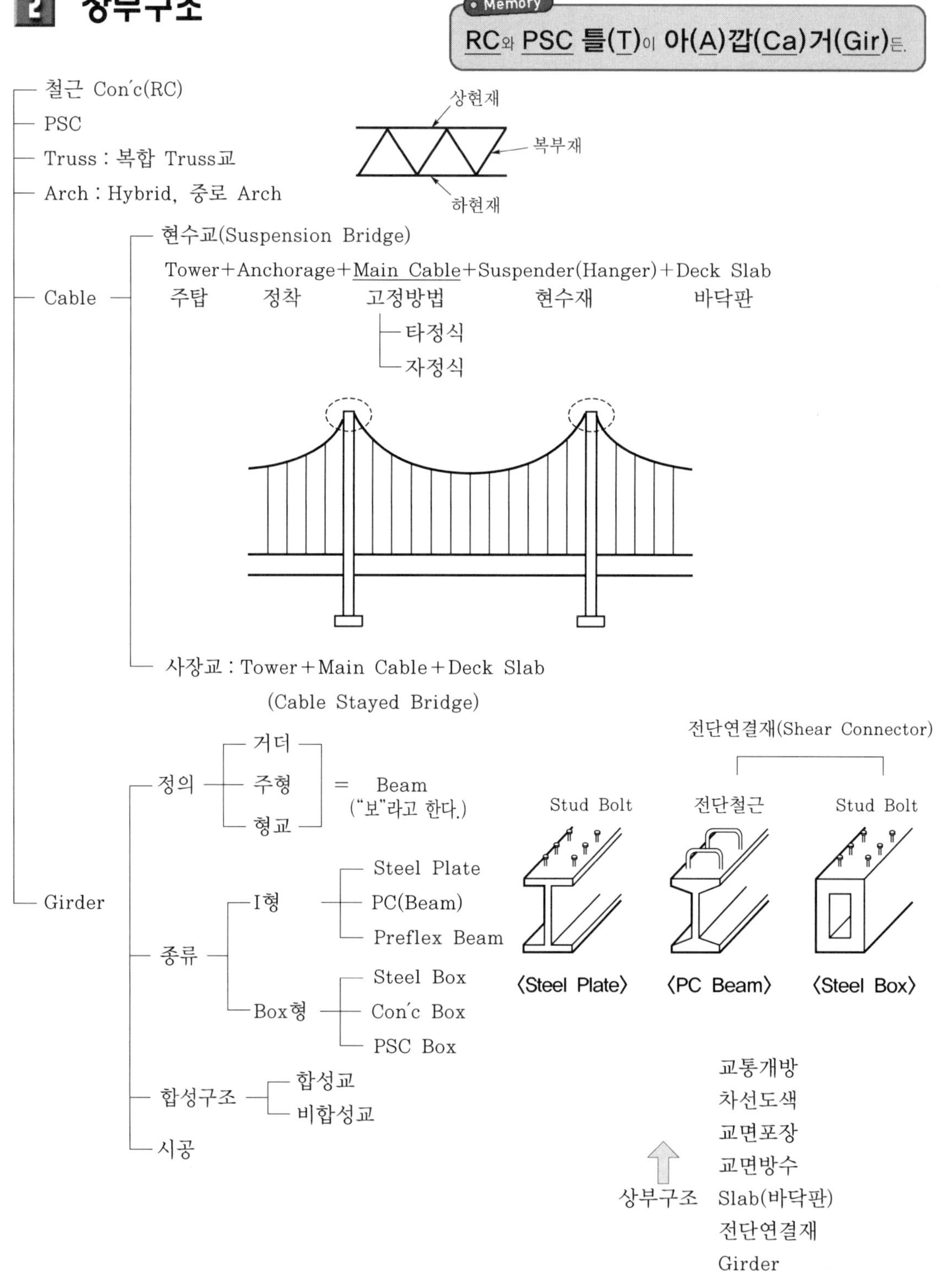

3 장 치

1) 받침(교좌, 지승, Shoe)

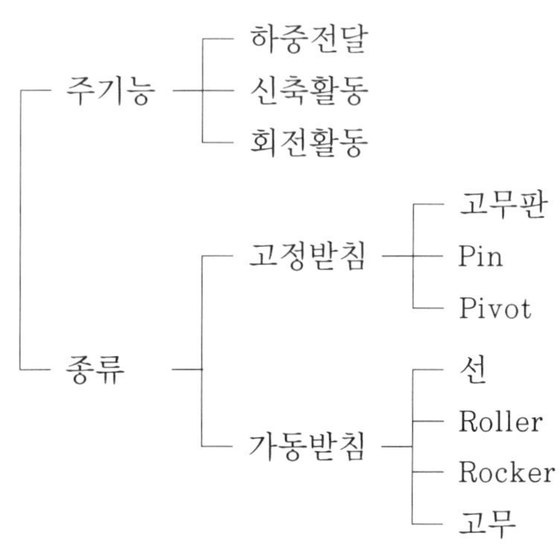

> **Memory**
>
> - **신발(Shoe) 하중** 때문에 고생하는 **신 회**장님
> - **고 고**장에서 **핑(Pin)핑(Pi)** 돌던 아**가**씨의 **선**한 눈동자가 **아롱(Ro)아롱(Ro) 거(고)**린다.

2) 신축이음장치

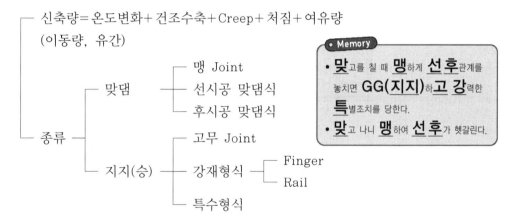

- 신축량=온도변화+건조수축+Creep+처짐+여유량 (이동량, 유간)
- 종류
  - 맞댐
    - 맹 Joint
    - 선시공 맞댐식
    - 후시공 맞댐식
  - 지지(승)
    - 고무 Joint
    - 강재형식
      - Finger
      - Rail
    - 특수형식

> **Memory**
>
> - **맞**고를 칠 때 **맹**하게 **선후**관계를 놓치면 **GG(지지)**하**고 강**력한 **특**별조치를 당한다.
> - **맞**고 나니 **맹**하여 **선후**가 헷갈린다.

4 교대 측방유동

1) 문제점

> **Memory**
>
> **교량 하중**에 관계된 주식은 **상장하지**마!

- 교량 – 파괴, 기능, 사용성, 안정성
- 하중(차량) : 단차 – 교통장애, 주행성, 평탄성
- 상부구조
- 장치
- 하부구조 – 수평이동, 변형, 경사
- 지반 – 침하, 유동

2) 원인

┌ 뒤채움 편재하중, 교대 배면성토하중
└ 기초처리 불량, 부등침하, 지진

Memory
부지기수로 많은 **배편**

3) 대책

Memory
성경을 **연계**하여 **앞(압)뒤**로 살펴라.

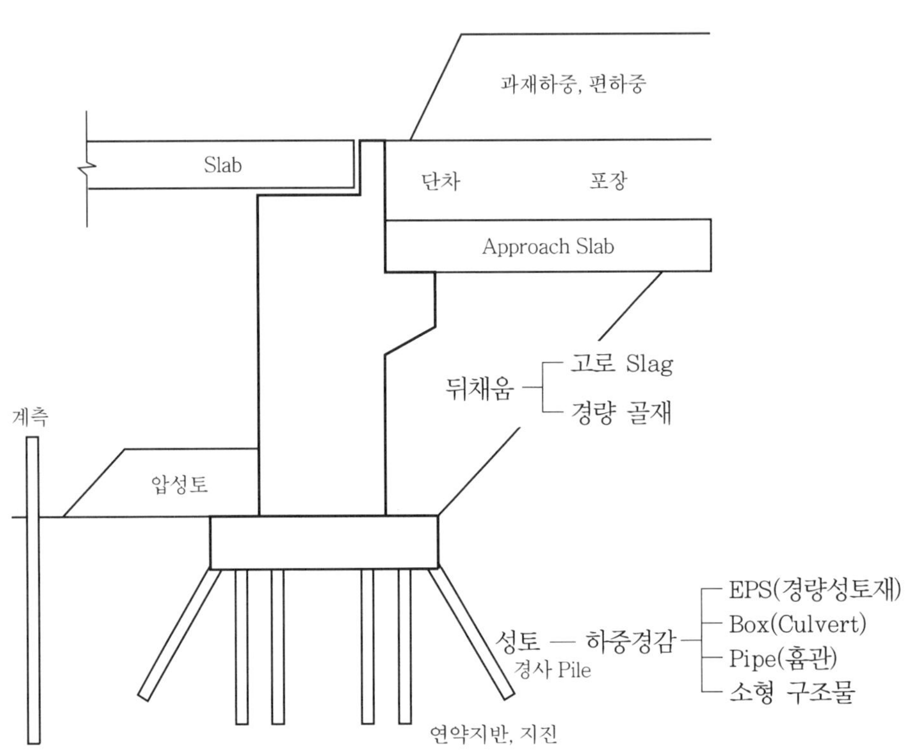

5 교량의 교면방수 → 물 · 염화물 차단으로 내구성 향상

1) 종류

- 침투성방수 : 방수제 도포 → 침투
- 도막방수 : 방수도료 칠(2mm 이상) → 방수막
- Sheet방수 : 접착제로 Sheet(0.8~2.0mm) 붙임
- 포장방수 : 아스팔트 혼합물 도포

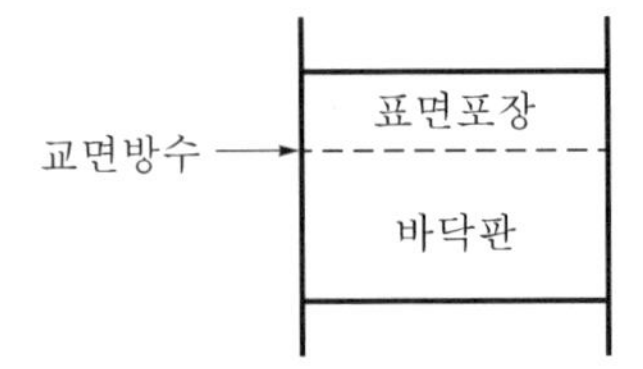

2) 침투성방수, 도막방수

구 분	침투성방수	도막방수
순서	바탕처리 : 완전건조 ↓ 초벌도포 : 시방에 준함 ↓ 재벌도포 : 시방에 준함 ↓ 양생 : 48시간 이상	바탕처리 : 평평하게 균일보수 ↓ Primer 도포 : 시방에 준함 ↓ 방수층 시공 : 보강 Mesh ↓ 보양 : 강우 · 동결 대비
시공성	간단	여러 번
경제성	저렴	부담
방수성능	약함	좋음
공기	빠름	다소 소요
균열저항성	부족	양호
방수층 균일	곤란	곤란

b 시공순서

1) 3경간 연속보(FSM)

구 분	도 해	계 산	구조물
단순보	1	단순	정정
연속보	1 2	복잡	부정정
겔버보	힌지	단순	Hinge로 부정정 → 정정

① 연속보

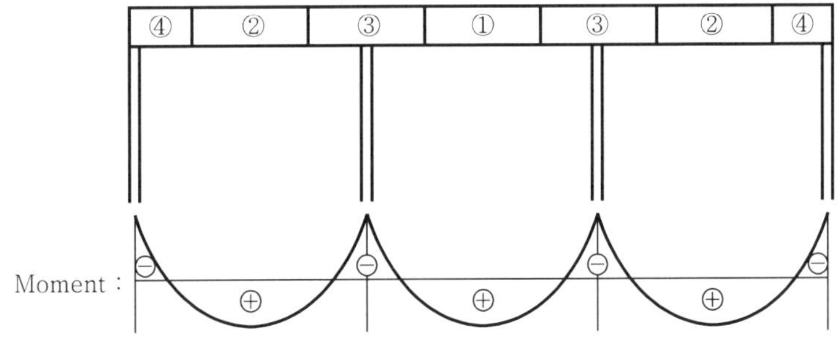

㉠ 콘크리트 타설순서

- ⊕Moment에서 ⊖Moment로
- 중앙에서 좌우대칭으로

㉡ 이유 ─ 처짐 / 균열 ─ 2차 응력에 의한 안전사고 예방

② 시공순서

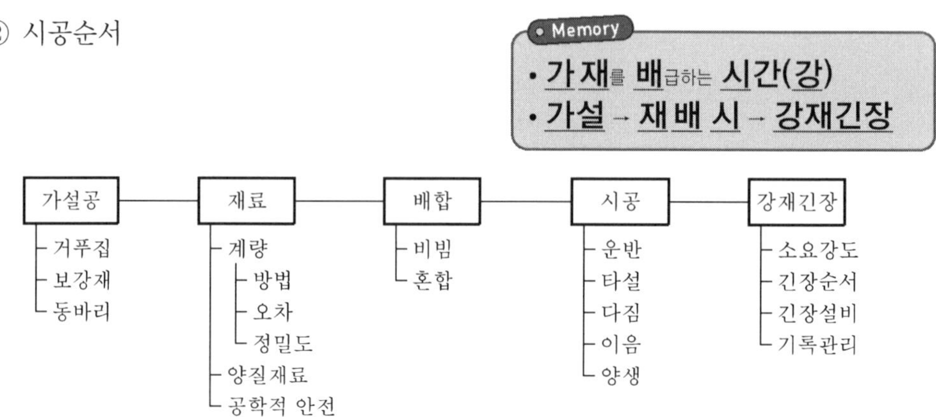

2) ILM(압출공법)

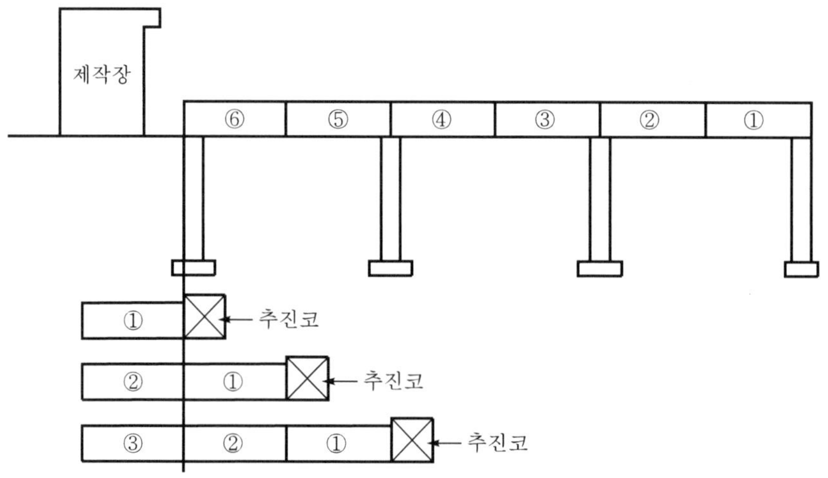

제작장에서 Segment를 만들어 밀어내는 공법

Memory

- **제주(추)**도 **새(Se) 앞(압)**에는 **강 교**가 있다.
- **제**주도와 **추**자도에 사는 **새(Se)**는 기**압**을 이용하여 **강 교**를 날아다닌다.

- 제작장
  - 부지(공간)
  - 지내력
  - 배수, 구배
  - 장비, 설비
  - 품질, 안전
- 추진코(Nose)
  - ⊖ Moment ×
  - 구조
  - 길이
- Segment
  - 가설재
  - 재료
  - 배합
  - 시공
- 압출
  - 방법
  - 속도
  - Lateral Guide
  - Sliding Pad
- 강재긴장
  - 소요강도
  - 긴장순서
  - 긴장설비
  - 기록관리
- 교좌
  - 가설 Shoe
  - 영구 Shoe
  - 무수축 Mortar

Lateral Guide(이탈방지, 선행유지)

Sliding Pad(마찰력 최소)

Memory

제 코에 앉아있는 **새(Se)**를 밀어내니**(압출) 강 교**로 날아가네!

3) MSS(이동지보) : 다경간

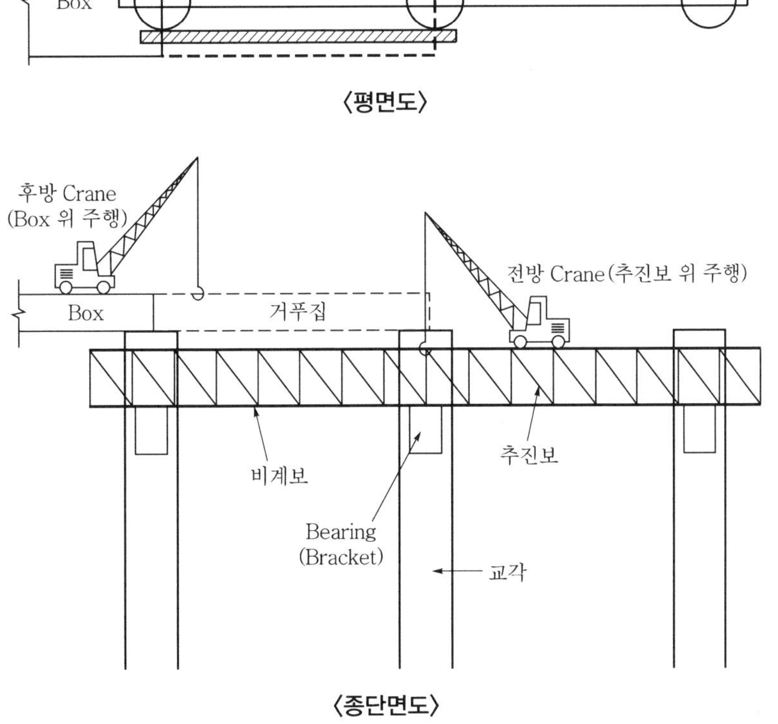

〈평면도〉

〈종단면도〉

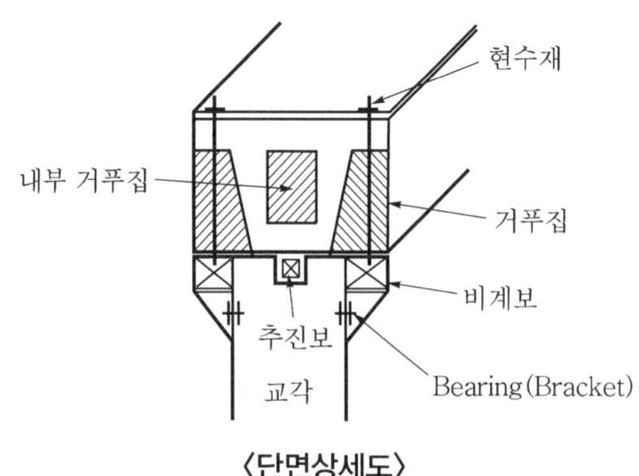

〈단면상세도〉

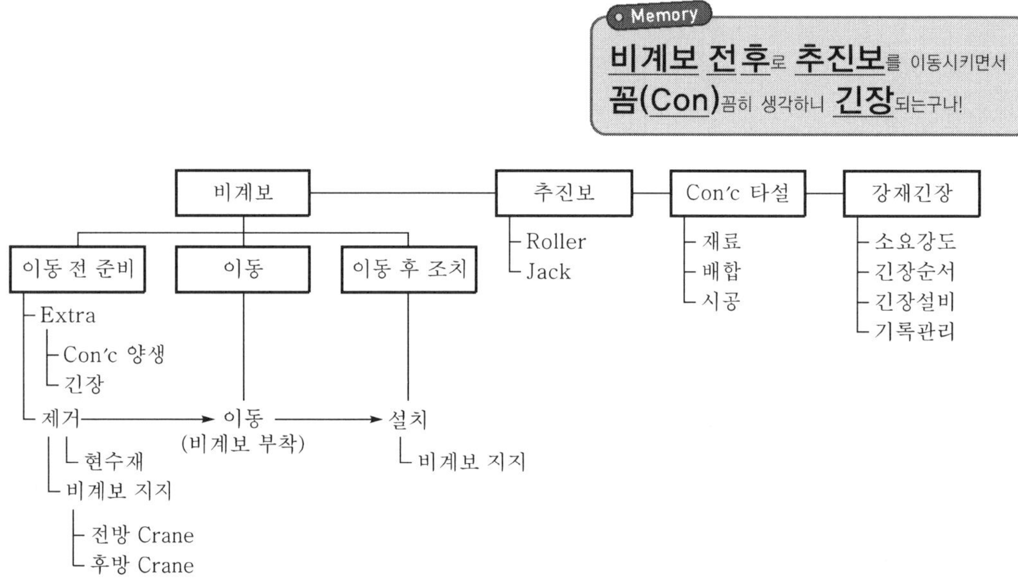

4) FCM(외팔보) : 장경간

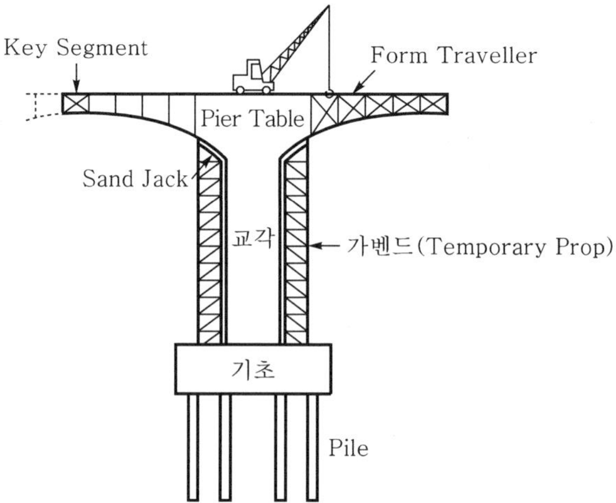

Memory
- 템(Tem)버린을 샌드(Sand)페이퍼(P)로 폼(Form)을 내고, 타악기는 긴장하여 Key로 보관한다.
- 팀(Te)을 사(Sa)랑하는 것이 피(Pi)곤하여 포(Fo)기하려고 꼼(Con)꼼히 생각하니 몸이 긴장되어 열(Key)이 난다.

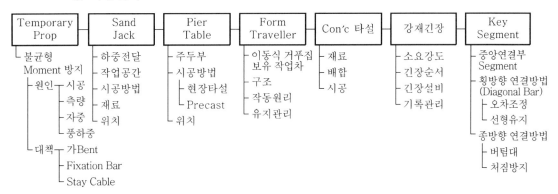

① 시공순서

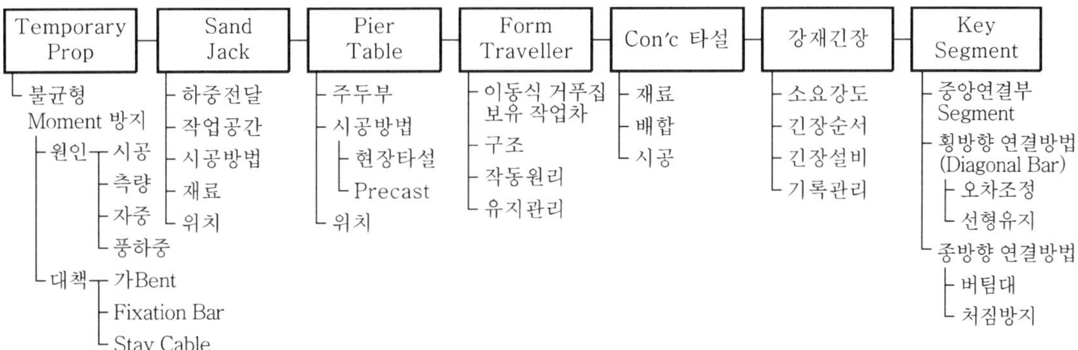

② 시공 시 유의사항

㉠ 불균형 Moment 처리

원 인	대 책
시공오차 한쪽 Segment 선시공 작업하중	가Bent 설치(Temporary Prop)
상향 풍하중	주두부 고정(Fixation Bar)
좌우측 Segment 자중차이	Stay Cable 설치

㉡ Slab 피막양생 → 55℃ 유지 증기양생

㉢ 콘크리트 강도가 f_{ck} 75% 이상 시 1차 Tendon 실시

㉣ Key Segment 연결부 상대변위 방지

- 수직변위 : 작업차(F/T)로 조정
- 수평변위 : 거더 상부에 X형 강봉
- 교축방향 : 버팀대 설치(온도 및 건조수축)

7 하부구조

1) 교대와 교각

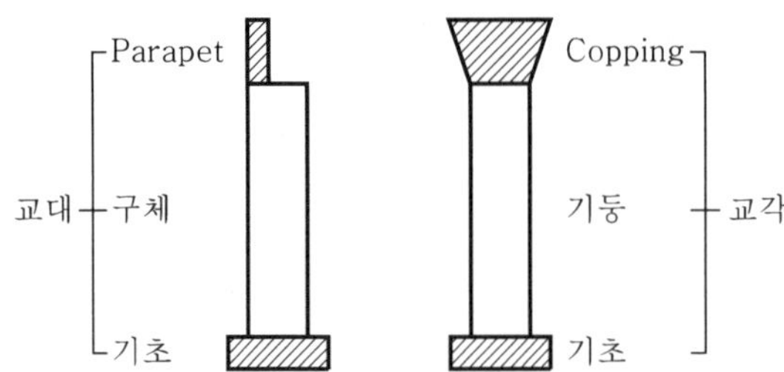

2) Pile Bent(Bent Type Pier)

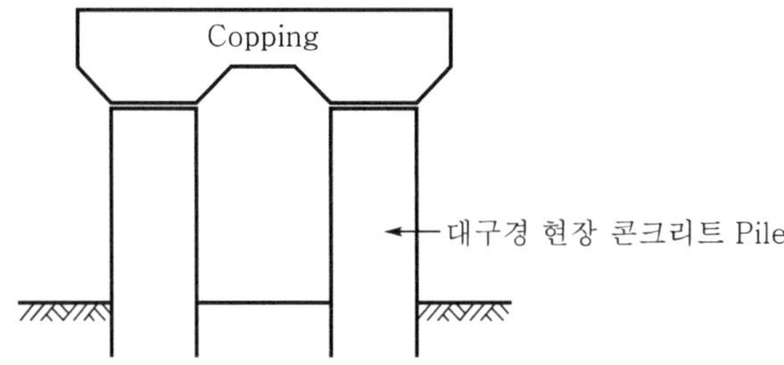

Copping 하부에 시공되는 기둥+기초+Pile을 대구경 현장 콘크리트 Pile로 일원화한 공법

8 강 교

Memory
- 상사의 **보고**서를 **핑(Pin)핑(Pi)** 돌리는 **용**기가 가상하다.
- **Bolt**가 **고장** 나면 **핑(Pin)핑(Pi)** 돌리면서 **용접**하세요.

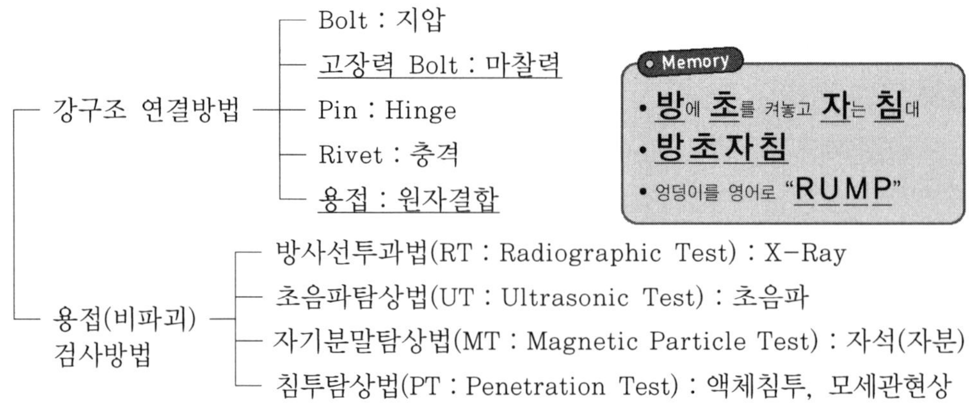

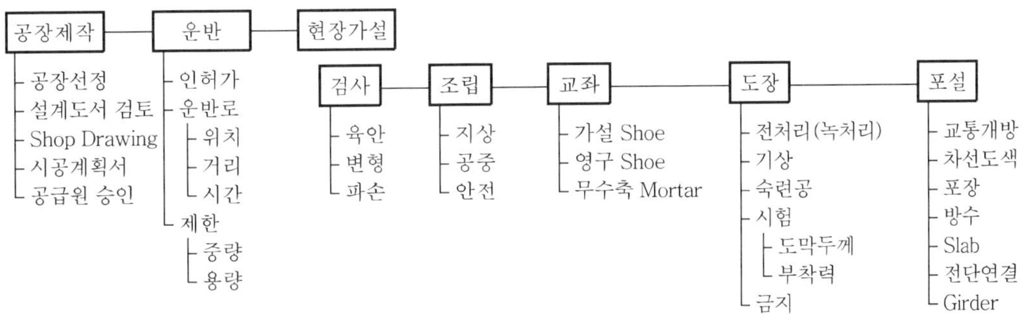
공장제작
공장선정
설계도서 검토
Shop Drawing
시공계획서
공급원 승인
운반
인허가
운반로
위치
거리
시간
제한
중량
용량
현장가설
검사
육안
변형
파손
조립
지상
공중
안전
교좌
가설 Shoe
영구 Shoe
무수축 Mortar
도장
전처리(녹처리)
기상
숙련공
시험
도막두께
부착력
금지
포설
교통개방
차선도색
포장
방수
Slab
전단연결
Girder

〈강교의 시공순서〉

- 천국 … 오직 한 길 -

1. 천국 … 오직 한 길 예수께서는 "나는 길이요 진리요 생명이다.
나를 거치지 않고서는 아무도 아버지께로 갈 수 없다"고 말씀하십니다. (요한복음 14장 6절)

2. 나는 죄인입니다. "모든 사람이 죄를 지었기 때문에
하나님이 주셨던 본래의 영광스러운 모습을 잃어 버렸습니다." (로마서 3장 23절)

3. 하나님은 나를 사랑하십니다. "하나님은 이 세상을 극진히 사랑하셔서 외아들을 보내 주시어
그를 믿는 사람은 누구든지 멸망하지 않고 영원한 생명을 얻게하여 주셨다." (요한복음 3장 16절)

4. 주님께서 나를 위하여 죽으셨습니다.
"그리스도께서 성서에 기록된 대로 우리의 죄 때문에 죽으셨다는 것과
무덤에 묻히셨다는 것과 사흘 만에 다시 살아 나셨다는 사실입니다." (고린도전서 15장 3~4절)

5. 하나님의 놀라운 선물 "여러분이 구원을 받은 것은 하나님의 은총을 입고
그리스도를 믿어서 된 것이지 여러분 자신의 힘으로 된 것이 아닙니다.
이 구원이야말로 하나님께서 주신 선물입니다." (에베소서 2장 8절)

6. 그 선물은 당신의 것입니다. "그러나 그분을 맞아 들이고
믿는 사람들에게는 하나님의 자녀가 되는 특권을 주셨다." (요한복음 1장 12절)

제6장 터 널

- 아폴로 13호의 교훈 -

미국의 영광과 부의 상징이었고 인간 과학의 총화(總和)였으며
고장 확률도 100만 분의 1이라는 만능의 기계는 전 인류가 주시하는 가운데 고장을 일으켰다.
그 때 미국의 대통령과 상하 양원을 위시하여
온 국민이 우주선의 무사 귀환을 위해서 기도를 드렸던 것이 기억에 생생하다.
여기에 인간의 한계와 겸허가 있으며, 과학과 신앙의 조화도 엿볼 수 있다.

예수가 들어가면 반드시 미신이 추방된다.
현존하는 세계의 자연 과학 분야의 박사 3분의 2가 크리스찬이다.

제6장 터 널

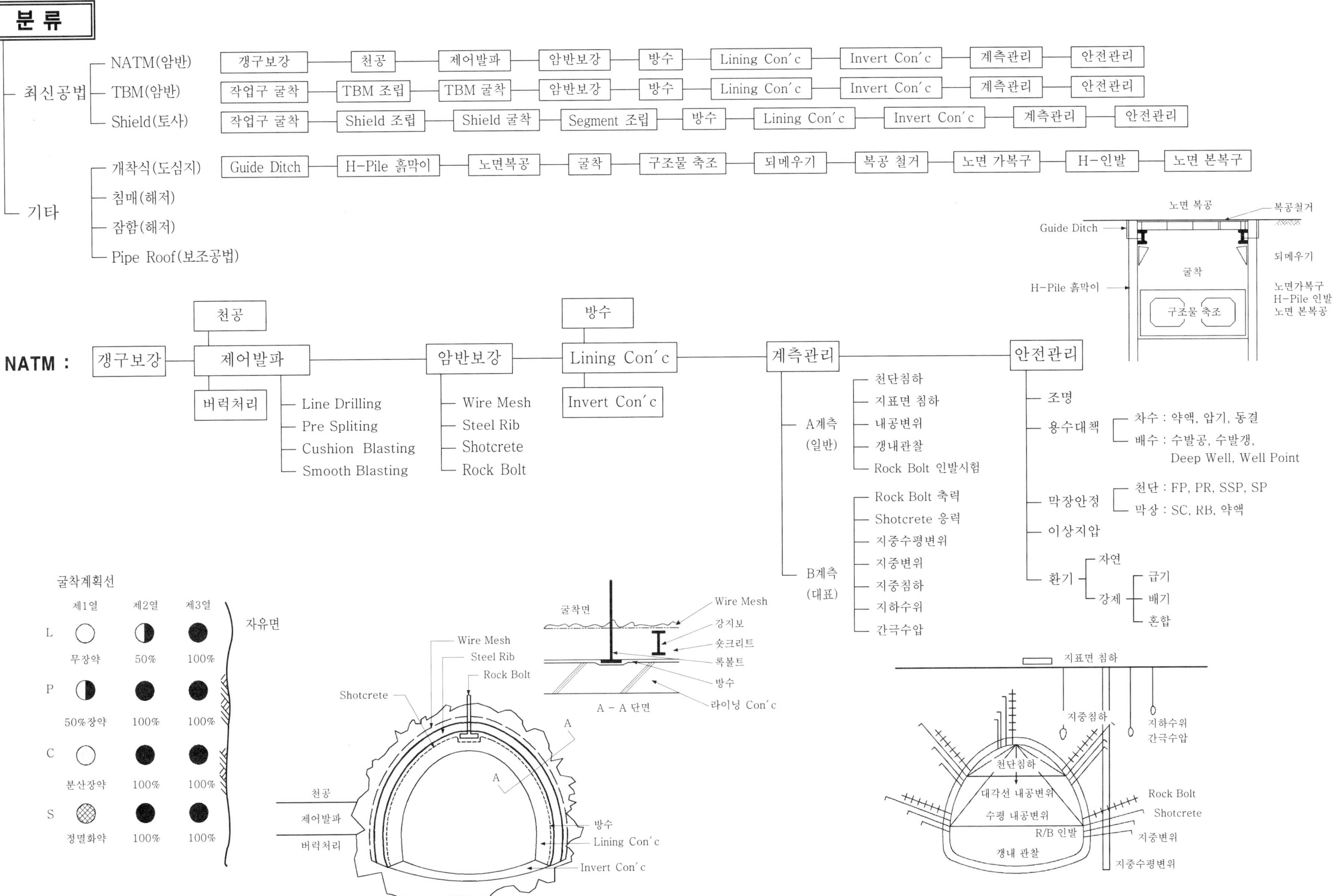
분 류
최신공법
NATM(암반)
갱구보강
천공
제어발파
암반보강
방수
Lining Con′c
Invert Con′c
계측관리
안전관리
TBM(암반)
작업구 굴착
TBM 조립
TBM 굴착
암반보강
방수
Lining Con′c
Invert Con′c
계측관리
안전관리
Shield(토사)
작업구 굴착
Shield 조립
Shield 굴착
Segment 조립
방수
Lining Con′c
Invert Con′c
계측관리
안전관리
기타
개착식(도심지)
Guide Ditch
H-Pile 흙막이
노면복공
굴착
구조물 축조
되메우기
복공 철거
노면 가복구
H-인발
노면 본복구
침매(해저)
잠함(해저)
Pipe Roof(보조공법)
노면 복공
복공철거
Guide Ditch
되메우기
굴착
H-Pile 흙막이
노면가복구
H-Pile 인발
노면 본복공
구조물 축조
NATM :
갱구보강
천공
제어발파
버력처리
Line Drilling
Pre Spliting
Cushion Blasting
Smooth Blasting
암반보강
Wire Mesh
Steel Rib
Shotcrete
Rock Bolt
방수
Lining Con′c
Invert Con′c
계측관리
A계측 (일반)
천단침하
지표면 침하
내공변위
갱내관찰
Rock Bolt 인발시험
B계측 (대표)
Rock Bolt 축력
Shotcrete 응력
지중수평변위
지중변위
지중침하
지하수위
간극수압
안전관리
조명
용수대책
차수 : 약액, 압기, 동결
배수 : 수발공, 수발갱, Deep Well, Well Point
막장안정
천단 : FP, PR, SSP, SP
막상 : SC, RB, 약액
이상지압
환기
자연
강제
급기
배기
혼합
굴착계획선
제1열
제2열
제3열
L
무장약
50%
100%
P
50%장약
100%
100%
C
분산장약
100%
100%
S
정밀화약
100%
100%
자유면
Wire Mesh
Steel Rib
Rock Bolt
Shotcrete
A
A
천공
제어발파
버력처리
방수
Lining Con′c
Invert Con′c
굴착면
Wire Mesh
강지보
숏크리트
록볼트
방수
라이닝 Con′c
A - A 단면
지표면 침하
지중침하
지하수위
간극수압
천단침하
대각선 내공변위
수평 내공변위
R/B 인발
갱내 관찰
Rock Bolt
Shotcrete
지중변위
지중수평변위

제 6 장 터 널

1 개 념

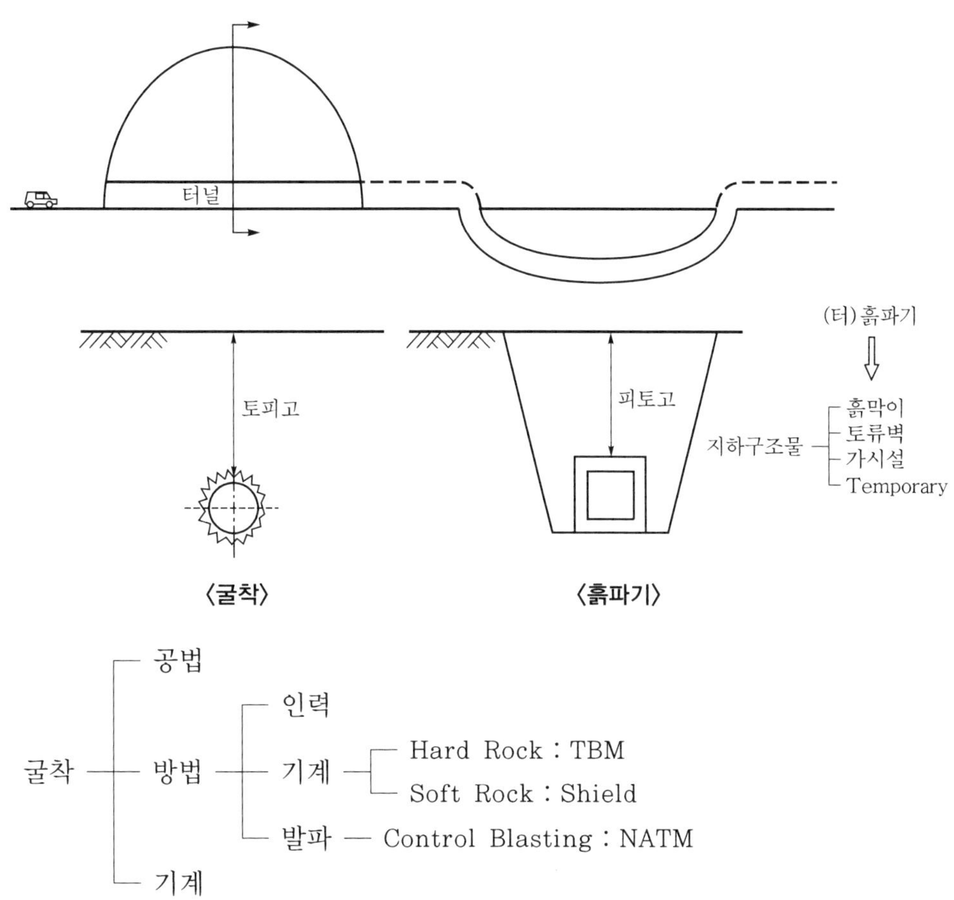

터널
토피고
피토고
(터)흙파기
지하구조물
흙막이
토류벽
가시설
Temporary
〈굴착〉
〈흙파기〉
굴착
공법
방법
인력
기계
Hard Rock : TBM
Soft Rock : Shield
발파
Control Blasting : NATM
기계

2 NATM의 원리

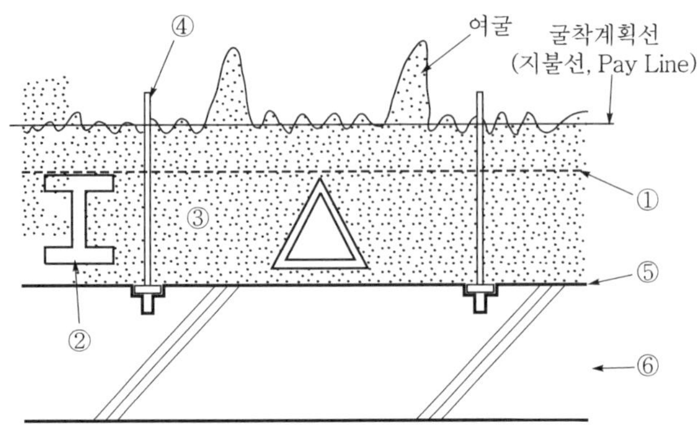

④
여굴
굴착계획선
(지불선, Pay Line)
①
③
⑤
②
⑥

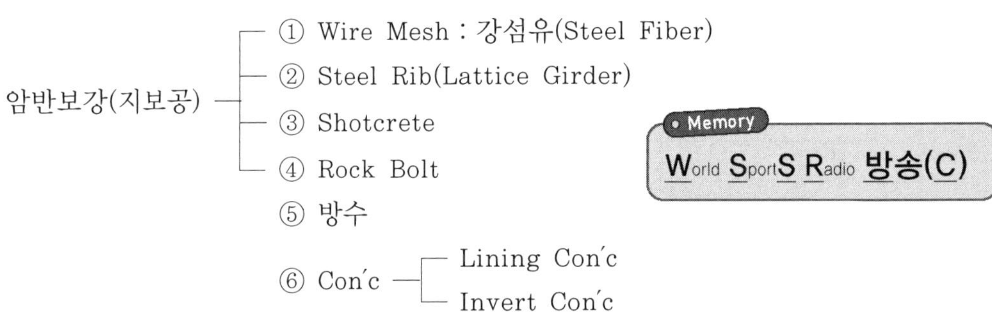

암반보강(지보공)
① Wire Mesh : 강섬유(Steel Fiber)
② Steel Rib(Lattice Girder)
③ Shotcrete
④ Rock Bolt
⑤ 방수
⑥ Con'c
Lining Con'c
Invert Con'c
Memory
World SportS Radio 방송(C)

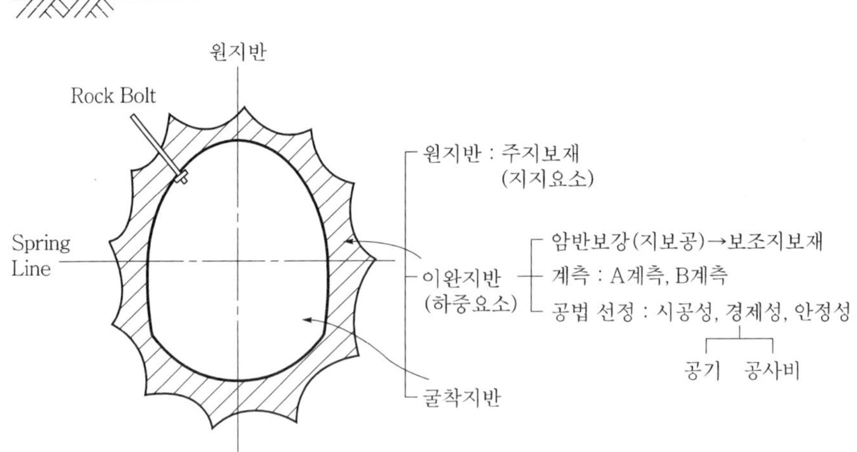

원지반
Rock Bolt
Spring Line
원지반 : 주지보재
(지지요소)
이완지반
(하중요소)
암반보강(지보공)→보조지보재
계측 : A계측, B계측
공법 선정 : 시공성, 경제성, 안정성
공기
공사비
굴착지반

3 시공순서

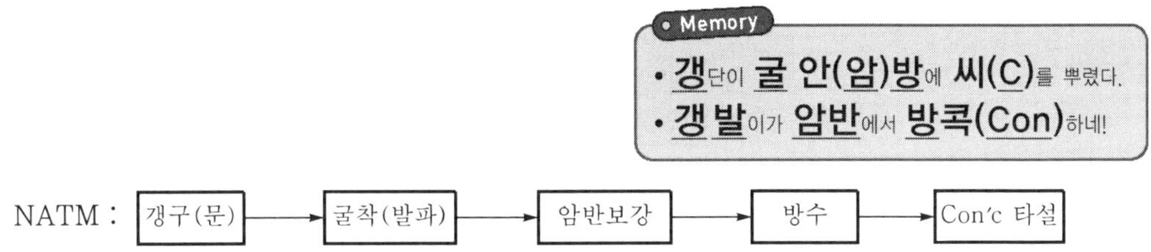
Memory
• 갱단이 굴 안(암)방에 씨(C)를 뿌렸다.
• 갱 발이가 암반에서 방콕(Con)하네!
NATM :
갱구(문)
굴착(발파)
암반보강
방수
Con'c 타설

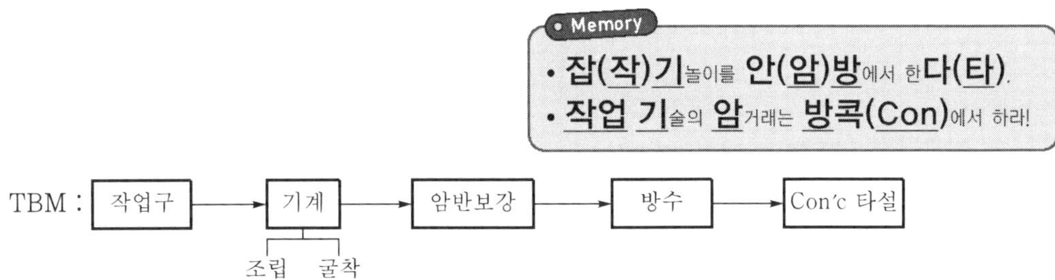
Memory
• 잡(작)기놀이를 안(암)방에서 한다(타).
• 작업 기술의 암거래는 방콕(Con)에서 하라!
TBM :
작업구
기계
조립
굴착
암반보강
방수
Con'c 타설

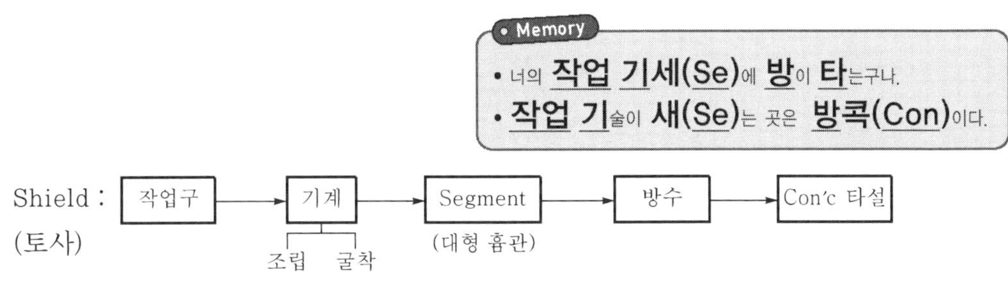
Memory
• 너의 작업 기세(Se)에 방이 타는구나.
• 작업 기술이 새(Se)는 곳은 방콕(Con)이다.
Shield :
(토사)
작업구
기계
조립
굴착
Segment
(대형 흄관)
방수
Con'c 타설

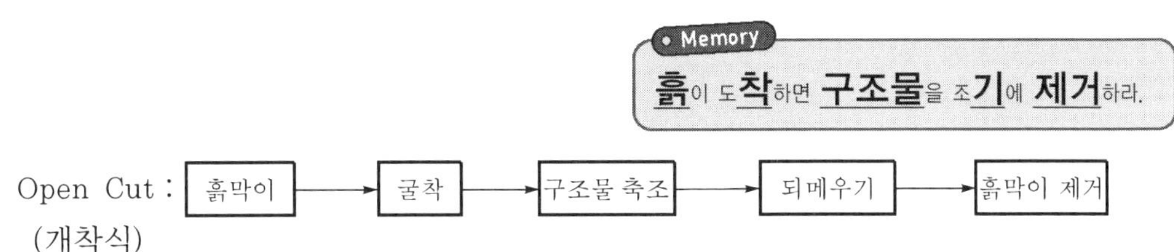
Memory
흙이 도착하면 구조물을 조기에 제거하라.
Open Cut :
(개착식)
흙막이
굴착
구조물 축조
되메우기
흙막이 제거

4 NATM

Memory
- **원**래 **갱**단은 사회의 **발암**물질로 **방치(C)**하면 **계**속 **안보**에 위협이 된다.
- **원**로 **갱발**이가 **안(암)**방에서 **방콕(Con)**하니 **계(개)**가 **안전**하게 **보조**하네!

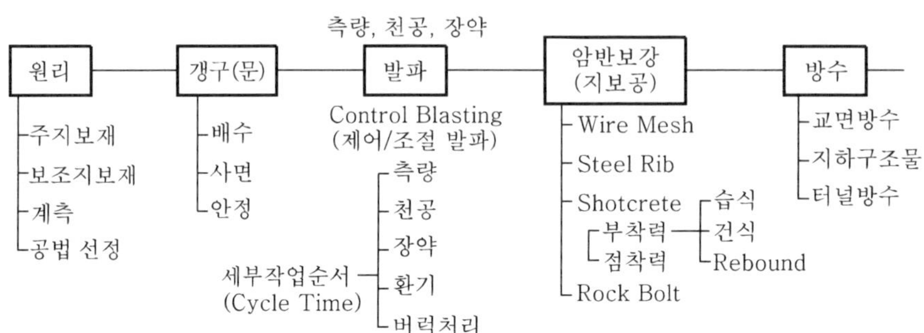

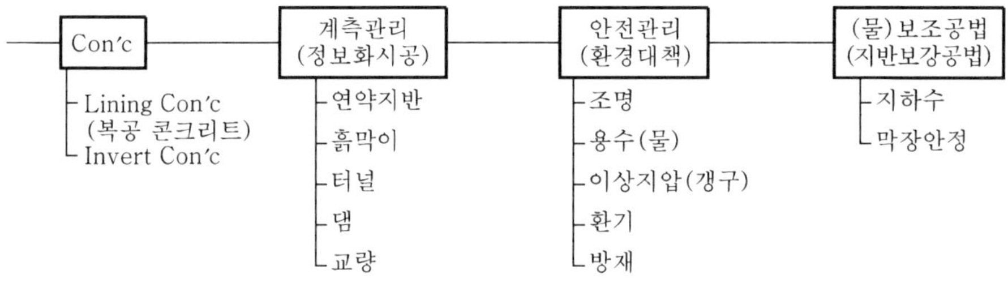

1) 보조공법

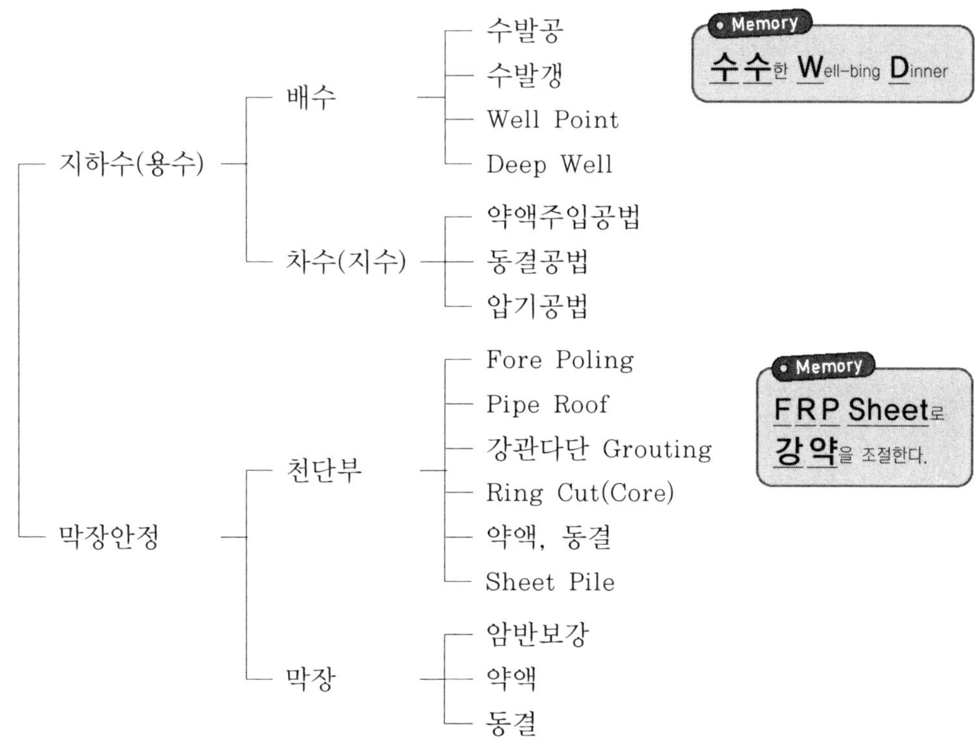

2) 안전관리(환경대책)

- 조명
  - 조도
  - 명암
  - 비상용
  - 유지관리(내구성)
- 용수(지하수)
- 이상지압(갱구)
- 환기
  - 자연식
  - 강제식(기계식)
    - 흡기
    - 배기
    - 혼합(흡기+배기)
- 방재
  - 소화
  - 대피(피난)
  - 구조
  - 통신

Memory
조용히(이) 반(방)환을 요구해라.

Memory
저 조명을 비유하자면!

Memory
대구 시민과 소통의 장

3) 계측관리

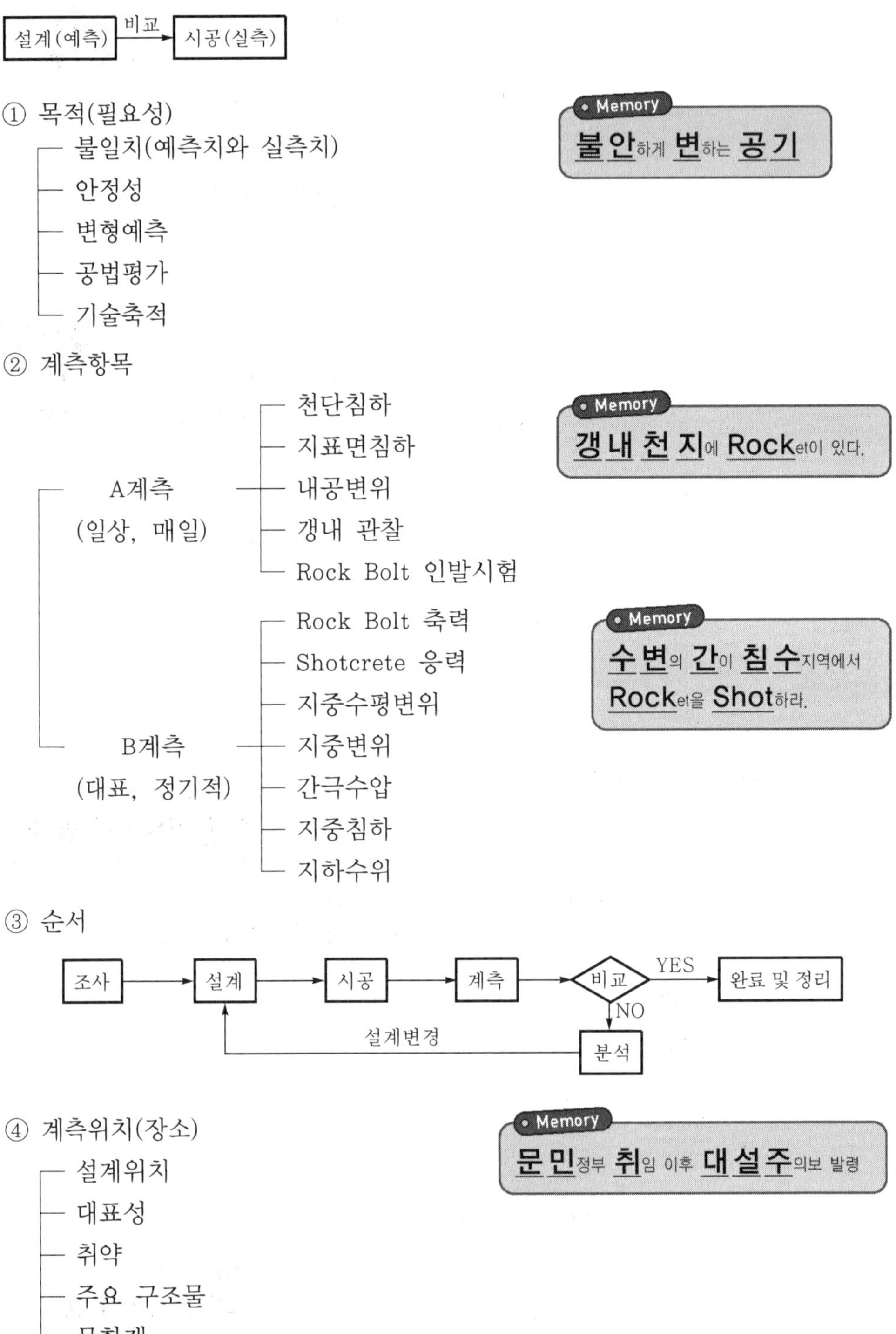

① 목적(필요성)

- 불일치(예측치와 실측치)
- 안정성
- 변형예측
- 공법평가
- 기술축적

> **Memory**
> **불안**하게 **변**하는 **공기**

② 계측항목

- A계측 (일상, 매일)
  - 천단침하
  - 지표면침하
  - 내공변위
  - 갱내 관찰
  - Rock Bolt 인발시험
- B계측 (대표, 정기적)
  - Rock Bolt 축력
  - Shotcrete 응력
  - 지중수평변위
  - 지중변위
  - 간극수압
  - 지중침하
  - 지하수위

> **Memory**
> **갱내 천 지**에 **Rock**et이 있다.

> **Memory**
> **수변**의 **간**이 **침수**지역에서 **Rock**et을 **Shot**하라.

③ 순서

④ 계측위치(장소)

- 설계위치
- 대표성
- 취약
- 주요 구조물
- 문화재
- 민원

> **Memory**
> **문민**정부 **취**임 이후 **대설주**의보 발령

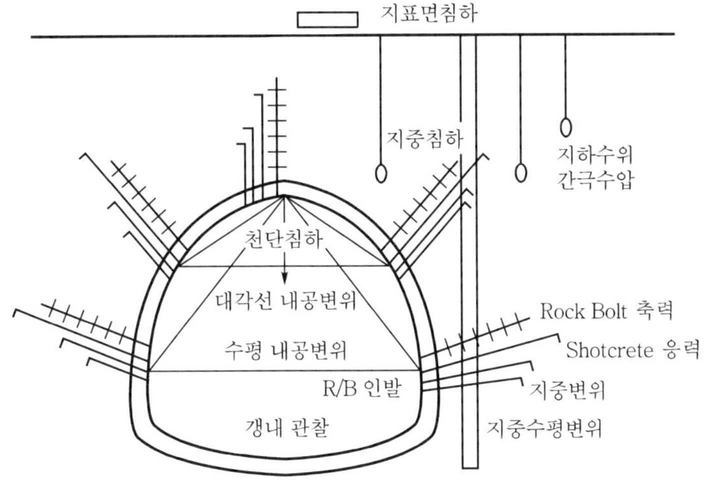

4) 콘크리트

- Lining Concrete
- Invert Concrete

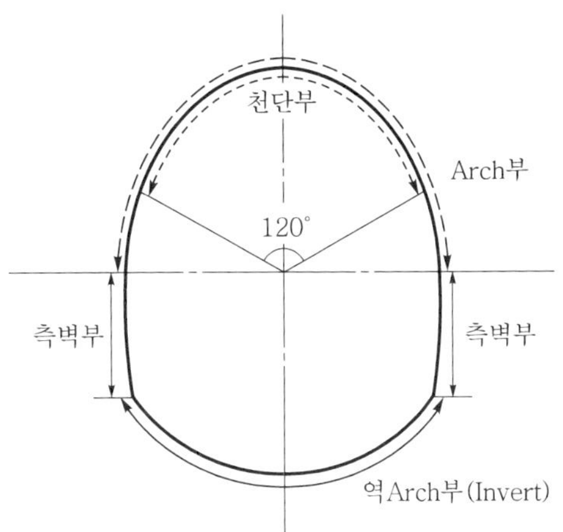

※ Invert Concrete

목적
- 구조(구조적 안정) : □ < △ < ○
- 적용지반 : 연약지반
- 시공방법 : 조기에 폐합(원형화)

5) 방수

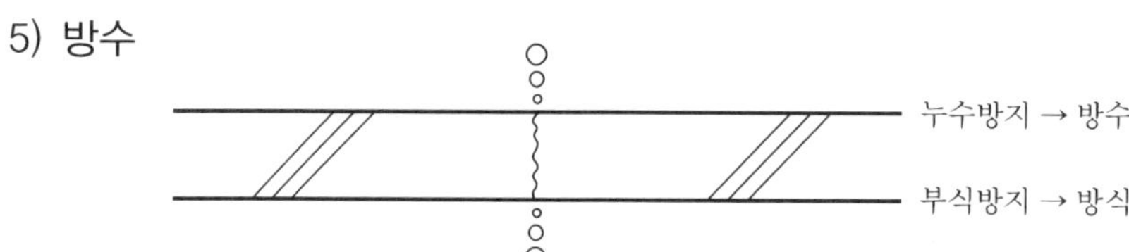

① 공법

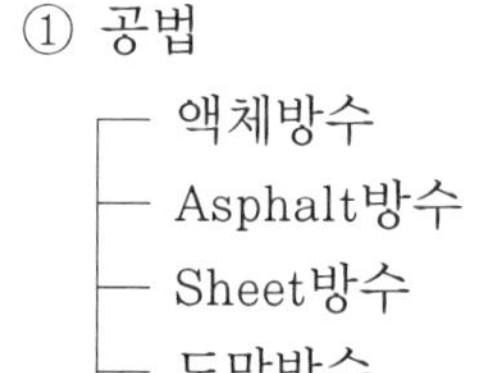

> **Memory**
> - **아(A)침**에 **액**면가로 **시(She)도**하라.
> - **액체 아스팔트**로 만든 **Sheet**에 **Paint(도막)**를 **침투**시켜라.

② 시공순서

구 분	교면방수	지하구조물방수	터널방수
선작업	상부구조(Slab 타설)	구조물 축조	굴착+암반보강
바탕면 처리	청소, 면처리, 바탕면처리	청소, 면처리, 바탕면처리	물처리, Shotcrete 요철정리, Rock Bolt 두부정리
Prime Coating	Asphalt방수	Asphalt방수	Fleece(부직포) 배수층 / 방수층 보호 ─ 고정장치 (Randelle)
방수작업	Sheet 도막 침투식	Asphalt계 Sheet방수 ↓ 보호모르타르 ↓ 보호벽돌(고압 스티로폼)	Asphalt계 Sheet방수 접합 Test(이음부) 공기 물 진공
후작업	교면포장	되메우기	Con'c 타설

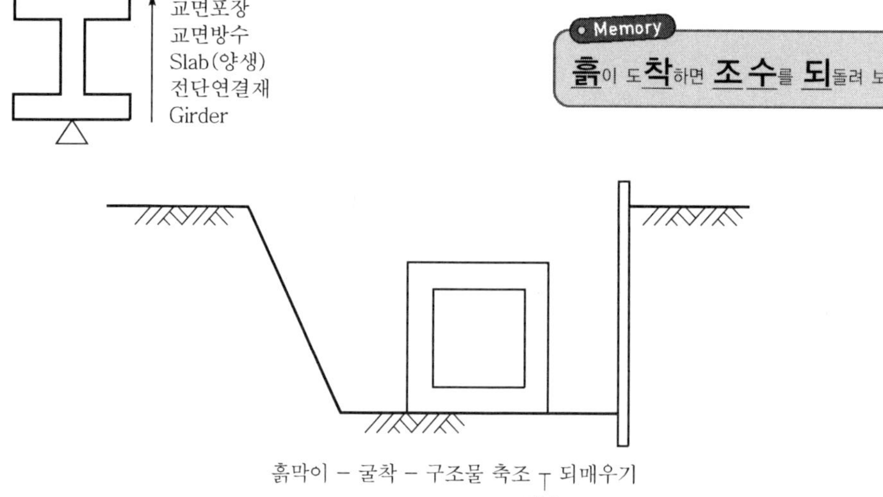

> **Memory**
> **흙**이 도**착**하면 **조 수**를 **되**돌려 보내라.

6) 암반보강 – 옹벽과 비교

터 널	옹 벽
Wire Mesh	철근
Steel Rib	거푸집
Shotcrete (급결제 : 조기강도) ─ 재료 / 배합 / 시공	콘크리트
Rock Bolt	지반보강 Anchor

※ Shotcrete

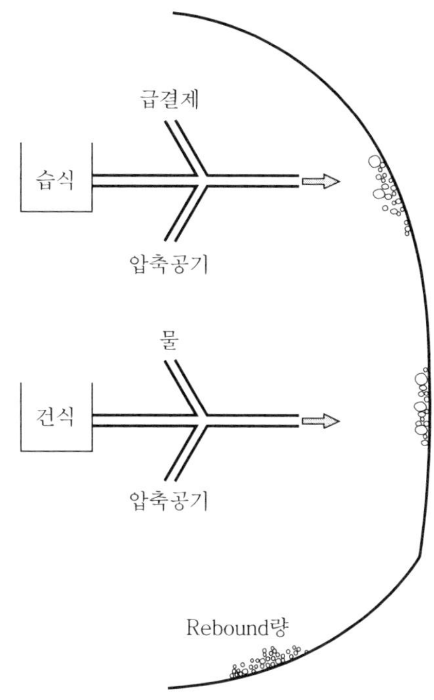

① 재료 : 급결제

② 배합

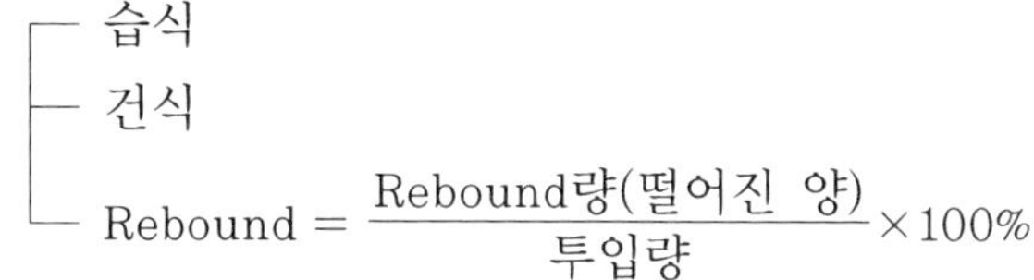

③ 시공

- 물처리
- 배합
- 기계위치
- 거리
- 각도
- 압
- 두께
- 순서
- 간격

밑에서 위로

〈시공순서〉

7) 발파

① 발파영향요소

- 암질
  - 암반(Rock Mass) – 굴착
  - 암석(Rock) – 발파
- 자유면
- 폭약(뇌관)

② 암반

㉠ 정의 : 불연속면을 포함한 자연상태의 암

㉡ 불연속면

- 단층(Fault)
- 절리(Joint)
- 단층대(Fault Zone)
- 파쇄대(Fracture Zone)

Memory
- 단 절은 파 단과 같은 말이다.
- 단 단한 파를 소금에 절여라.

㉢ 암반분류(공학적 분류)

- 절리간격
- 균열계수
- 풍화정도
- RQD
- RMR
- Muller
- Ripperability
- Q-System

Memory
- 열 화 간격을 알(R)려면 M R R System이 필요하다.
- 절구통(균 풍)에 곡식이 알알(R R)이 무(Mu)리(Ri) 지는 쿠(Q)나.
- 절에 균열이 가서 바람(풍)이 알알(R R)이 무(Mu)리(Ri) 지어 오는 쿠(Q)나.
- 절에 가는 도로에 균열과 풍화가 알알(R R)이 무(Mu)리(Ri) 지는 쿠(Q)나!

㉣ 굴착공법

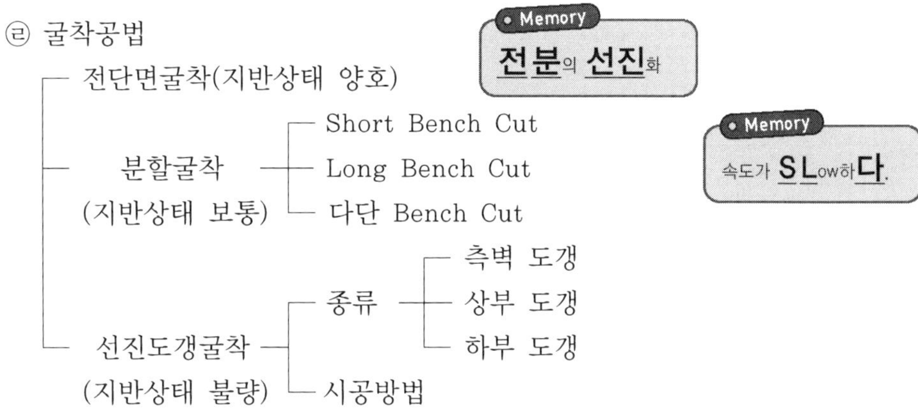

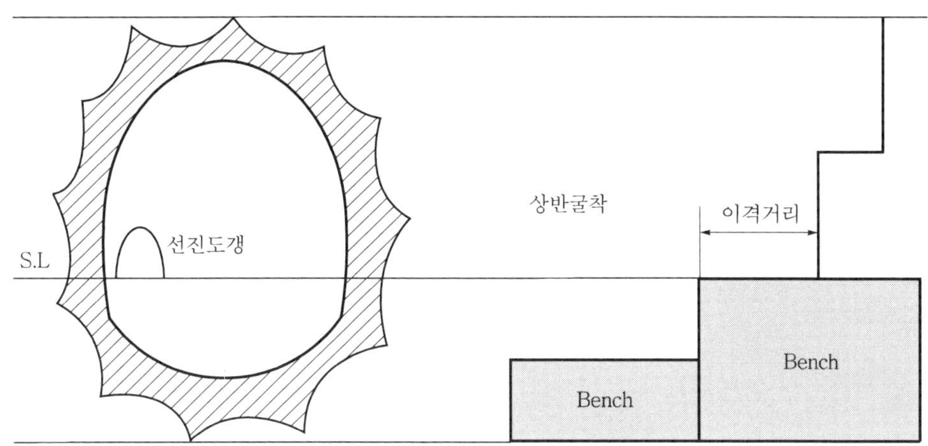

㉤ 굴착방법

㉥ 굴착기계

- 전단면 : TBM, Shield, 점보드릴
- 부분단면 : Shovel계 굴착기계

③ 자유면(심빼기, 심발공, V-Cut, Burn Cut)

㉠ 정의 : 발파 시 공기에 노출된 면

㉡ 자유면 확보공법

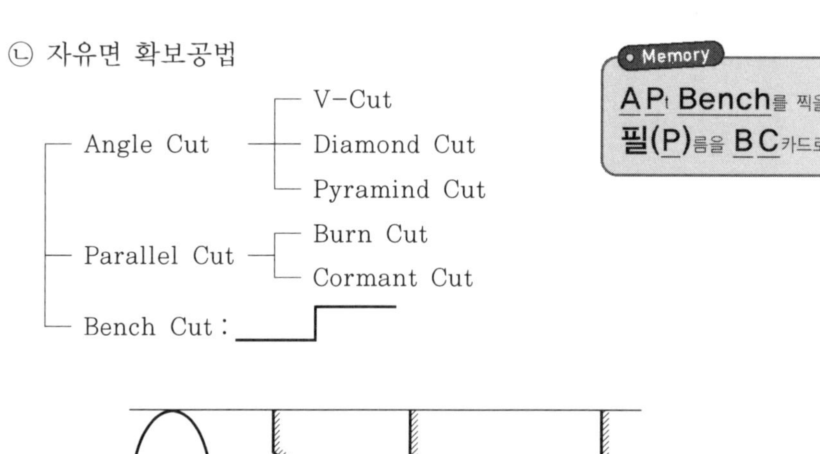

Memory

A **P**t **Bench**를 찍을 **V**i**D**eo **필(P)**름을 **B** **C**카드로 사라.

V-Cut　Burn Cut　Bench Cut

④ 뇌관

㉠ 종류

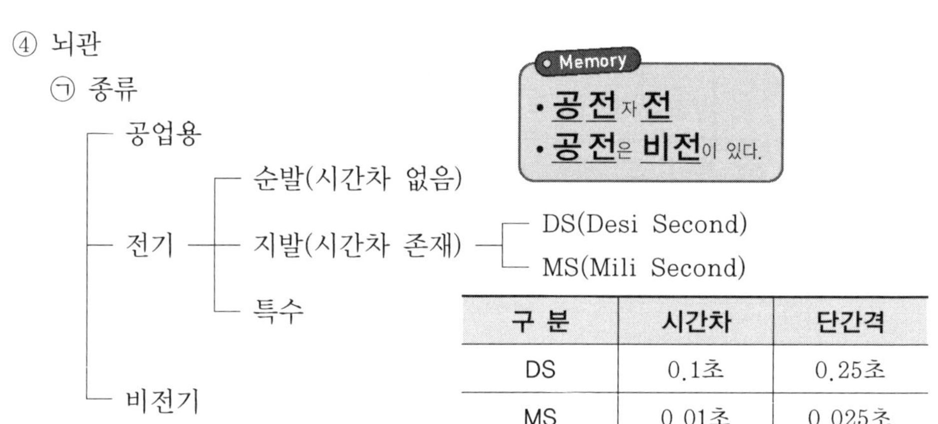

Memory

• **공** **전**자 **전**
• **공** **전**은 **비전**이 있다.

구 분	시간차	단간격
DS	0.1초	0.25초
MS	0.01초	0.025초

㉡ 구성

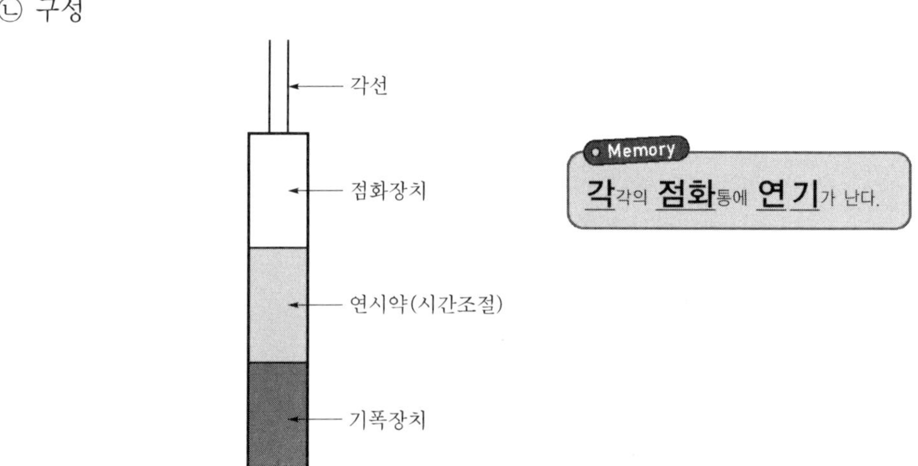

Memory

각각의 **점화**통에 **연** **기**가 난다.

㉢ 발파 실례

> **Memory**
> **천 장**에 떨어진 **직 격**탄을
> **전 자 저 항**으로 **누 드(D)**시켜라.

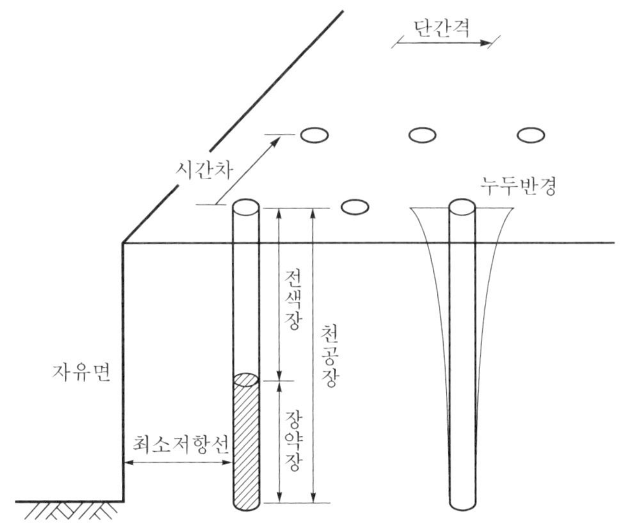

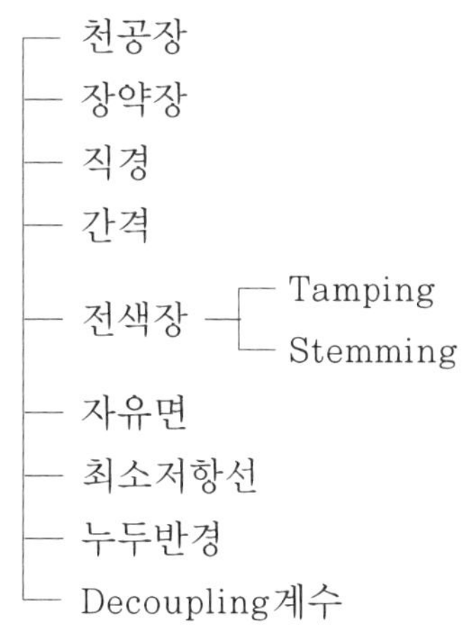

㉣ 조절발파(제어발파, Control Blasting)

> **Memory**
> • **L P**G Tank를 **쓰(S)**리**쿠(Cu)**션 해버려라.
> • **L P**G 가스 **구(Cu)**멍이 **샌(S)**다.

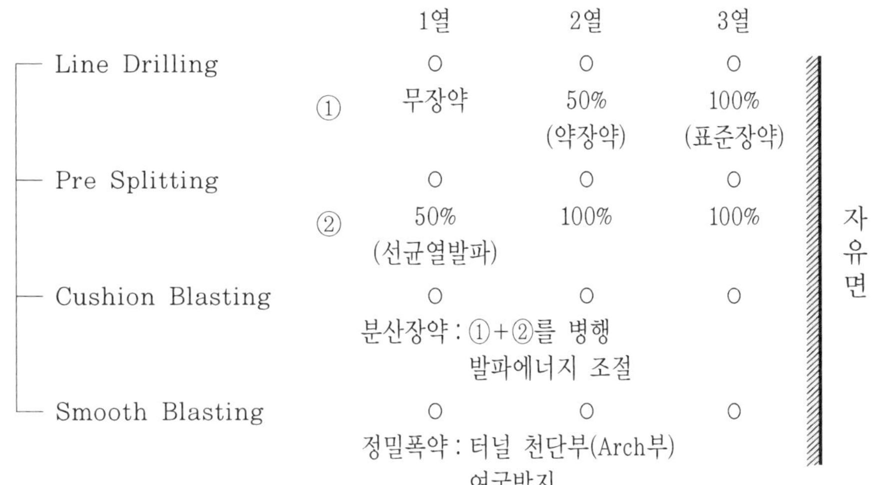

8) 버럭처리

① 버럭처리 순서

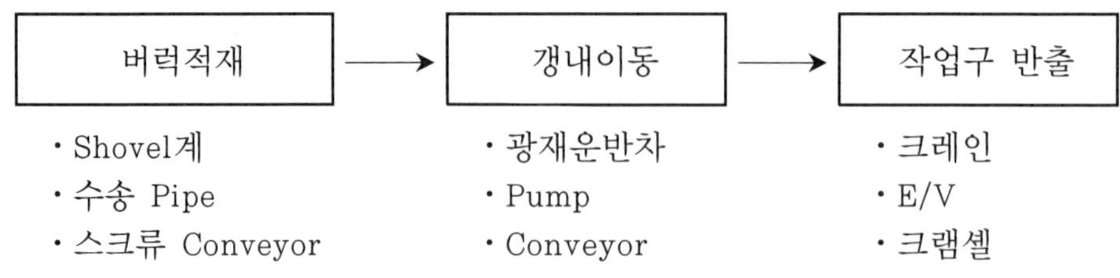

② 버럭처리 시간

Cycle Time = 일일처리량 (굴진속도, 거리, 굴착토질) + 운반차용량 (방식, 대수)

9) 갱구(문)

① 정의 : 터널의 입출구에 설치하는 구조물

② 종류

- 면벽식
- 돌출식

③ 기능(역할, 필요성)

토사구간
물
암구간
옹벽
Sliding
면벽식
돌출식

④ 작업구(수직구, 환기구, 재료 투입구)

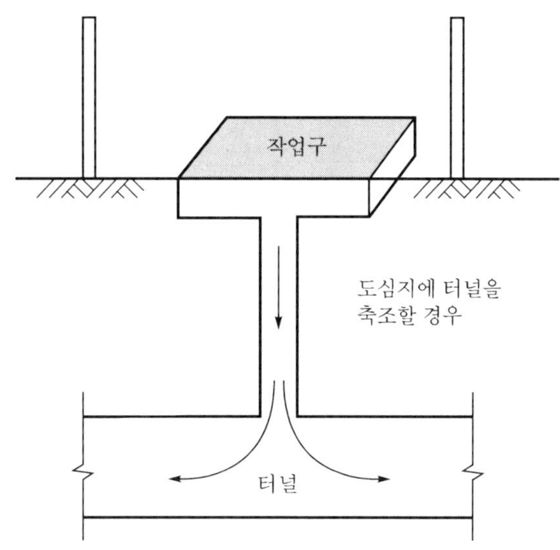

〈수직갱과 사갱의 특징 비교〉

구 분	수직갱	사 갱
준비기간	길다.	짧다.
구배	90°	7~14°
연장	짧다.	길다.
운반시간	짧다.	길다.
버력 반출능력	단속적으로 작다.	벨트 컨베이어 이용 시 크다.
작업성	굴착과 복공 연속작업 가능	굴착과 복공 작업의 병행이 가능하나 능률 저하
출수의 영향	크다.	작다.
안전관리	중요	약간 중요

5 도심지 터널, 인접 터널

1) 문제점(시공 시 유의사항)

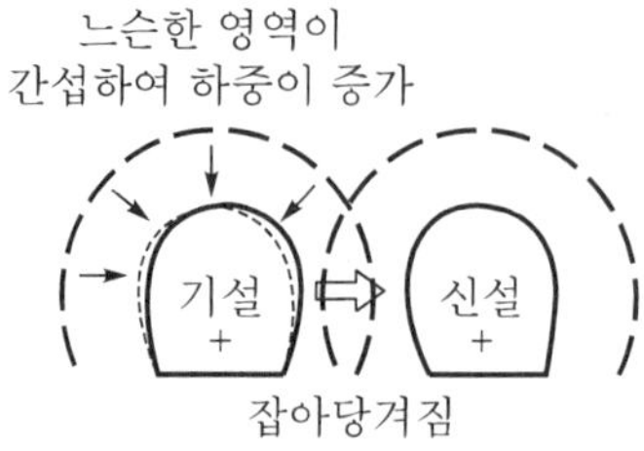

느슨한 영역이
간섭하여 하중이 증가
기설
신설
잡아당겨짐

〈주변 지반응력의 이완〉

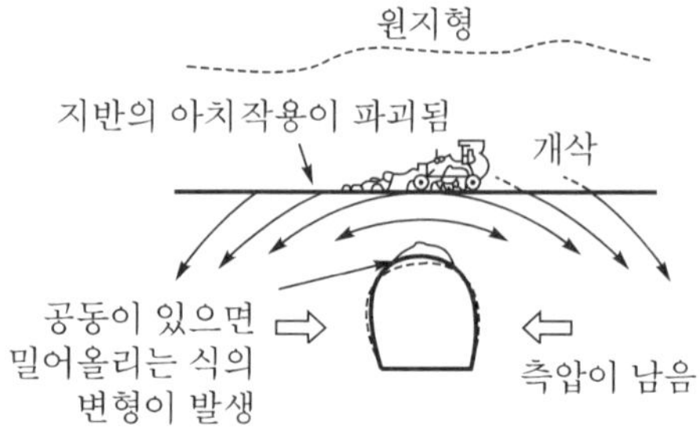

원지형
지반의 아치작용이 파괴됨
개삭
공동이 있으면
밀어올리는 식의
변형이 발생
측압이 남음

〈Arching 효과 저하〉

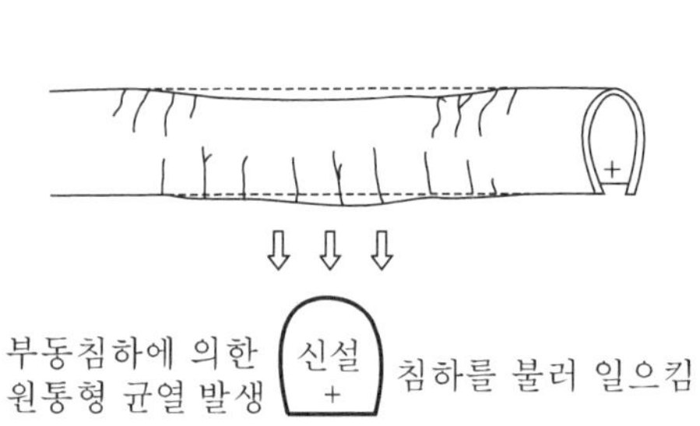

부동침하에 의한
원통형 균열 발생
신설
침하를 불러 일으킴

〈기초터널의 침하〉

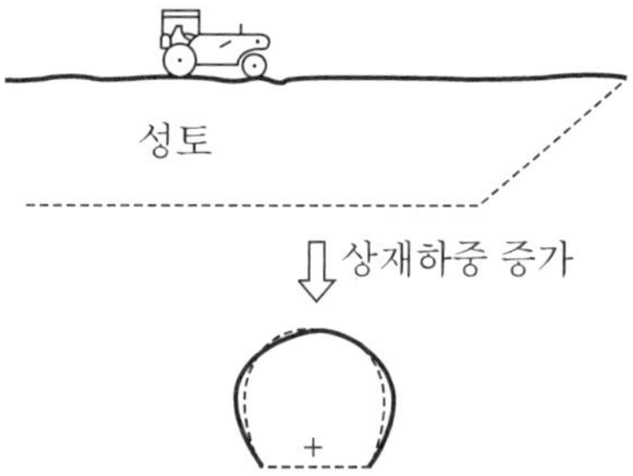

성토
상재하중 증가

〈복공 작용하중 증가〉

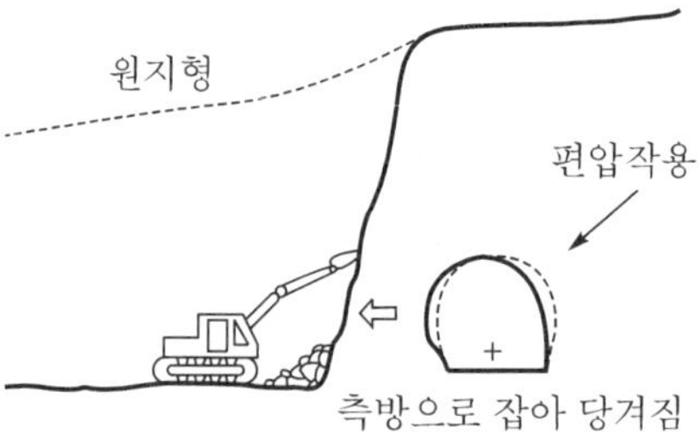

원지형
편압작용
측방으로 잡아 당겨짐

〈편압작용〉

발파
균열 발생
복공조각 낙하

〈라이닝 파손〉

2) 대책

- 지반보강
- 압성토
- 보강 콘크리트
- Soil Nailing, Rock Anchor
- 배면 뒤채움

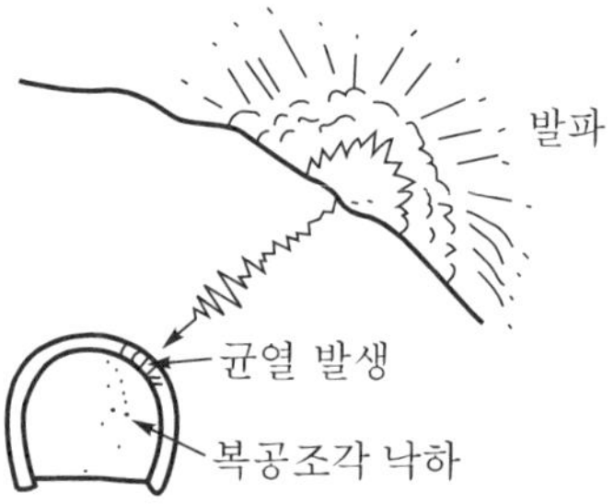

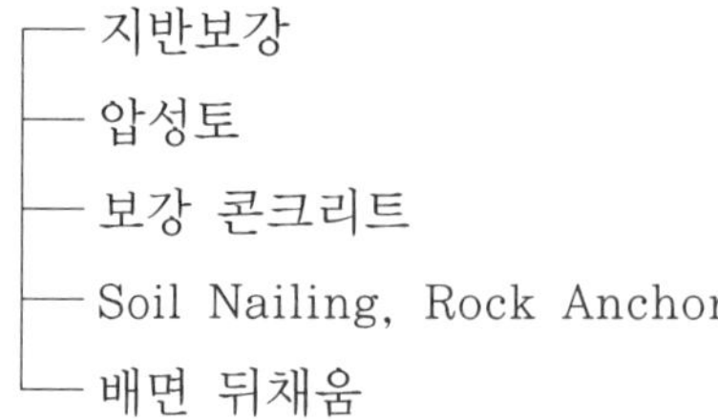

제7장 댐

- 그대가 죽지 않는 궁극의 이유 -

우리의 머리털 하나까지 세인 바 되었고 참새 한 마리도
주의 허락 없이 떨어지지 않는다는 말씀이 생각난다.
나는 1,300명의 나환자 성도들이 사는 곳에서 신학을 가르친 일이 있었다.
내 피부를 보고 기적 같이만 느껴졌다.
어느 소경이 이야기를 들은 적이 있다.
단 3분 동안만이라도 하늘과 초원과 꽃을 보고,
아내의 얼굴과 아기의 미소를 본다면 죽어도 한이 없겠다고 했다.
내가 소경이 아닌 것 하나만으로도 평생 못다 감사 하겠다고 생각했다.
하루에도 30만 명이 지구상에서 죽어가는데
내가 죽지 않는 것이 30만분의 1의 기적이며,
궁극의 이유는 하나님이 죽지 않게 한 것이다.
내가 소경이 아닌 궁극의 이유도 하나님이 그렇게 하신 것이다.
내가 예수를 주라 부르고 하나님을 아버지라 불러
그의 자녀가 된 것이 내가 태어난 일보다
더 큰 기적 중의 기적 같이만 느껴진다.

제7장 댐

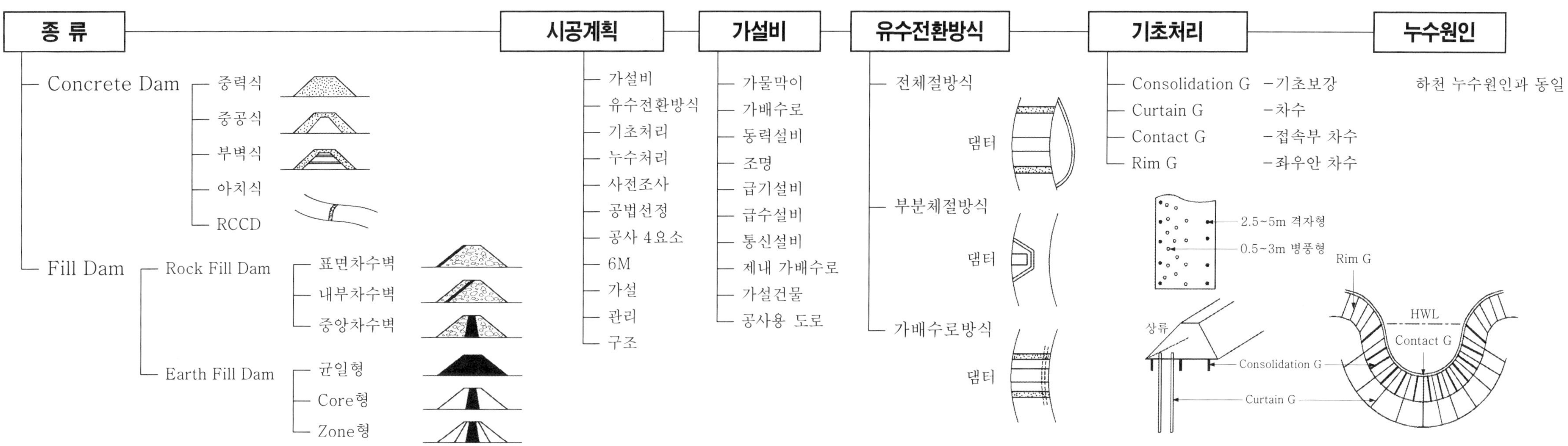

종 류
Concrete Dam
중력식
중공식
부벽식
아치식
RCCD
Fill Dam
Rock Fill Dam
표면차수벽
내부차수벽
중앙차수벽
Earth Fill Dam
균일형
Core형
Zone형
시공계획
가설비
유수전환방식
기초처리
누수처리
사전조사
공법선정
공사 4요소
6M
가설
관리
구조
가설비
가물막이
가배수로
동력설비
조명
급기설비
급수설비
통신설비
제내 가배수로
가설건물
공사용 도로
유수전환방식
전체절방식
댐터
부분체절방식
댐터
가배수로방식
댐터
기초처리
Consolidation G －기초보강
Curtain G －차수
Contact G －접속부 차수
Rim G －좌우안 차수
2.5~5m 격자형
0.5~3m 병풍형
상류
Consolidation G
Curtain G
Rim G
HWL
Contact G
누수원인
하천 누수원인과 동일

제 7 장 댐

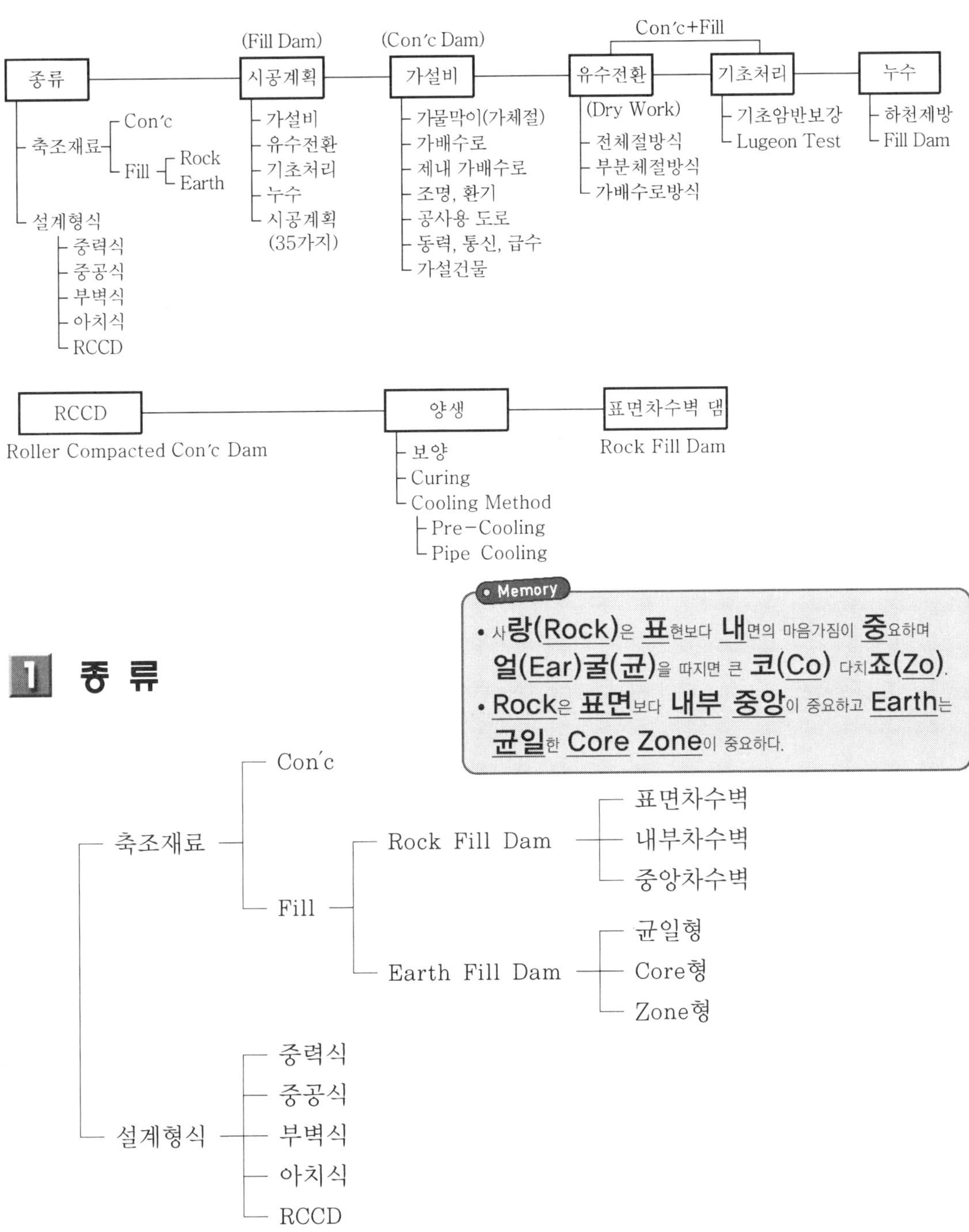

(Fill Dam)
(Con'c Dam)
Con'c+Fill
종류
시공계획
가설비
유수전환
기초처리
누수
축조재료
Con'c
Fill
Rock
Earth
설계형식
중력식
중공식
부벽식
아치식
RCCD
가설비
유수전환
기초처리
누수
시공계획 (35가지)
가물막이(가체절)
가배수로
제내 가배수로
조명, 환기
공사용 도로
동력, 통신, 급수
가설건물
(Dry Work)
전체절방식
부분체절방식
가배수로방식
기초암반보강
Lugeon Test
하천제방
Fill Dam
RCCD
Roller Compacted Con'c Dam
양생
보양
Curing
Cooling Method
Pre-Cooling
Pipe Cooling
표면차수벽 댐
Rock Fill Dam
Memory
• 사랑(Rock)은 표현보다 내면의 마음가짐이 중요하며 얼(Ear)굴(균)을 따지면 큰 코(Co) 다치죠(Zo).
• Rock은 표면보다 내부 중앙이 중요하고 Earth는 균일한 Core Zone이 중요하다.

1 종 류

축조재료
Con'c
Fill
Rock Fill Dam
표면차수벽
내부차수벽
중앙차수벽
Earth Fill Dam
균일형
Core형
Zone형
설계형식
중력식
중공식
부벽식
아치식
RCCD

2 시공계획

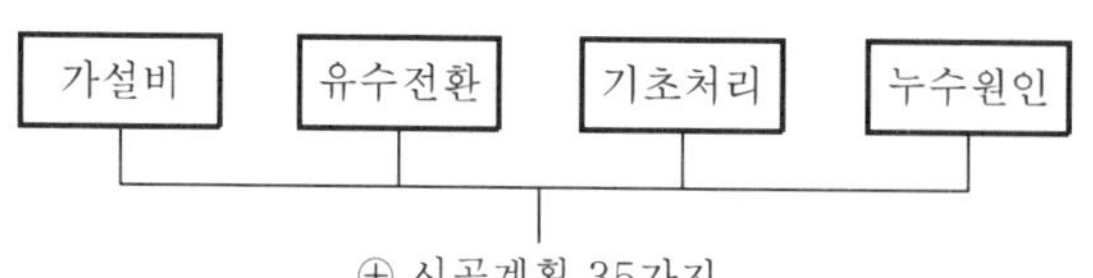

Memory
- 초대가수가 누구인가요?
- 기초처리는 누가 시공하나유?

3 가설비

Memory
가급적 제가 동조해야 통과(가)됩니다.

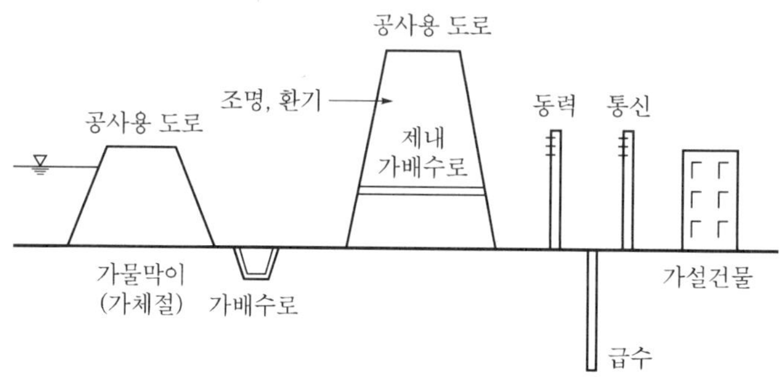

4 유수전환방식

Memory
- 이것이 유수전환방식의 전부가?
- 전부가 가수네!

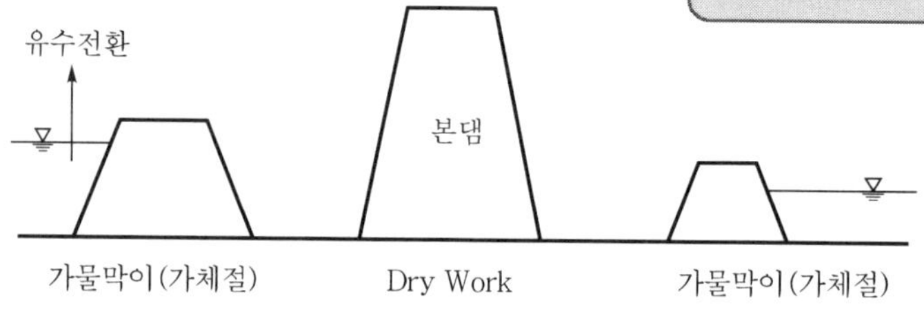

종류 / 특징	전체절방식	부분체절방식	가배수로방식
도해	물, 상부체절 (공사용 도로), 댐 터, 가배수 터널, 하부체절	가물막이, 댐 터, 하천분할	가배수로, 상부체절, 댐 터, 하부체절
정의	가배수터널	하천분할	가배수로
시공방법	전면적인 시공가능	분할시공	분할시공

종 류 / 특 징	전체절방식	부분체절방식	가배수로방식
공기	길다.	짧다.	짧다.
공사비	비싸다.	싸다.	가장 저렴하다.
공정	둑마루를 공사용 도로	제약	제약
유량	적은 곳	많은 곳	많은 곳
하폭	좁다.	넓다.	넓다.

• Memory

• 지질학은 굴착 후 암반 처리공법이 중요하므로 Grouting 결과가 기대(Da)된다.
• 지질학은 굴착 후 암반 처리공법이 중요한데 Grouting 결과가 다(Da)냐?

5 기초처리

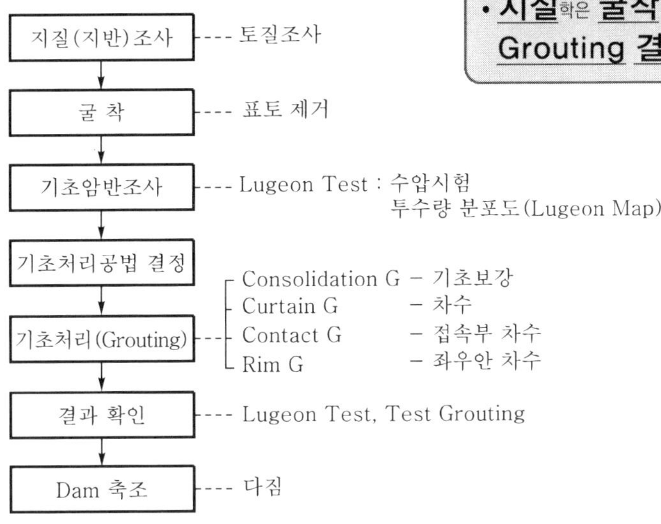

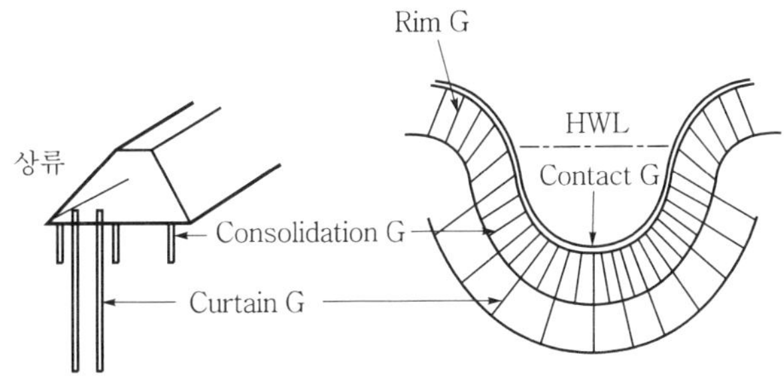

1) Lugeon Test

① 목적

- 수압시험
- 투수량 분포도(Lugeon Map)

② $1Lu=\dfrac{Q}{PL}[L/min \cdot m \cdot MPa]=\dfrac{10Q}{PL}[L/min \cdot m \cdot kgf/cm^2]$

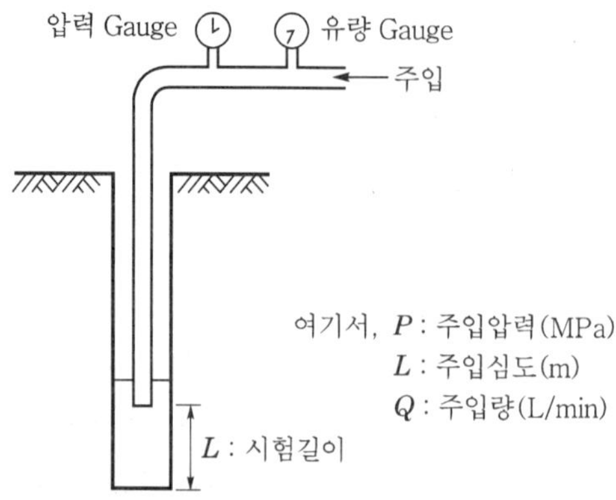

2) 기초처리(Grouting)

종 류 / 특 징	Consolidation G	Curtain G
목적	보강	차수
시공방법	전면적인 시공	댐축방향 상류
주입공 배치	격자형(2.5~5m)	병풍형(10~30m)
주입심도	얇은 심도(5~10m)	깊은 심도(댐높이/최대수심)
주입압	• 1차(저) : 0.3~0.6MPa • 2차(고) : 0.6~1.2MPa	• 정압주입(0.5~1.5MPa)
개량목표	• 중력식 : 5~10Lu • Arch : 2~5Lu	• Con'c : 1~2Lu • Fill : 2~5Lu

3) 시공방법

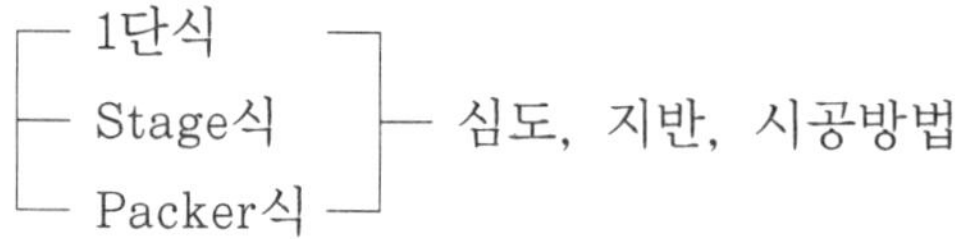

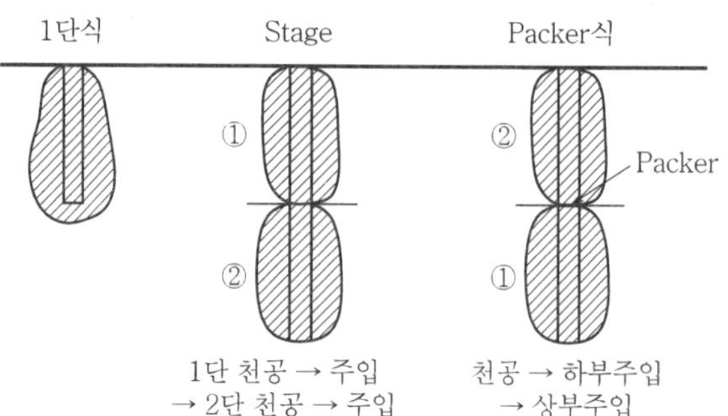

6 누 수(원인과 대책)

> • Memory
> • **사설**학원은 **시**에서 **환경유지**를 한다.
> • **유사환경 시설**물

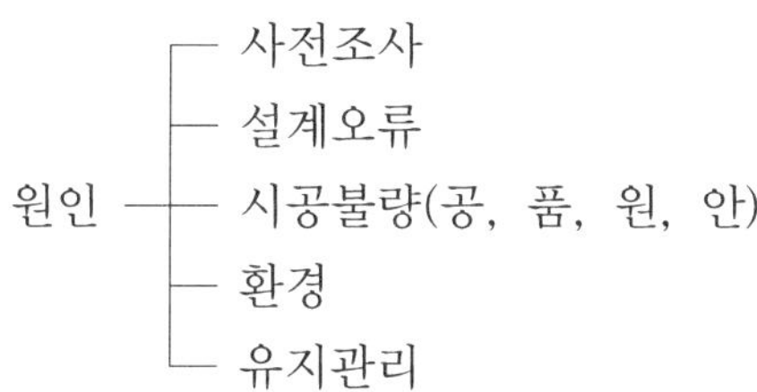

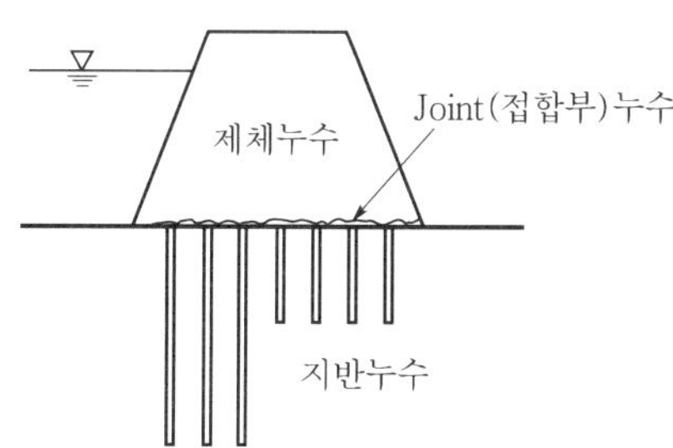

7 RCCD(Roller Compacted Concrete Dam)

1) 양생(보양, Curing)

① Pre-Cooling ┐
② Pipe Cooling ┘— Cooling Method

2) Pre-Cooling Method(예냉공법)

① 정의
② 종류 : 배합수, 시멘트, 골재
③ 특징
④ 유의사항

3) Pipe Cooling

① 정의
② 특징(양생방법) : 직경, 간격, 길이, 배치
③ 통수방법 : 온도, 순서
④ 냉각재 : 물, 공기
⑤ 유의사항

8 표면차수벽

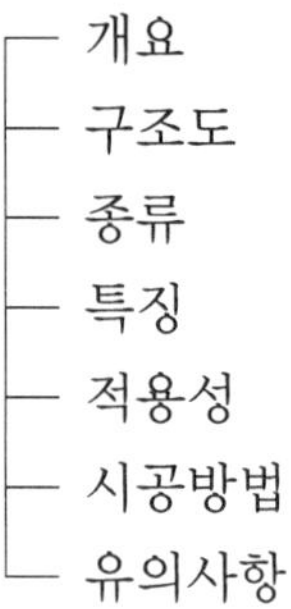
개요
구조도
종류
특징
적용성
시공방법
유의사항

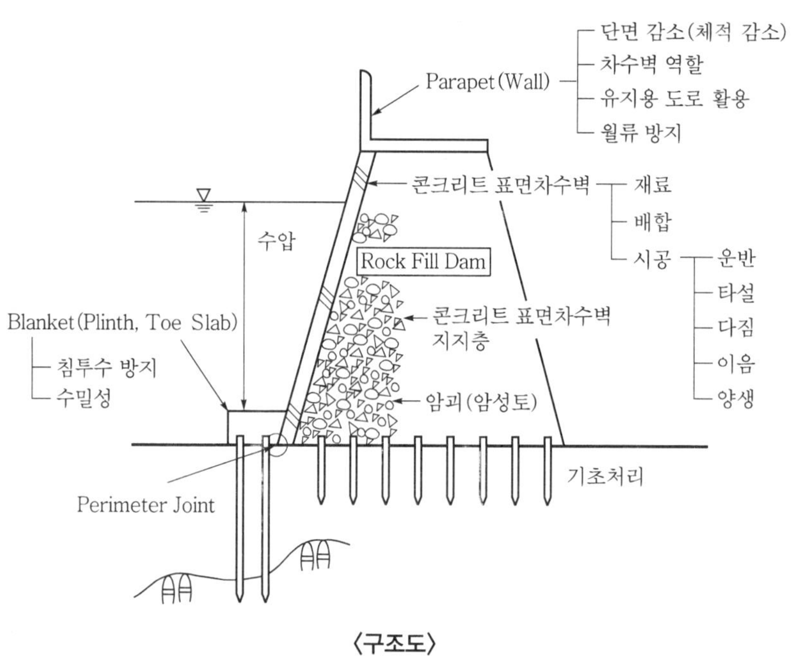
Parapet(Wall)
단면 감소(체적 감소)
차수벽 역할
유지용 도로 활용
월류 방지
콘크리트 표면차수벽
재료
배합
시공
운반
타설
다짐
이음
양생
수압
Rock Fill Dam
콘크리트 표면차수벽 지지층
Blanket(Plinth, Toe Slab)
침투수 방지
수밀성
암괴(암성토)
기초처리
Perimeter Joint

〈구조도〉

제8장 항 만

- 죽음의 영점(零點)에 서 보라 -

죽음의 철학자 하이데커의 말을 빌리지 않더라도 삶이란 죽음과 얼굴을 맞대고 있다.

① 반드시 죽는다.

② 언제 죽을지 아무도 모른다. 삶의 길이는 하나님의 절대 비밀인 것이다.

③ 인생은 이 세상에 홀로 왔다 홀로 죽어 간다.
누구도 대신 할 수가 없고, 집단 자살을 하더라도 각자의 죽음이 따로 따로다.

④ 살고 있는 사람은 한 사람도 예외 없이 다 죽음이란 종점을 향해 가고 있다.

⑤ 삶이 절대 나의 것이듯 죽음도 먼 남의 것이 아닌 절대 나의 것이다.
나는 나의 장례식 꿈을 꾼 일이 있다. 하관식이 끝나고 식구들이 헌토를 할 때 깨어났다.
관 속에 있던 나, 그 때 나는 가장 가난한 마음의 0점에서 내 양심과 내세와 하나님 앞에
피 묻은 예수의 십자가를 붙잡았다.

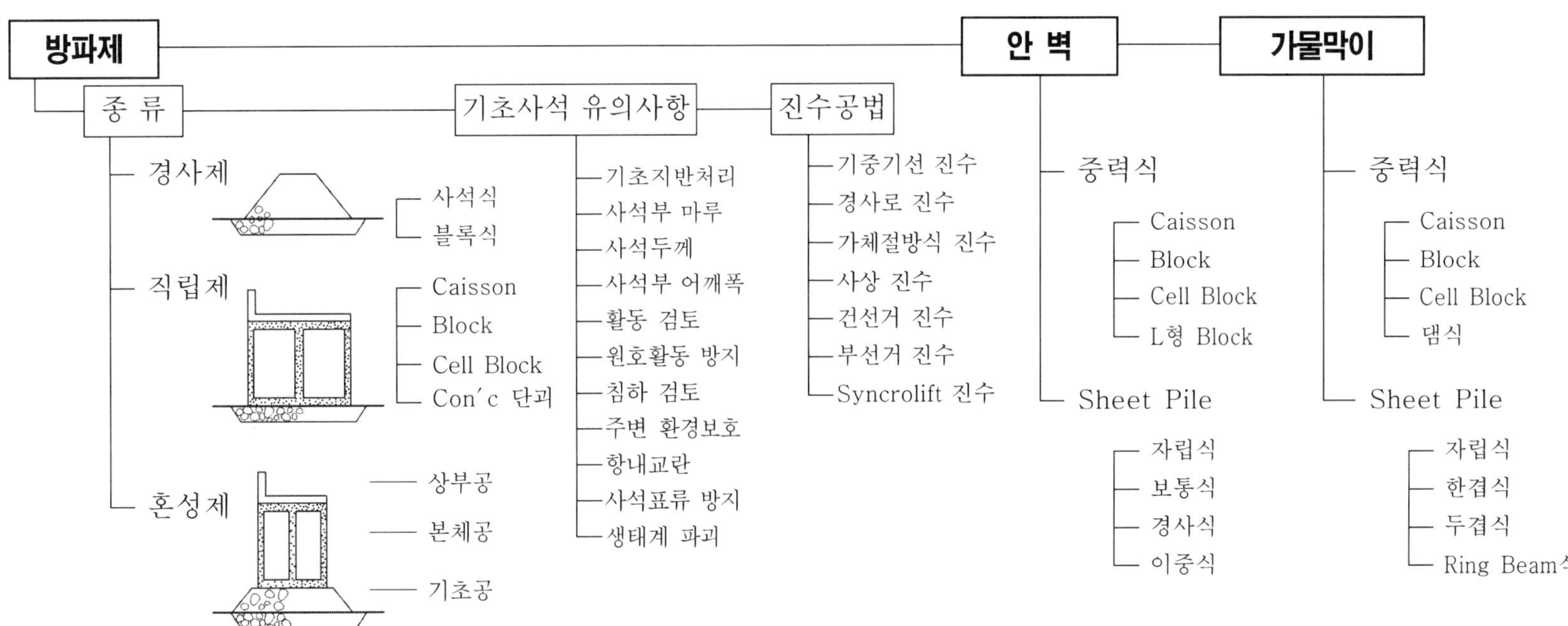

방파제
종 류
경사제
사석식
블록식
직립제
Caisson
Block
Cell Block
Con´c 단괴
혼성제
상부공
본체공
기초공
기초사석 유의사항
기초지반처리
사석부 마루
사석두께
사석부 어깨폭
활동 검토
원호활동 방지
침하 검토
주변 환경보호
항내교란
사석표류 방지
생태계 파괴
진수공법
기중기선 진수
경사로 진수
가체절방식 진수
사상 진수
건선거 진수
부선거 진수
Syncrolift 진수
안 벽
중력식
Caisson
Block
Cell Block
L형 Block
Sheet Pile
자립식
보통식
경사식
이중식
가물막이
중력식
Caisson
Block
Cell Block
댐식
Sheet Pile
자립식
한겹식
두겹식
Ring Beam식

제 8 장 항 만

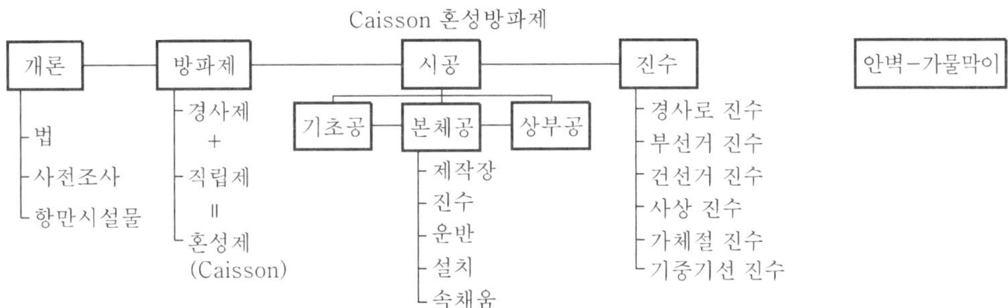

1 개 론

1) 법

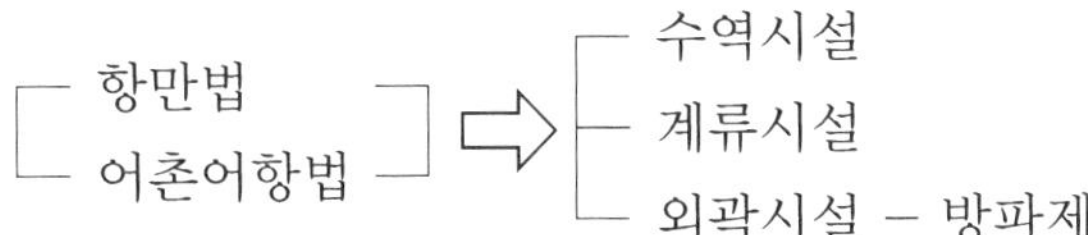

2) 사전조사 - 시공계획 35가지

3) 항만시설물

- 방파제 : 항구
- 방조제 : 해안제방
- 안벽, 계선안, 계류장, 선착장, 물양장, Dolphin : 접안시설
- 갑문시설 : 수문

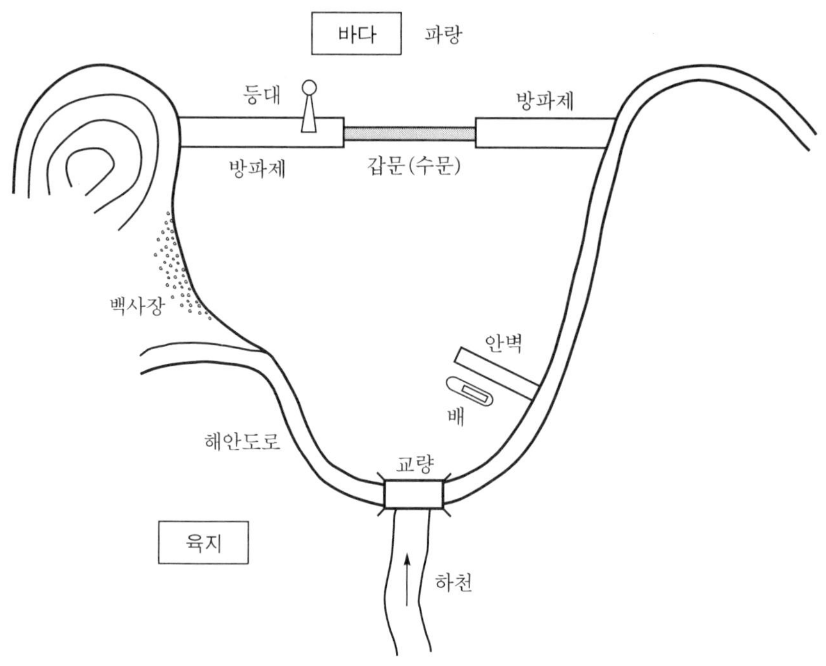

2 방파제

1) 설치목적

- 파랑 방지
- 토사이동 방지
- 토사유출 방지
- 토사유입 방지

Memory
- **파랑**색의 **토사**가 **이동**하면서 **출입**하네!
- **출입**문이 **파이**다.

2) 종류

구 분 \ 종 류		경사제	+ 직립제	= 혼성제
단면		장판지	+ 장판지	= 장판지
분류		• 사석식 • 블록식	• Caisson • Block • Cell Block • Con'c 단괴	• 상부공 • 본체공 • 기초공
특징	단면형	제형	직립	혼성
	파랑파도	흡수	반사	반사
	연약지반	부적합	적합	적합
	수심	얇은 곳	깊은 곳	깊은 곳
유의사항		사전조사, 공법 선정, 사석기초, 안전성 검토, 세굴 방지공, 공사 5요소		

3) 유의사항

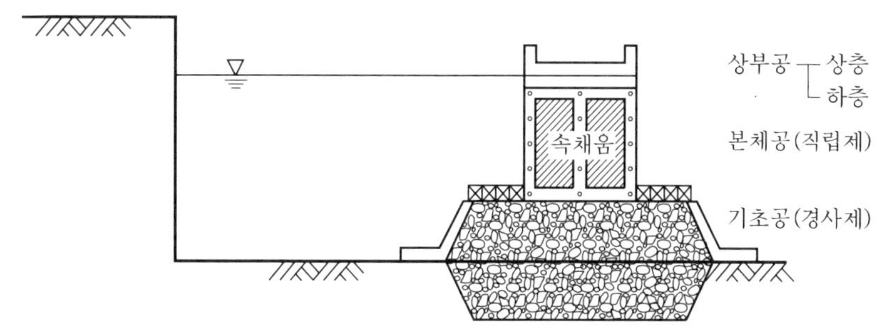

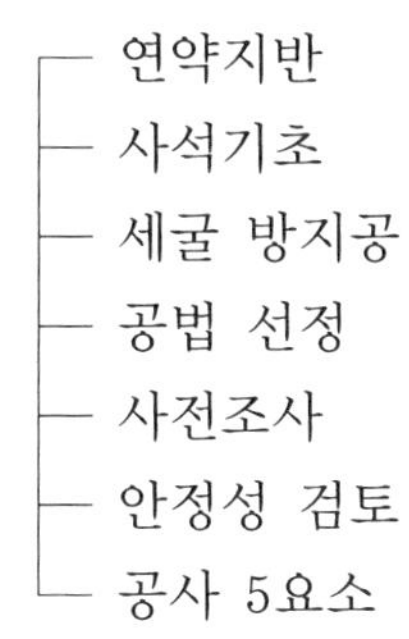

Memory
- 이 **연사**는 **세**상에서 **공법 사전**이 가장 **안**전하다고 **공**언합니다.
- **연약지반**에서 **사석기초**가 **세굴 방지**에 효과적이다.
- **연세**대를 **사**라! 절대 **안사**!

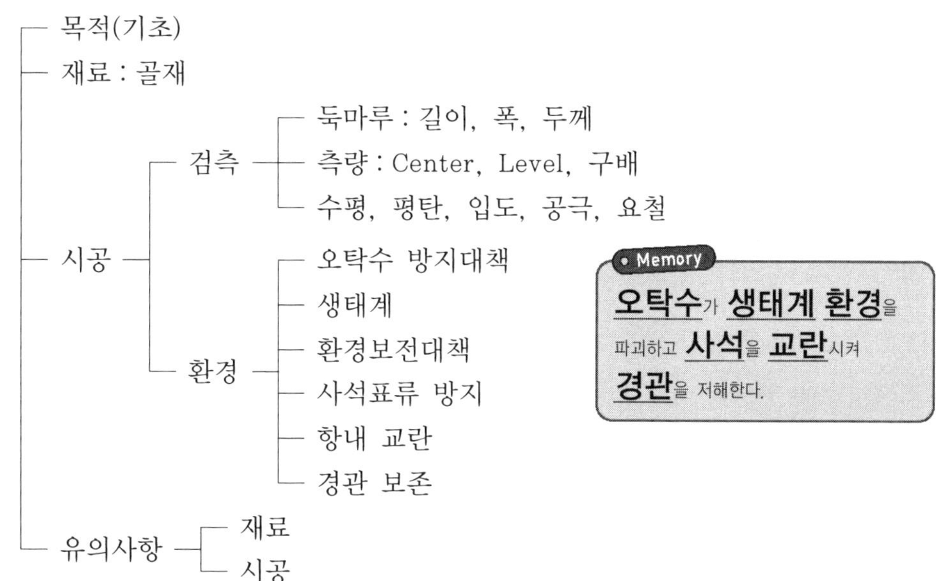

② 세굴 방지공

- 재료 : 사석
- 사면
  - 구배
  - 소단
- 세립토 : Mat
- 소파 Block(이형, 근고, 소파)

> • Memory
> **제(재)사**에도 **소**비**세**를 부가하자!

〈Tetra Pod〉

〈Cube Block〉

〈중공삼각블록〉

③ 공사관리 5요소

- 공정관리
- 품질관리
- 원가관리
- 안전관리
- 환경관리

3 진수공법

> • Memory
> **죄(제)진**놈이 **운반**한 Caisson을 **설치**했는데 ….
> 아! **속**았구나

Caisson을 물에 내리는 작업

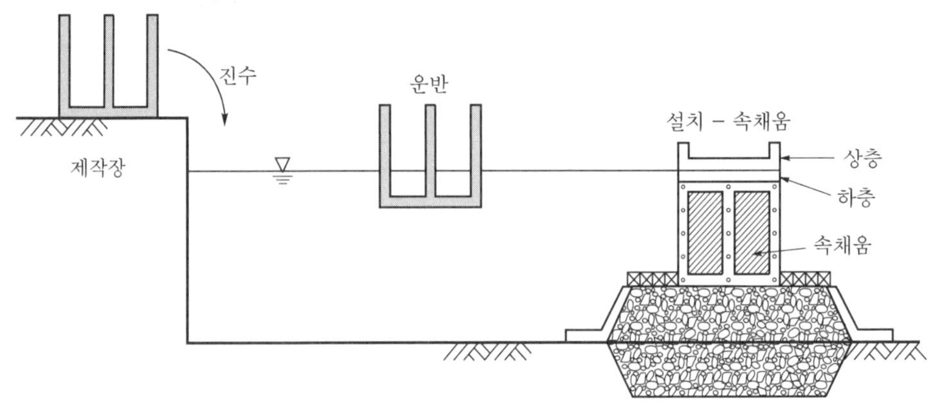

- 경사로 진수 : 경사로
- 부선거 진수 : 물에 띄운
- 건선거 진수 : Dock
- 사상 진수 : 모래지반
- 가체절 진수 : 가물막이
- 기중기선 진수 : 해상 Crane

Memory
경부선에서 **사가기**

1) 제작장

교량 : ILM 제작장, 터널 : 작업구(Shield, TBM)

- 부지(공간, 확보)
- 지내력(지지력)
- 배수 원활
- 장비, 설비
- 측량(구배)
- 품질, 안전, 환경

Memory
부지배인의 **장구**

2) 진수

- 파손
- 전도
- 변형
- 안전
- 편심

Memory
- **파전**의 **형**태를 보니 **안심**이다!!
- 공산당 **패(파)잔(전)병(변)**을 보니 **편안**하구나!

3) 운반

- 해상
- 기상조건
- 사면
  - 위치
  - 거리
  - 시간
- 파손, 변형, 전도, 편심, 안전

Memory
해상의 **조건**을 보니 **사면**이 **파손**되어 **변형**되었다.

4) 설치

- 가거치
- 부상
- 본거치

Memory
가치 있는 **부**를 **본**받아라.

5) 속채움

- 재료
- 즉시 시행

6) 하층(덮개 Con'c)

- 즉시 시공
- 유실 방지

7) 상층(상부 Con'c, 상치 Con'c)

— 침하 완료 후 시공

8) 침매공법(하저터널)

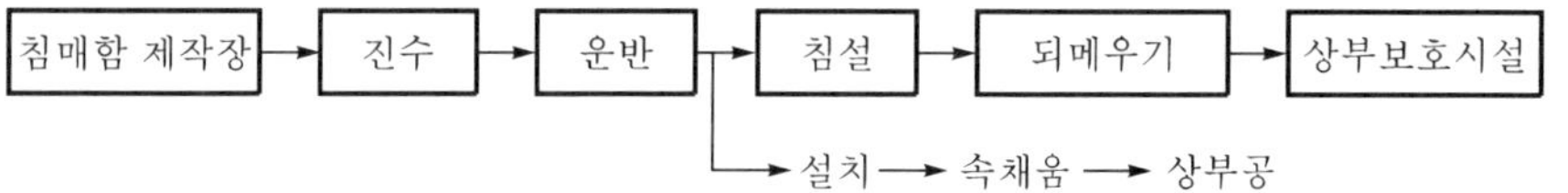

4 안벽-가물막이(가체절, Cofferdam)

배가 접안할 수 있는 시설물

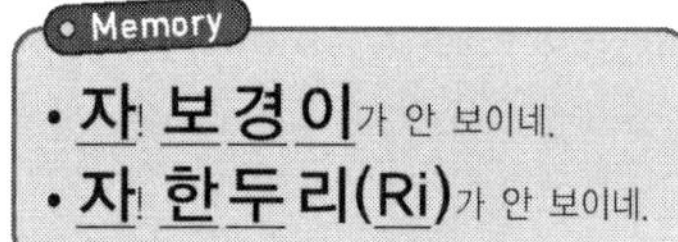

1) Sheet Pile

구 분	안 벽	가물막이
Sheet Pile (널말뚝식, 버팀대식) ↑ 흙막이	자립식 보통식 경사식 이중식	자립식 한겹식 두겹식 Ring Beam식

H-Pile+토류판(토류벽) + Wale+Strut

Sheet Pile　　Ring Beam식(원형 단면)

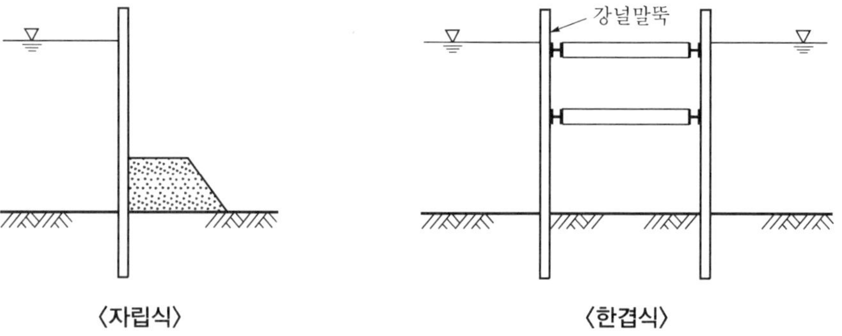

〈자립식〉　〈한겹식〉

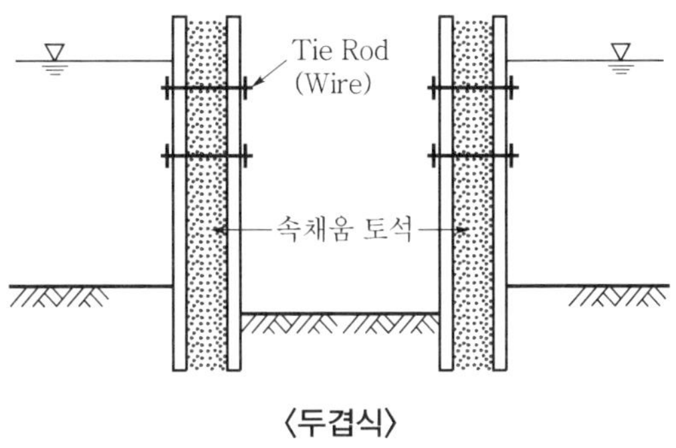

〈두겹식〉

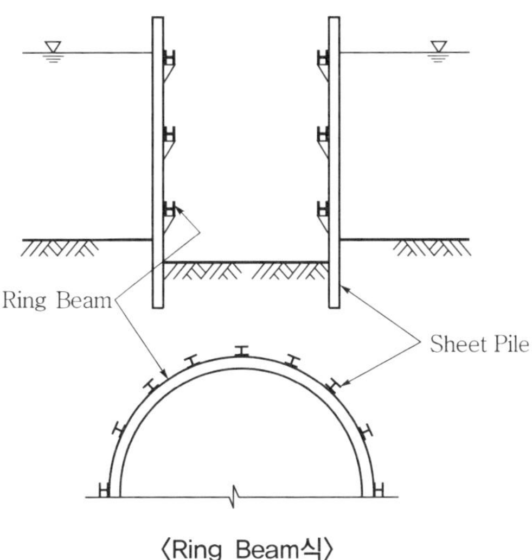

〈Ring Beam식〉

2) 중력식

구 분	공법 선정				공사 3요소			연약지반	수 심
	시공성	경제성	안정성	수밀성	공 정	품 질	원 가		
Caisson									
Block									
Cell(L형) Block									

Caisson —분할/추가장비→ Block, Cell(L형) Block

• Memory

- 애(L)인이라도 시시비(CCB)비를 가려야 한다.
- 카(Ca)블(Bl)면 토량환산계수 L과 C로 가라.

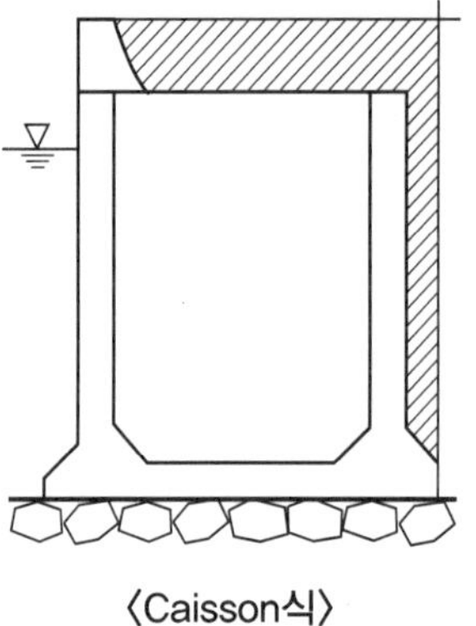

〈Caisson식〉

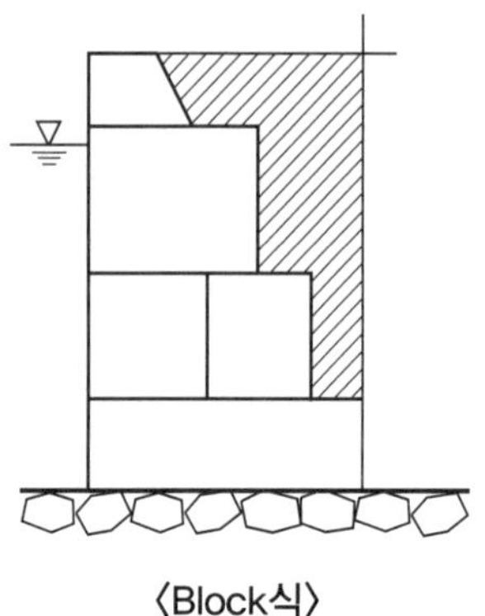

〈Block식〉

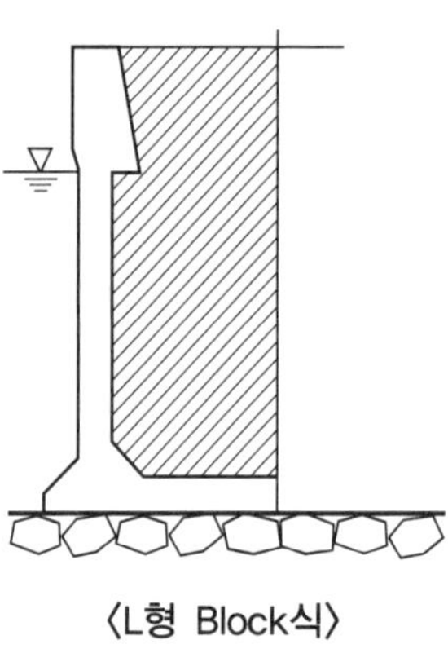

〈L형 Block식〉

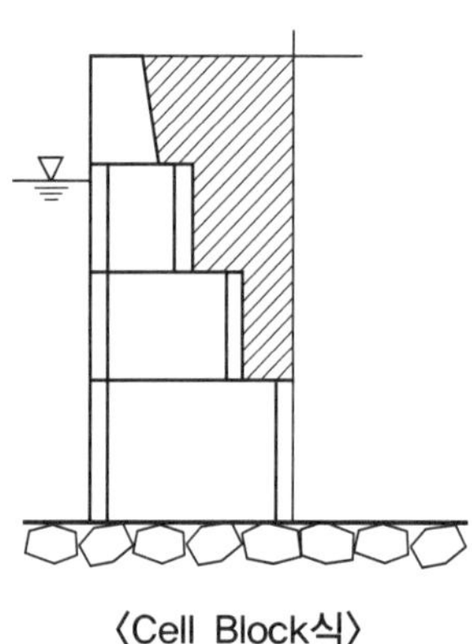

〈Cell Block식〉

제9장 하 천

제9장 하 천

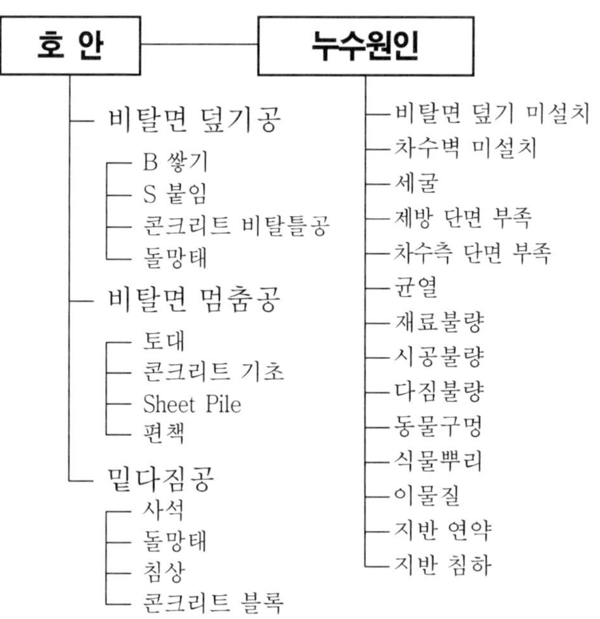
호 안
누수원인
비탈면 덮기공
B 쌓기
S 붙임
콘크리트 비탈틀공
돌망태
비탈면 멈춤공
토대
콘크리트 기초
Sheet Pile
편책
밑다짐공
사석
돌망태
침상
콘크리트 블록
비탈면 덮기 미설치
차수벽 미설치
세굴
제방 단면 부족
차수측 단면 부족
균열
재료불량
시공불량
다짐불량
동물구멍
식물뿌리
이물질
지반 연약
지반 침하

제9장 하천

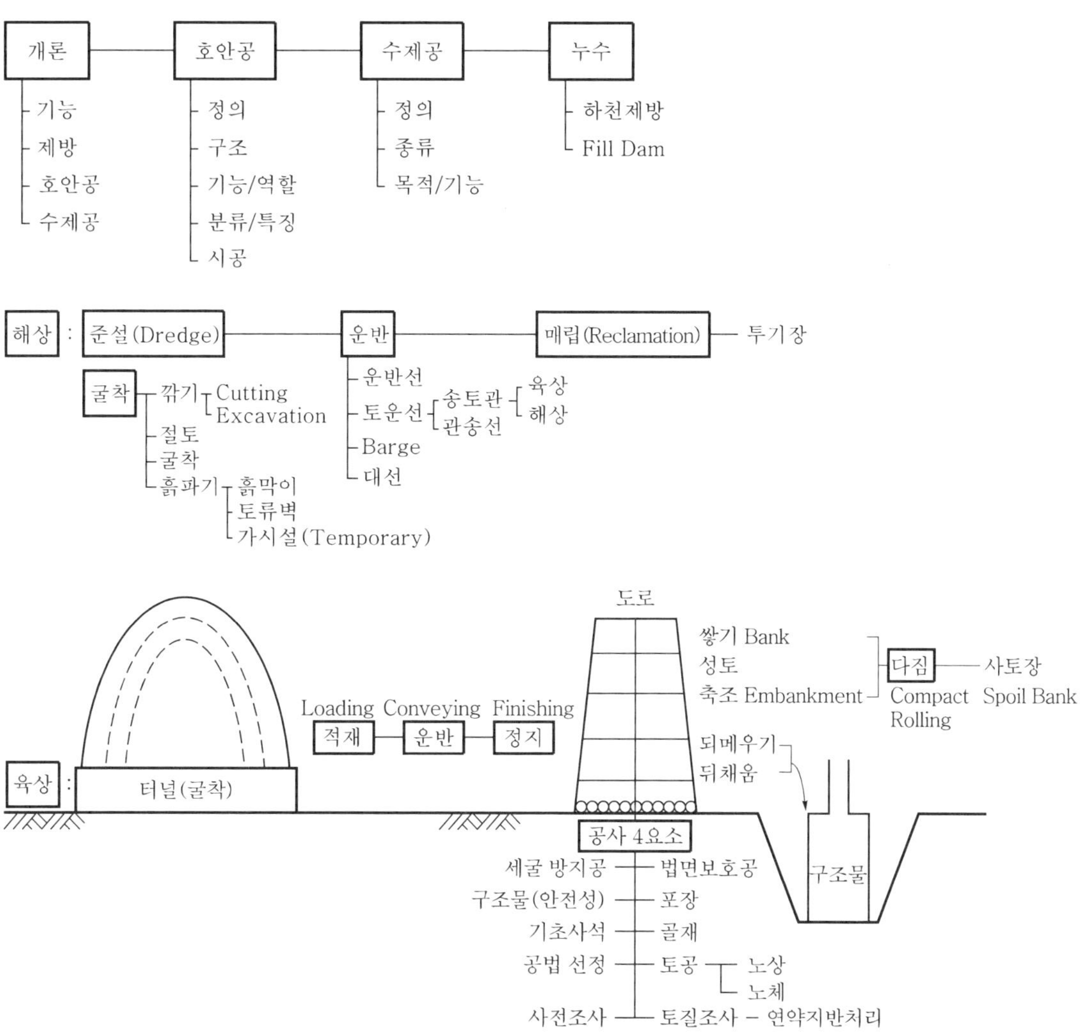

개론
기능
제방
호안공
수제공
호안공
정의
구조
기능/역할
분류/특징
시공
수제공
정의
종류
목적/기능
누수
하천제방
Fill Dam
해상
준설(Dredge)
운반
매립(Reclamation)
투기장
굴착
깎기
Cutting
Excavation
절토
굴착
흙파기
흙막이
토류벽
가시설(Temporary)
운반선
토운선
송토관
관송선
육상
해상
Barge
대선
도로
쌓기 Bank
성토
축조 Embankment
다짐
Compact
Rolling
사토장
Spoil Bank
Loading
Conveying
Finishing
적재
운반
정지
되메우기
뒤채움
육상
터널(굴착)
구조물
공사 4요소
세굴 방지공
구조물(안전성)
기초사석
공법 선정
사전조사
법면보호공
포장
골재
토공
노상
노체
토질조사 – 연약지반처리
〈항만〉
〈도로〉

1 개 론

1) 기능

① 이수(利水) : 물을 이용

② 치수(治水) : 물을 다스림

③ 환경(環境)

> **Memory**
> • **이 치 환**과 벗님들
> • 하천은 **이 치**에 맞는 **환경**을 조성한다.

2) 제방(둑마루, Levee)

① 제방의 종류

> **Memory**
> • **놀 부 가 본 분**을 잃고 **유(윤)월**에 **역 도**를 샀다.
> • **본 부**에 근무하는 **놀**부가 **회유(횡 윤)**하니 **월부(분)**로 **역 도**를 샀다.

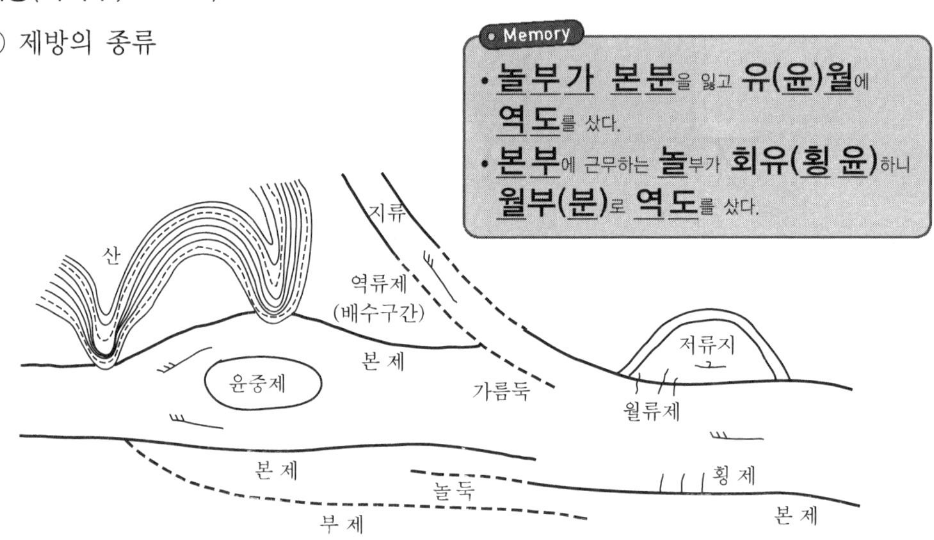

㉠ 본제(Main Levee)
㉡ 부제(Secondary Levee)
㉢ 놀둑(Open Levee)
㉣ 윤중제(둘레둑, Ring Levee)
㉤ 횡제(가로둑, Cross Levee, Lateral Levee)
㉥ 도류제(Guide Levee)
㉦ 분류제(가름둑, Separation Levee)
㉧ 월류제(Overflow Levee)
㉨ 역류제(Back Levee)

② 표준단면도

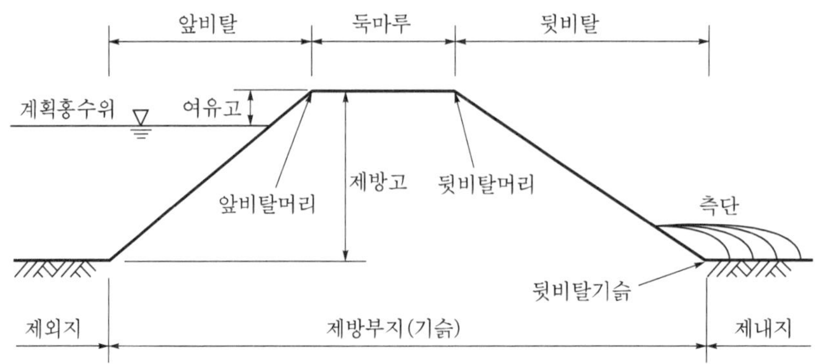

2 호안공(護岸工)

1) 정의

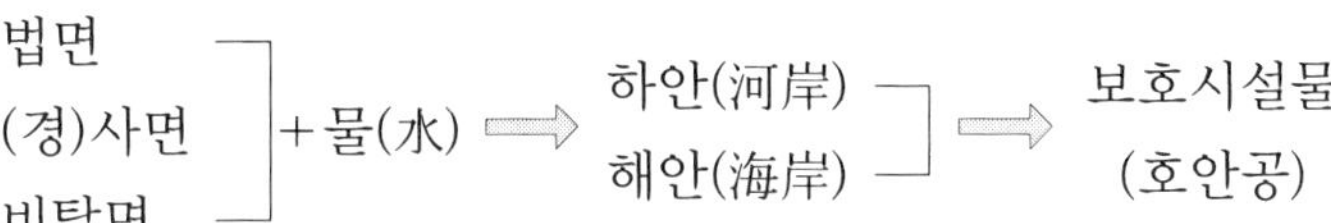

2) 종류

① 위치

> **Memory**
> - **제**발 **고 지**서를 다오.
> - **제방**의 **고 지**가 어디야!
> - **제방 호안**에는 **고 저**호안이 있다.

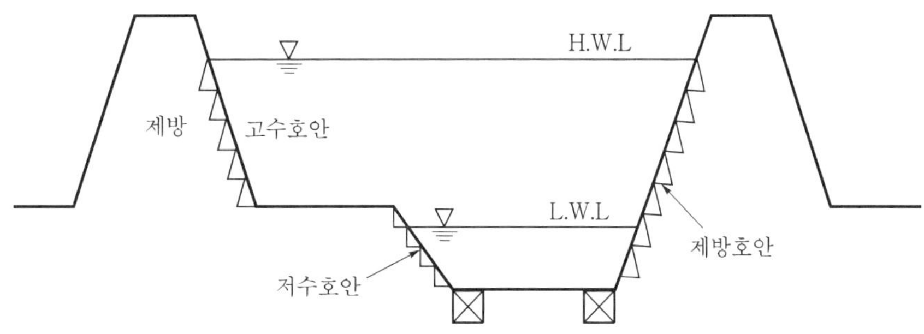

② 구조

> **Memory**
> - **밑**에서 잠깐 **멈**춘 **보호**자를 **덮**쳐라.
> - **밑**에 **멈춤공**을 **덮**어서 **보호**하라.

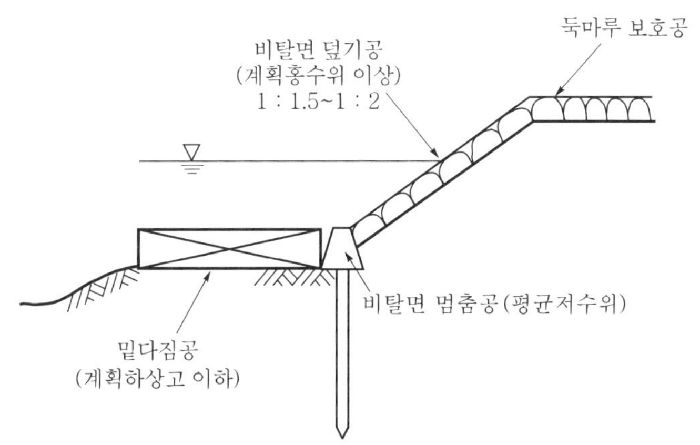

3) 구조별 특징

구 조	기능/역할	분류/특징	시 공
비탈면 덮기공 (피복공)	• 물침투 • 침식/세굴 • 붕괴/파괴	• 돌붙임/쌓기 • Con′c 블록붙임 / 쌓기 • 콘크리트 비탈틀공 • 돌망태공	• (상단)높이 • 두께 • 깊이 • 폭 • 재료 • 시공방법 • 표준구배
비탈면 멈춤공 (비탈면 고정공)	• 비탈면 덮기공 지지 • 안정(활동/침하)	• 사다리 토대 • 콘크리트 기초 • 널판바자공 • 말뚝바자공	
밑다짐공 (기초다짐공)	• 비탈면 멈춤공 지지 • 하상세굴 방지	• 사석공 • 침상공 • Con′c 블록침상공 • 돌침상공	

3 수제공(水制工)

1) 정의

바닥+물(水) ⇨ 하상(河床) / 해상(海床) ⇨ 세굴 방지 ⇨ 보호시설물(수제공)

2) 종류

① 구조
- 투과수제
- 불투과수제
- 혼용법

② 형태
- 횡
- 평형
- 혼용법

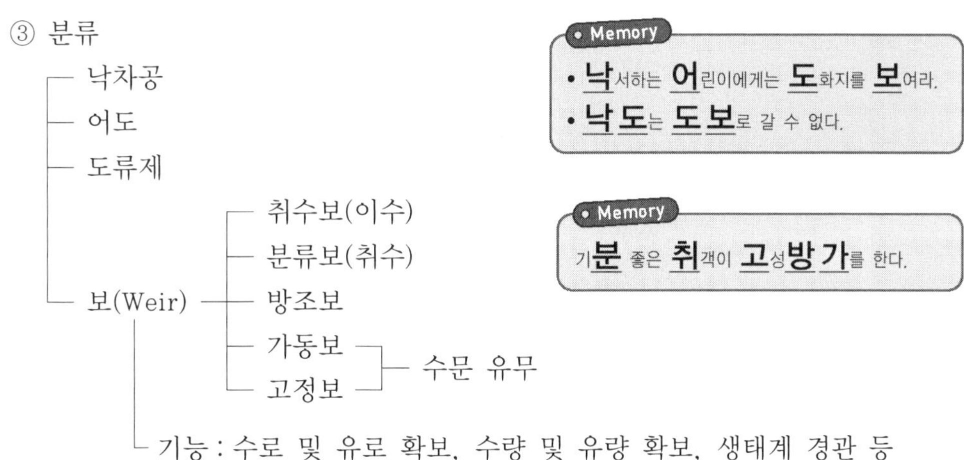

4 누 수

> **Memory**
> 사설공유지의 환경이 좋다.

- 사전조사
- 설계오류
- 공사물량
- 유지관리
- 환경

- 인생의 열쇠 -

'사람은 어디서 와서 어디로 가는 것일까?
황금빛 별 저편에는 누가 사는가?'
이것은 시인 하이네의 물음이다.
이 물음 속에 종교와 철학과 도덕의 물음의 원점이 있는 것 같다.
누가 이 물음에 대답할 수 있단 말인가?
"당신은 당신의 영광을 위하여 나를 지으셨나이다.
그런고로 당신 안에서 쉴 때까지 내게는 평안이 없었나이다.
"이것은 어거스틴의 고백이다. 예수를 모르고는 나도, 하나님도 모른다(파스칼),
예수를 본 자는 하나님을 본다. (요한복음 14장 9절)

제10장 총론

- 제1절 계약제도
- 제2절 공사관리
- 제3절 시공의 근대화
- 제4절 공정관리

- 3,000불짜리 청구서 -

어느 날, 포드 자동차 회사에 갑자기 전기가 중단되었습니다.
갑작스럽게 자동차 생산 라인이 중단되니
큰 손실과 혼란이 일어났습니다.
사내의 모든 기술자를 동원해도 해결이 되지 않자
포드사는 에디슨 전기 회사의 일류 기술자를 급히 불렀습니다.
에디슨 전기 회사의 기술자는 기계를 훑어보더니
십분 만에 수리를 해냈습니다.
그 기술자가 나중에 청구서를 보내 왔는데
3,000불이 청구되었습니다.
십분 만에 3,000불,
우리나라 돈으로 약 320만 원이 청구된 것입니다.
포드사 쪽에서는 좀 심하다는 생각이 들어
상세 내역을 다시 보내 달라고 했습니다.
그랬더니 원인 발견이 2,950불,
수리비 50불이 기재되어 왔습니다.

이것을 보고 포드사에서는 두말 않고
3,000불을 지급했다고 합니다.
진짜 실력은 원인을 발견하는데 있기 때문입니다.
지혜로운 사람은 어느 부분에서 잘못이 일어났는지
그 근원을 파악하려고 애씁니다.
같은 죄나 잘못을 반복하지 않으려는 것입니다.
이러한 회개는 죄를 이기는 힘이 있고,
나를 이기는 힘이 있고,
사탄을 이기는 힘이 있습니다.

내 갈 길을 밝혀 주는 지혜가 회개 속에 있습니다.
그리고 주님이 주시는 사명의 길이 회개를 통해 주어집니다.
진정한 회개, 영적 생활의 핵심이 바로 여기에 있습니다.

- 「아름다운 인생을 위한 치유행전」 / 김형준 -

제10장 제1절 계약제도

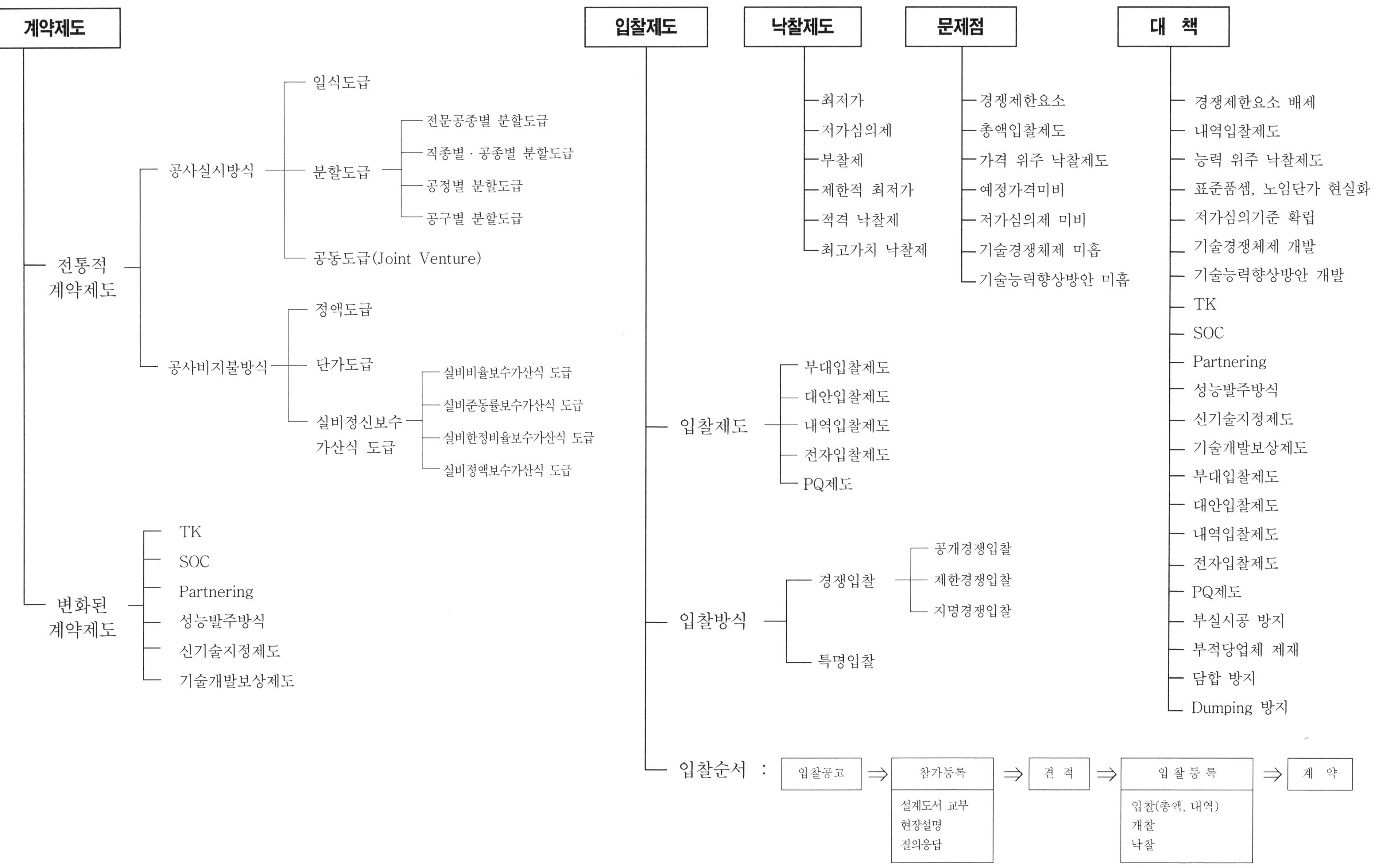

제 1 절 계약제도

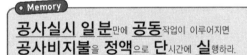

계약제도

1) 계약이란?

복수 당사자가 반대방향의 의사표시의 합치로서 이루어지는 법률행위

2) 건설계약조건

① 상호평등조건

② 의무조건

- 시공사 : 어떤 목적물을 만들 의무
- 발주자 : 대가 지급의 의무

③ 서면작성

3) 분류

• Memory

공사실시 일 분만에 공동작업이 이루어지면 공사비지불을 정액으로 단시간에 실행하라.

① 도급방식

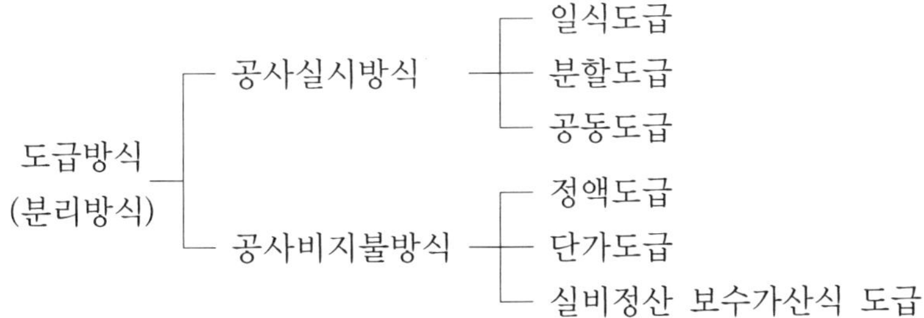

② Turn Key방식(일괄방식)

③ CM방식

④ SOC방식

⑤ Partnering방식

• Memory

Turn Key씨(C)와 SP를 원해요.

1 도급방식

1. 일식도급

1) 정의

하나의 공사 전부를 도급자에게 맡겨 노무 · 재료 · 기계 · 현장시공 업무 등 일체를 일괄하여 시행하게 하는 도급방식

2) 특징

장 점	단 점
• 계약과 감독 수월 • 전체공사의 원활한 진척 • 확정적인 공사비 • 하도급자 선택 용이 • 책임한계 명료 • 가설재의 중복이 없어 공사비 절감	• 발주자의 의향이 충분히 반영되지 않음. • 도급업자의 이윤이 가산되어 공사비가 증대함. • 말단 노무자의 지불금이 적어져 조잡한 공사가 우려됨.

2. 분할도급

1) 정의

공사를 여러 유형으로 세분하여 각기 따로 전문 도급업자를 선정하여 도급계약을 맺는 도급방식

2) 특징

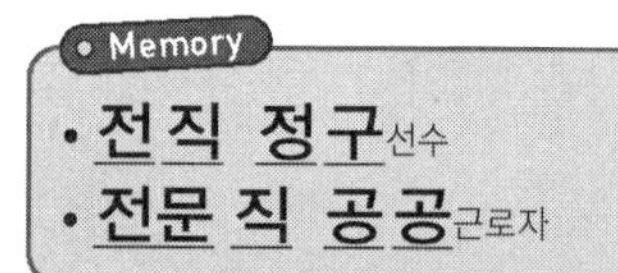
Memory
• 전직 정구선수
• 전문 직 공공근로자

전문 공종별 분할도급	시설공사 중 설비공사(전기 · 난방 등)를 주체공사에서 분리하여 전문 공사업자와 직접 계약하는 방식
직종별 · 공종별 분할도급	전문직별 또는 각 공종별로 도급을 주는 방식으로 직영제도에 가깝고 총괄 도급자의 하도급에 많이 적용되며, 노무만을 도급 줄 때도 있음.
공정별 분할도급	정지 · 구체 · 마무리 등의 공사를 공정별로 나누어 도급주는 방식
공구별 분할도급	대규모 공사에서 지역별로 공사를 구분하여 발주하는 방식

3. 공동도급(Joint Venture)

1) 정의 : 2개 이상의 회사가 공동출자하여 공사를 수급 및 완공하는 방식

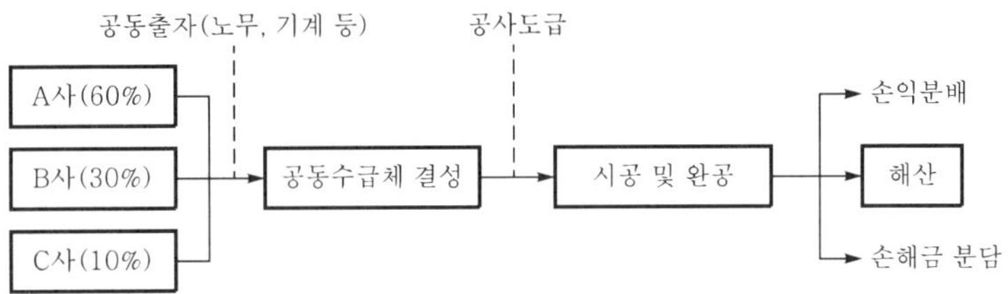

2) 이행방식(종류, 분류)

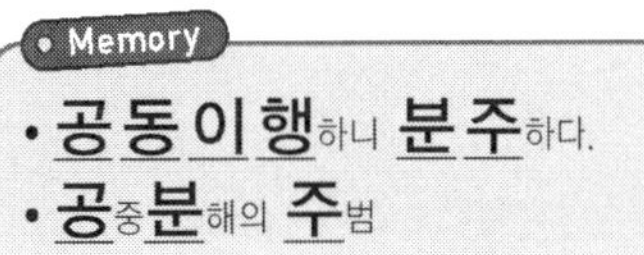

① 공동이행방식 : 새로운 조직

② 분담이행방식 : 공종, 공정, 공구별 분담

③ 주계약자형 공동도급 : 연대책임

3) 특징

장 점	단 점
• 융자력 증대 • 기술의 확충 • 위험분산 • 시공의 확실성 • 신용의 증대	• 경비 증대 • 조직 상호 간의 불일치 • 업무흐름의 혼란 • 설계변경, 하자처리 지연 • 책임전가, 회피

4) 도급형식

① 대형업체+대형업체 : 대형공사(Turn Key)

② 대형업체+중소업체 : 일반공사

③ 대형업체+지방업체 : 지방공사

④ 실적업체+자격업체(인증) : 특수공사(원자력 등)

5) Paper Joint

서류상으로만 공사에 참여하는 것 ─ 발견 곤란
└ 참여치 않은 회사의 하자이행 기피

4. 정액도급

1) 정의

공사비 총액을 정하여 계약을 체결하는 도급방식

2) 특징

장 점	단 점
• 공사관리업무 간단 • 자금에 대한 공사계획수립 명확 • 공사비 절감 • 자금조달 용이 • 시공관리 간단	• 공사변경사항에 대한 도급액의 증감 곤란 • 이윤관계로 공사가 조잡해질 우려 • 장기공사 및 설계변경이 많은 공사에 부적합 • 전례가 없는 신규공사에 부적합

5. 단가도급

1) 정의

공사금액을 구성하는 단위 부분에 대한 단가만 확정하고 공사가 완료되면 실시수량의 확정에 따라 정산하는 방식

2) 특징

장 점	단 점
• 공사의 신속한 착공 • 설계변경 용이 • 긴급공사 시 계약 간단 • 수량불명 시 계약 용이 • 설계변경에 의한 수량증감 용이	• 자재, 노무비 절감의욕 결여 • 단순한 작업, 단일공사에 채택 • 공사비 예측 곤란 • 공사수량 불명확 시 도급자가 고가로 견적하여 공사비 상승

6. 실비정산 보수가산식 도급

1) 정의

공사의 실비를 발주자와 도급업자가 확인하여 정산하고, 발주자는 미리 정한 보수율에 따라 도급자에게 보수를 지불하는 방식

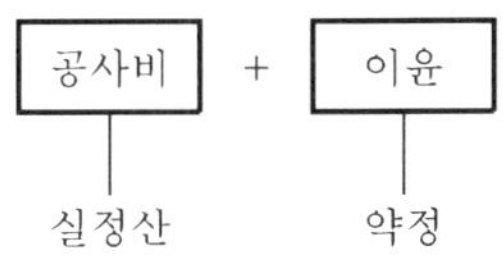

2) 종류

① 실비비율 보수가산식 도급 : 공사의 진척에 따라 정해진 실비와 이 실비에 미리 계약된 비율을 곱한 금액을 시공자에게 보수로 지불하는 방식

② 실비준동률 보수가산식 도급 : 미리 여러 단계로 실비를 분할하여 공사비가 각 단계의 금액보다 증가될 때는 비율보수를 체감하는 방식

③ 실비한정비율 보수가산식 도급 : 실비에 제한을 두고 시공자에게 제한된 금액 내에서 공사를 완성하도록 책임을 지우는 방식

④ 실비정액 보수가산식 도급 : 실비의 여하를 막론하고 미리 계약된 일정액의 보수만을 지불하는 방식

3) 특징

장 점	단 점
• 공사비의 과도한 상승이 없음 • 우량의 공사 기대 • 도급업자는 불의의 손해를 입을 염려 없음 • 도급자 비율보수 보장 • 시공자는 안심하고 공사를 진행	• 공사기일 지연가능 • 공사비 절감노력의 결여 • 신용이 없으면 공사비 상승 • 계약상 분쟁의 여지

2 Turn Key방식(일괄방식, 설계 · 시공 일괄계약방식)

1) 정의

'발주자는 열쇠만 돌리면 쓸 수 있다'는 뜻에서 나온 말로 시공자는 사업발굴 · 기획 · 타당성 조사 · 설계 · 시공 · 시운전 · 조업 · 유지관리까지 발주자가 필요로 하는 모든 것을 조달하여 발주자에게 인도하는 도급계약방식

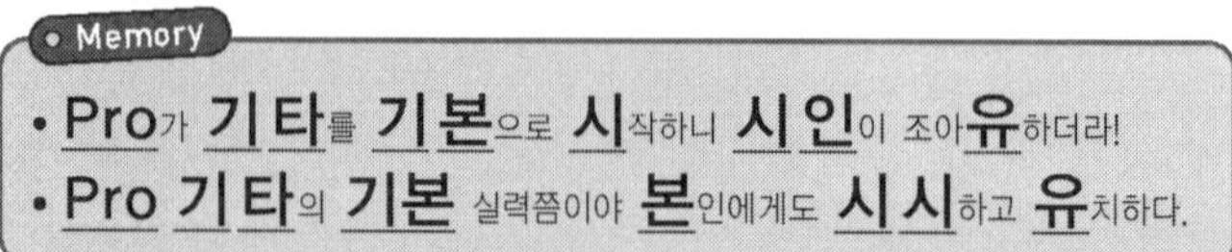

Project 발굴	기획 및 타당성 조사	기본설계	본설계	시공	시운전/인도	유지관리

협의의 Turn Key (기본설계 ~ 시공)

광의의 Turn Key (Project 발굴 ~ 유지관리)

2) 특징

장 점	단 점
• 설계 · 시공의 Communication 우수 • 책임시공으로 공기단축 • 공사비절감 • 창의성 있는 설계 유도 • 건축물에 대한 문제 발생 시 책임이 명확 (설계자와 시공자 동일)	• 우수한 설계의도 반영이 어려움 • 건축주 의도 반영이 어려움 • 총공사비 산정의 사전 파악 곤란 • 최저 낙찰자로 품질저하 우려 • 대규모 회사에 유리, 중소건설업체 육성 저해

3) Fast Track Method

① 공기단축을 목적으로 구조물의 설계도서가 완성되지 않은 상태에서 기본설계에 의하여 부분적인 공사를 진행시켜 나가면서 다음 단계의 설계도서를 작성하고, 작성 완료된 설계도서에 의해 공사를 계속 진행시켜 나가는 시공방식

② 목적

- 공기단축
- 원가절감

3 CM(Construction Management)방식

1) 정의

① 건설업의 전 과정인 사업에 관한 기획 · 타당성 조사 · 설계 · 계약 · 시공관리 · 유지관리 등에 관한 업무의 전부 또는 일부를 발주처와의 계약을 통하여 수행할 수 있는 건설사업관리제도

② CM은 건축물의 개념적 구상에서 완성에 이르기까지 전 과정을 통해 품질뿐만 아니라, 일정 · 비용 등을 유기적으로 결합하여 관리하는 관리기술

2) CM기본형태

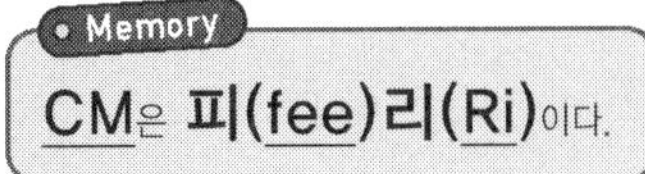

① CM For Fee(대리인형 CM, 순수형 CM)
- 발주자와 시공자는 직접 계약을 체결하며 CM은 발주자의 대리인 역할을 수행
- CM은 공사 전반에 관해 전문가적인 관리업무의 수행으로 약정된 보수만을 발주자에게 수령

② CM At Risk(시공자형 CM)
- CM이 발주자와 직접 계약을 체결하며, 하도급업체와의 계약은 CM이 원도급자 입장에서 체결
- 공사의 품질, 공정, 원가 등을 직접 관리하여 CM 자신의 이익을 추구

3) CM계약방식(계약유형)

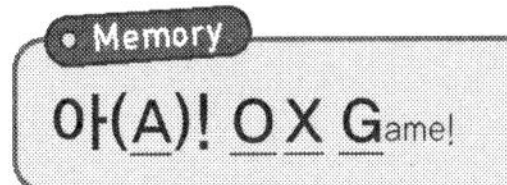

① ACM(Agency CM)
- 설계단계에서부터 설계, 시공에 이르러 시공물의 품질, 원가, 일정 등을 관리
- 발주자에게 고용되어 활용하는 용역형태

② XCM(Extended CM)
- 건설업의 전 과정인 기획단계에서부터 설계, 계약, 시공, 유지관리 등에 걸쳐 사업을 관리하는 방식
- PM(Project Management)과 유사한 방식

③ OCM(Owner CM)
- 발주자 자체가 CM업무를 수행하는 방식
- 발주자가 전문적 수준의 자체 조직을 보유해야 함.

④ GMPCM(Guaranteed Maximum Price CM)
- CM의 고유 업무뿐만 아니라 하도급업체와 직접 계약을 체결하여 공사에 소요되는 금액도 책임을 지는 방식
- 공사금액 초과 시 발주자와 함께 CM도 일정비율의 책임을 짐.

4) CM단계적 업무(5단계 6기능)

구 분	계 획	설 계	계 약	시 공	유지관리
공정관리					
품질관리					
원가관리					
안전관리					
Project					
정보화관리 (PMIS)					

5) CM 투입시기

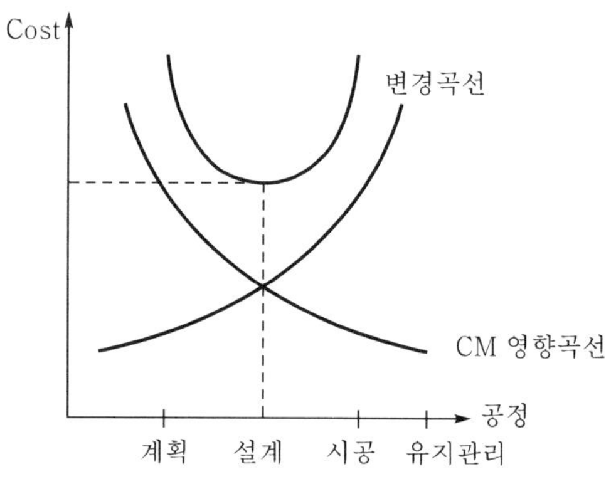

설계단계에서 CM을 실시하는 것이 가장 비용이 적음.

6) CM과 감리의 비교

구 분	CM	감리
목적	원가절감	품질관리
자재구매	○	×
검측	○	○
원가관리	○	×
VE	○	×

4 SOC(Social Overhead Capital)방식

1. 정의

① 민간에서 사회간접자본(SOC, 사회간접시설물을 건설할 때 소요되는 자본)을 투자하고 나중에 회수하는 방식이다.

② 사회간접시설물

- 1종 시설물 : 철도, 항만, 댐 등
- 2종 시설물 : 전기, 가스, 통신 등

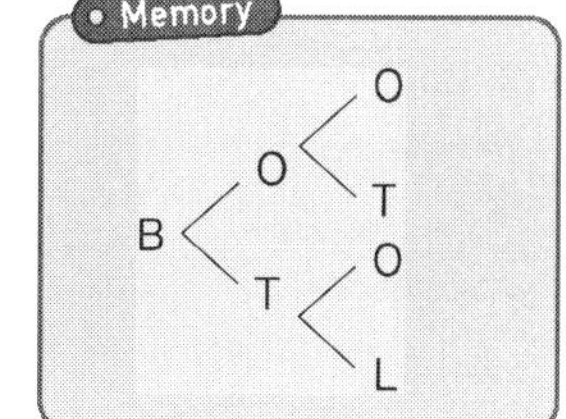

2. SOC의 분류

1) BOO(Build-Operate-Own)

① 사회간접시설을 민간 부분이 주도하여 Project를 설계 · 시공한 후 그 시설의 운영과 함께 소유권도 민간에 이전하는 방식이다.

② 설계 · 시공 → 운영 → 소유권 획득

③ 2종 시설물 적용

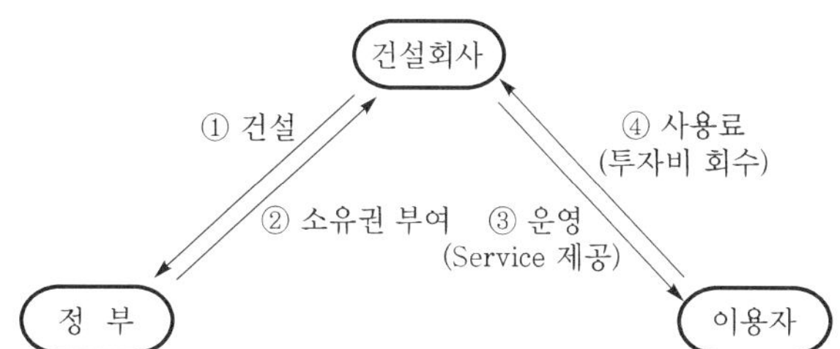

2) BOT(Build-Operate-Transfer)

① 사회간접시설을 민간 부분이 주도하여 Project를 설계 · 시공한 후 일정기간 동안 시설물을 운영하여 투자금액을 회수한 다음 그 시설물과 운영권을 무상으로 정부나 사회단체에 이전해주는 방식이다.

② 설계 · 시공 → 운영 → 소유권 이전

③ 1종 시설물 적용

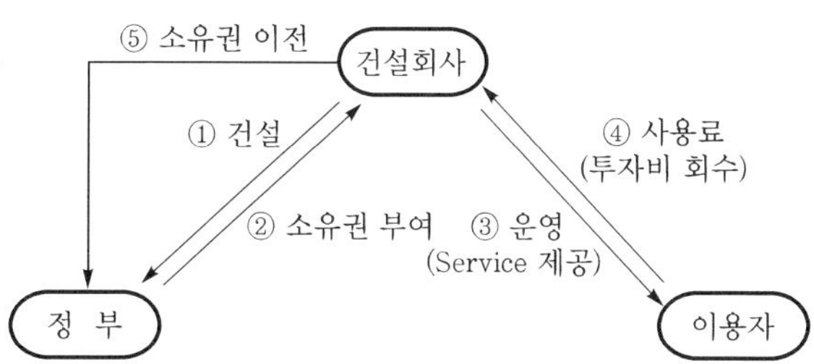

3) BTO(Build-Transfer-Operate)

① 사회간접시설을 민간 부분이 주도하여 Project를 설계 · 시공한 후 시설물의 소유권을 공공 부분에 먼저 이전하고 약정기간 동안 그 시설물을 운영하여 투자금액을 회수해가는 방식이다.

② 설계 · 시공 → 소유권 이전 → 운영

③ 1종 시설물 적용

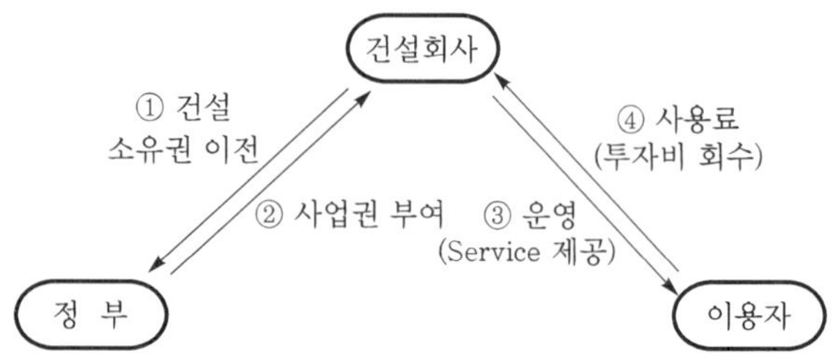

4) BTL(Build-Transfer-Lease)

① 민간 부분이 공공시설을 건설(Build)한 후 정부에 소유권을 이전(Transfer, 기부체납)함과 동시에 정부로부터 임대료를 징수하여 시설투자비를 회수해가는 방식이다.

② 설계 · 시공 → 소유권 이전 → 임대료 징수

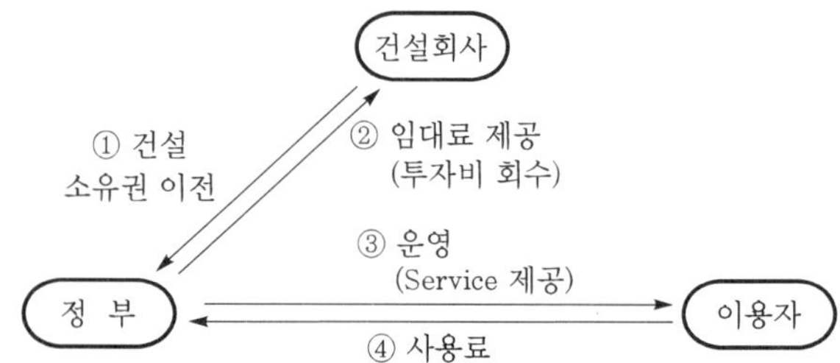

③ 임대료(Lease 비용)

- 투자비 : 임대료 형태
- 운영비 : 약정된 금액

④ 투자대상

- 44개 종목 중 복지, 문화, 교육에 치중
- 국민의 삶의 질 향상

5 Partnering방식(IPD : Integrated Project Delivery)

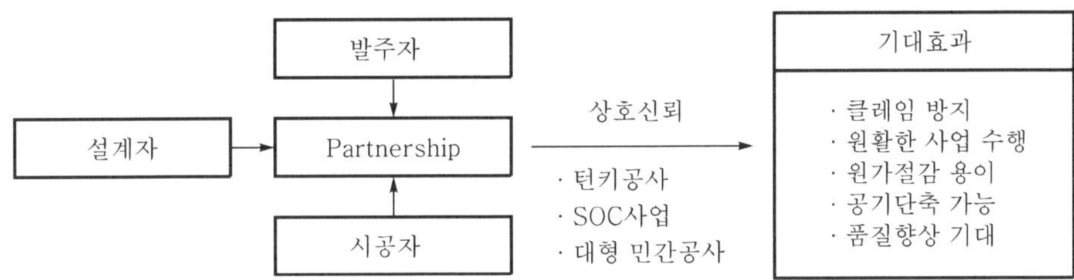

6 입찰방식

Memory
- 경쟁입찰을 공개적으로 제 지하라는 특명을 내려라.
- 경쟁은 제한된 공 지에서 특명을 받고 시작한다.

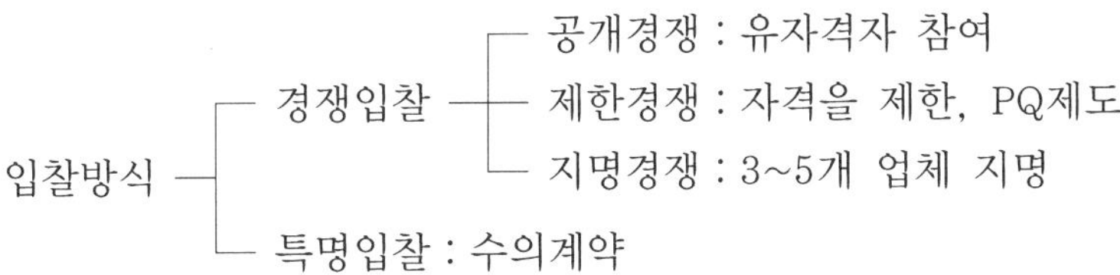

- PQ(Pre-Qualification)제도

공공공사입찰 전에 입찰참가자격을 부여하기 위한 사전심사제도

금 액	300억 이상 모든 공사, 200억 이상 11개 공종
심사기준	경영상태부문, 공사이행능력부문
낙 찰	경영상태부문 70점 이상, 공사이행능력부문 90점 이상 → 입찰참가자격 부여
공종(11개)	교량, 공항, 댐, 철도, 지하철, 터널, 발전소, 쓰레기 소각로, 폐수처리장, 하수종말처리장, 관람집회시설

7 낙찰제도

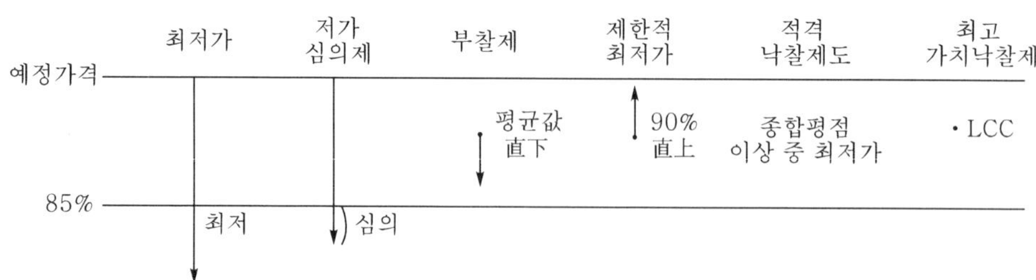

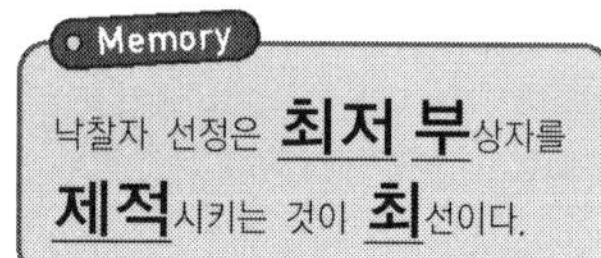

1) 최저가 낙찰제

예정가격범위 내에서 최저가격으로 입찰한 자 선정

2) 저가 심의제

① 예정가격 85% 이하 업체 중 공사수행능력을 심의하여 선정

② 공사비내역, 공사계획, 경영실적, 기술경험 등 전반에 대한 심의

3) 부찰제(제한적 평균가 낙찰제)

예정가격과 예정가격의 85% 이상 금액의 입찰자 사이에서 평균금액을 산출하여 평균금액 직하에 가장 근접한 입찰자 선정

4) 제한적 최저가 낙찰제(Lower Limit)

부실공사를 방지할 목적으로 예정가격 대비 90% 이상 입찰자 중 가장 낮은 금액으로 입찰한 자를 선정

5) 적격 낙찰제(적격심사제도)

입찰가격 외에 기술능력, 공법, 품질관리능력, 시공경험, 재무상태 등 계약이행능력을 종합심사하여 적격입찰자에게 낙찰시키는 제도로서, 적격심사제도 또는 종합낙찰제도라고도 함.

6) 최고가치 낙찰제

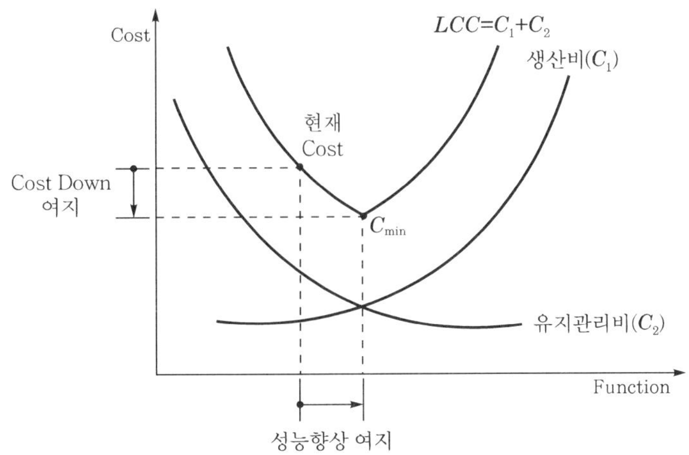

① 최저가 낙찰제도에서 발생하는 문제점 보완

② LCC(Life Cycle Cost)의 최소화로 투자의 효율성을 얻기 위한 낙찰제도

8 기술개발보상제도

1) 정의

시공자가 기술을 개발하여 공사비절감 또는 공기단축의 효과를 가져왔을 경우 절감 금액의 일부를 시공자에게 보상하는 제도

2) 특징

① 현재 국내에서는 절감액의 70%를 보상

② VE의 결과로 기술개발이 될 가능성이 큼

③ VE와 연계하여 답안 작성

9 신기술지정제도

1) 정의

건설업체가 개발한 신기술이나 신공법을 보호해 주는 제도

2) 특징

① 신기술 보호기간(5~10년)

② VE와 연계

10 물가변동(Escalation)

1) 정의

① 입찰일 후 계약금액을 구성하는 각종 품목 또는 비목의 가격이 상승 또는 하락된 경우, 그에 따라 계약금액을 조정하여 계약당사자 일방의 불공평한 부담을 경감시켜줌으로써 원활한 계약이행을 도모하고자 하는 계약금액조정제도이다.

② 품목조정률과 지수조정률 중 계약서에 명시된 한 가지 방법을 택일하여 적용한다.

2) 계약금액의 조정요건

> • Memory
> 물가변동 시 **절**의 **기둥(등)**은 **선택**하여 **청구**하라.

물가변동으로 인한 계약금액의 조정은 절대요건의 충족에 따라 선택요건인 조정청구가 있을 때 성립한다.

① 기간요건

- 입찰일 후 90일 이상 경과하여야 한다.
- 입찰일을 기준으로 한다.
- 2차 이후의 물가변동은 전 조정기준일로부터 90일 이상을 경과하여야 한다.

② 등락요건 : 품목조정률 또는 지수조정률이 3% 이상 증감 시 적용한다.

③ 청구요건 : 절대요건이 충족되면 계약상대자의 청구에 의해 조정하도록 한다.

3) 단품 Sliding제도

① 최근 철근, H형강 등 원자재가격 급등으로 하도급업체 등 중소기업의 경영에 큰 부담으로 작용하는 단품에 대해서 가격변동률만큼 계약금액을 조정하기로 했다.

② 단품 슬라이딩제도란 46개 건축자재 중 특정 자재가격이 3개월 동안 15% 변동할 경우 해당 자재에 한해 개별적으로 물가변동 조정을 할 수 있는 제도이다.

③ 2006년 12월 29일 이후 계약이 체결된 공사에 적용된다.

④ BTL사업은 단품 슬라이딩제도가 현재 적용되지 않는다.

11 Claim

1) 정의

① 계약과 관련된 제반분쟁에 대한 구체적인 조치를 요구

② 이의신청을 하는 것

2) Claim과 분쟁

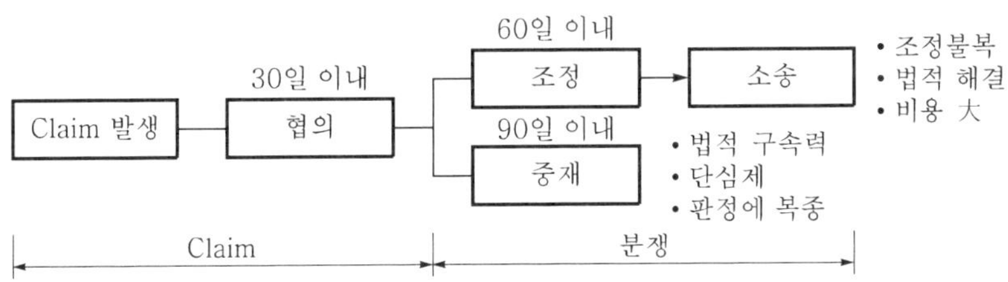

제10장 제2절 공사관리

시공 계획 · 관리

1. 사전조사 : 설계도서 검토, 입지조건, 공해, 기상, 법규
   계약조건 검토, 지반조사

2. 공법 선정 : 시공성, 경제성, 안정성, 무공해성

3. 4요소 : 공정관리, 품질관리, 원가관리, 안전관리
   (공기단축) (질 우수) (경제적) (안전성)

4. 6M :

Man,	Material,	Machine,	Money,	Method,	Memory
{노무절감 전문인력}	{자재건식화 자재관리}	{기계화 초기투자비}	{자금}	{시공법}	{기술축적}

5. 관리 : 하도급관리, 실행예산
   현장원 편성, 사무관리, 대외업무관리

6. 가설 : 동력, 용수, 수송, 양중

7. 공사내용 : 가설, 토공, 기초, 콘크리트, 지반개량

8. 기타 : 환경친화적 설계시공, 실명제, 민원

제10장 제2절 품질관리

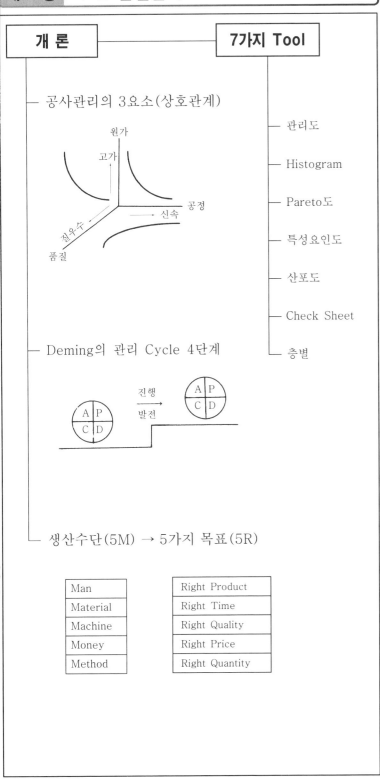

개 론

- 공사관리의 3요소(상호관계)

- Deming의 관리 Cycle 4단계

- 생산수단(5M) → 5가지 목표(5R)

5M	5R
Man	Right Product
Material	Right Time
Machine	Right Quality
Money	Right Price
Method	Right Quantity

7가지 Tool

- 관리도
- Histogram
- Pareto도
- 특성요인도
- 산포도
- Check Sheet
- 층별

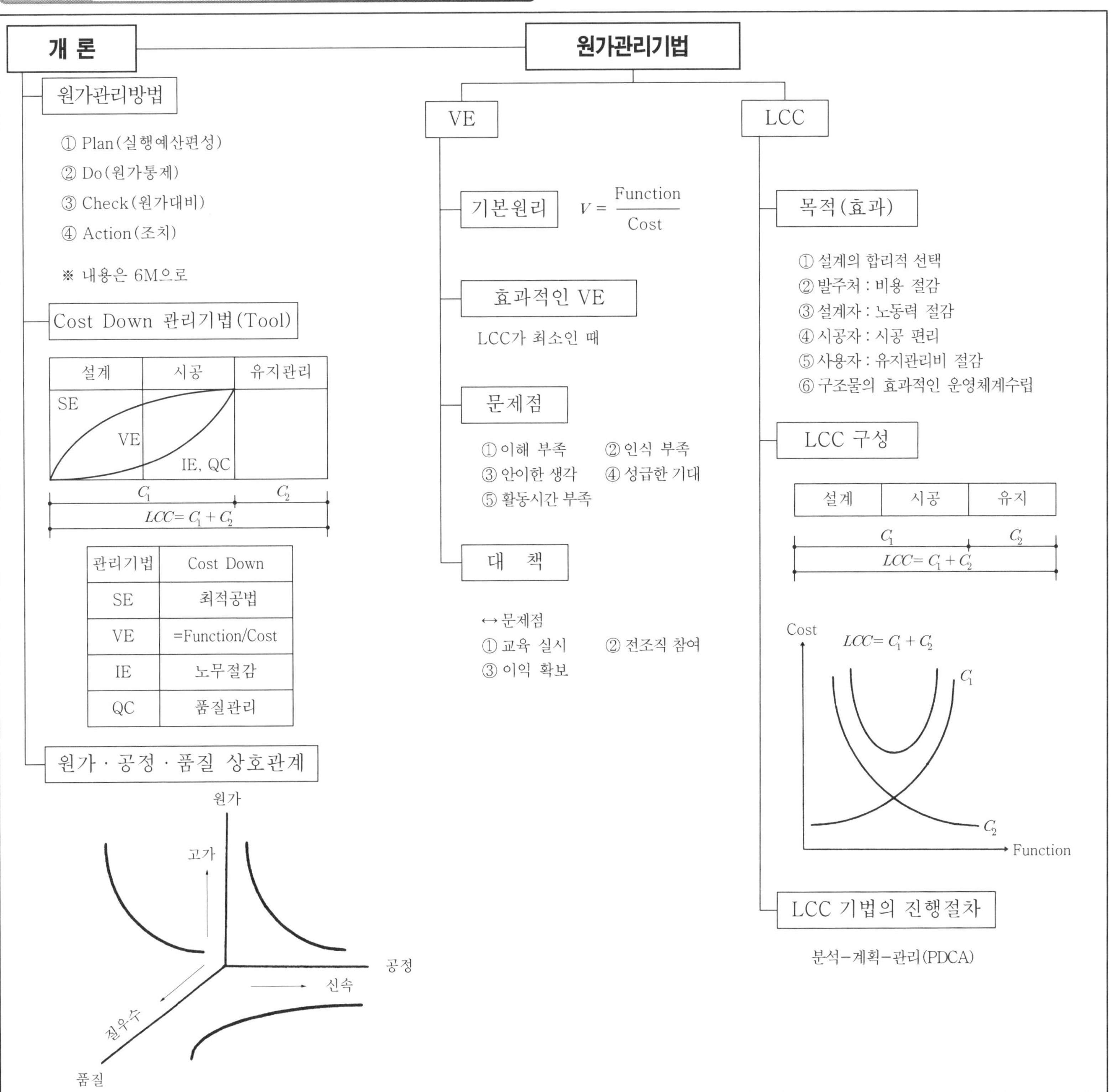

제 2 절 공사관리

공사관리

Memory
사공 46명의 관리가 공기처럼 가볍다.

1 시공계획

Memory
설계 시 입지 선정은 공기법이 중요하다.

1. 사전조사

설계도서 검토, 계약조건 검토, 입지조건, 지반조사, 공해, 기상, 관련 법규

2. 공법 선정

시공성, 경제성, 안전성, 무공해성

Memory
- 시경사람들은 안무를 좋아한다.
- 시경안무

3. 4요소(+환경관리=5요소)

공사관리, 품질관리, 원가관리, 안전관리, 환경관리

Memory
공품원안환

4. 6M

Man,	Material,	Machine,	Money,	Method,	Memory
(노무)	(자재)	(기계화)	(자금)	(시공법)	(기술축적)

Memory
- Ma×3, Mo, Me×2
- 노자가문 출신 기자가 시기하네!

5. 관리

하도급관리, 실행예산, 현장원 편성, 사무관리, 대외업무관리

Memory
하시(실)라도 현장에서는 사대보험에 들어야 한다.

6. 가설

동력, 용수, 수송, 양중

Memory
- 전기(동력)와 물(용수)을 수송하여 양중하네!
- 동자가 용바위에서 수양하네!

7. 공사내용 : 가설, 토공, 기초, 콘크리트, 지반개량

8. 기타 : 환경친화적 설계시공, 실명제, 민원

설계도서에 표시되어 있는 규격에 만족하는 공사의 구조물을 경제적으로 만들기 위한 관리수단

1 품질경영(QM)

Memory
- **품질경영 방침**을 지시한 후 **계획**대로 **관리**하며 **개선**이 필요할 때는 **보증**을 써줘라.
- **경영 방침**은 **관 계 개선**을 **보증**하는 것이다.

1) 절차

- 품질계획 : 어떻게 정확하게 작업할 것인가에 대해 품질계획서를 수립
- 품질관리 : 현재 작업의 운영상의 기법 및 활동
- 품질개선 : 좀 더 낫게 작업할 수 있도록 조직활동의 효율성을 증대
- 품질보증 : 경영자와 고객에게 신뢰감을 주기 위한 활동

품질인증제도(Quality Verification) : 공신력 있는 정부나 기관에서 보증하고 특정 마크를 부여하는 제도로, KS 마크, ISO

2) 품질경영 전후관계

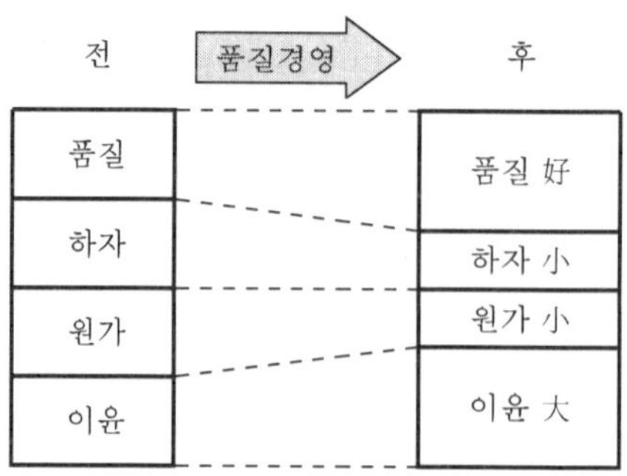

2 품질관리(QC)

1. 품질관리의 순서 : 작업기법

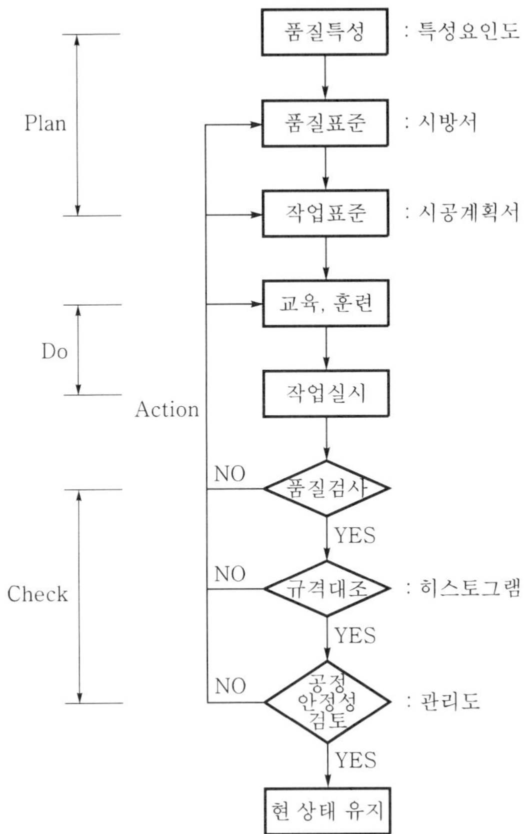

2. 품질관리의 단계(Deming의 관리 Cycle)

1) Plan(계획)

① 품질특성 : 재료의 중요한 성질

㉠ 측정이 가능할 것 : 수치화

㉡ 재료의 가장 중요한 인자를 측정

㉢ 기법 : 특성요인도

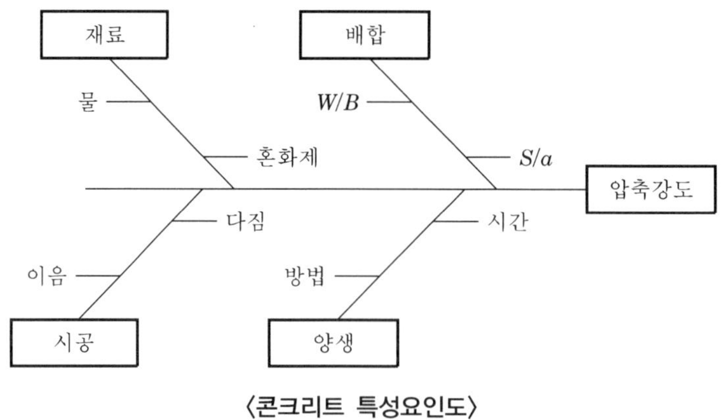

〈콘크리트 특성요인도〉

② 품질표준
  ㉠ 기법 : 시방서
  ㉡ 새로운 공법 : 유사경험과 작업조건 고려

③ 작업표준
  • 기법 : 시공계획서(35가지)

2) Do(실시)

① 교육, 훈련
  ㉠ On-Line교육
  ㉡ Off-Line교육

② 작업실시

3) Check(검사)

① 품질검사
  ㉠ 검사종류 : 자재검사, 검측, 공정 및 기성고검사
  ㉡ 검사방법

구 분	전수검사	발췌검사(Sampling)
검사항목	항목이 적고 간단한 검사	항목이 많고 복잡한 공사
로트크기	적을 때	많을 때
비용	많다.	적다.
신뢰성	높다.	낮다.

> Memory
> • **품질 공 격**
> • **품질검사** 시에는 **규격**에 맞추어 **공정**하게 하라!

② 규격대조
  • 기법 : 히스토그램

③ 공정, 안정성 검토
  • 기법 : 관리도

4) Action(조치)

① 원인

- 우연원인(우연산포)
  - 작업자 감정, 기계상태
  - 조치 불가능
- 이상원인(이상산포) : 기술적 조치 가능

② 조치방법 : 우연원인과 이상원인을 분리하여 대응

- 응급조치 : 즉각조치
- 항구조치 : 재발 방지
- 관련 조치 : 유사공정에 적용

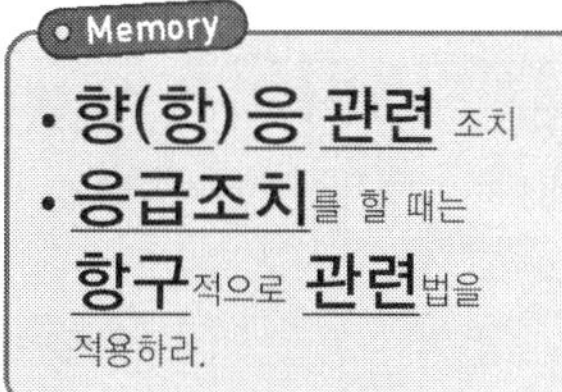
Memory
• 향(항)응 관련 조치
• 응급조치를 할 때는
항구적으로 관련법을
적용하라.

3 품질관리의 7가지 기법(Tool)

Memory
괜(관)히(Hi)파(Pa)와 특 산물을 먹고,
체(Che)중(층)이 불어남.

1) 관리도(Control Chart)

공정도 상태를 나타내는 특정치에 관해서 그려진 Graph로 공정을 관리상태(안전상태)로 유지하기 위하여 사용

2) 히스토그램(Histogram)

계량치의 Data가 어떠한 분포를 하고 있는지 알아보기 위하여 작성하는 그림으로, 일종의 막대 Graph

3) 파레토도(Pareto Diagram)

불량 등 발생건수를 분류항목별로 나누어 크기 순서대로 나열해 놓은 그림으로, 중점적으로 처리해야 할 대상 선정 시 유효

4) 특성요인도(Causes and Effects Diagram)

결과(특성)에 원인(요인)이 어떻게 관계하고 있는가를 한눈에 알 수 있도록 작성한 그림

5) 산포도(산점도, Scatter Diagram)

대응하는 두 개의 짝으로 된 Data를 Graph용지 위에 점으로 나타낸 그림으로, 품질특성과 이에 영향을 미치는 두 종류의 상호관계 파악

6) 체크시트(Check Sheet)

계수치의 Data가 분류항목의 어디에 집중되어 있는가를 알아보기 쉽게 나타낸 그림 또는 표

7) 층별(Stratification)

집단을 구성하고 있는 많은 Data를 어떤 특징에 따라서 몇 개의 부분집단으로 나누는 것

4 관리도(Control Chart)

1) 정의

공정의 상태를 나타내는 특성치에 대해서 그려진 그래프로 공정을 관리상태(안정상태)로 관리하기 위한 그래프

2) 관리도 종류

구 분	관리도	관리대상	사용이론
계량치	$\bar{x}-R$	평균치와 범위	정규분포
	$\tilde{x}-R$	중앙치와 범위	
	x	개개 측정치	
계수치	P	불량률	이항분포
	Pn	불량개수	
	C	결점수	푸아송분포
	U	단위당 결점수	

5 매트릭스도법(Matrix Diagram)

1) 정의

여러 안 중에서 최적안을 찾는 방법

2) 실례

구 분	적용성	사용성	원가절감	공기단축	일치성	계
A안						
B안						
C안						
D안						
E안						

- 1점 : 전혀 무관
- 3점 : 조금 관련
- 5점 : 보통
- 7점 : 관련이 있음
- 9점 : 관련이 높음

각 안별로 점수를 배점하여 최적안을 산출

b 연관도법(Relation Diagram)

1) 정의

문제점과 그에 대한 요인들을 나열하여 관계가 있는 것끼리 화살표로 잇는 방법

2) 실례

- ○ : 원인과 결과의 인자
- 화살표 주는 것 : 원인
- 화살표 받는 것 : 결과

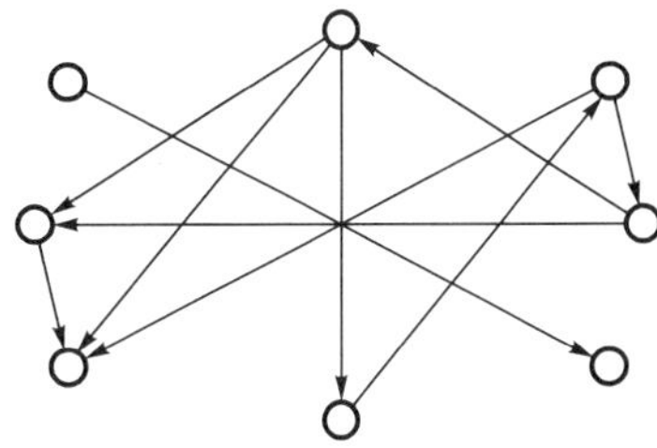

안전관리

1) 정의

건설과정에서 내포되어 있는 위험한 요소를 미리 예측하여 재해를 예방하려는 관리활동

2) 목적

① 근로자의 생명보호

② 기업의 재산보호

③ 근로자의 사기 향상

④ 기업의 대외신뢰도 확보

> Memory
> - **생명**과 **재산보호**를 해주면 **사기 향상**되어 **대외신뢰도**가 높아진다.
> - **생명**과 **재산**을 **향상**시키면 **신뢰**를 얻을 수 없다.

3) 안전사고원인

① 직접원인

- 불안전한 행동(인적 원인) : 88%
- 불안전한 상태(목적 원인) : 10%
- 천재지변 : 2%

> Memory
> **88**년도는 **불행**했고 **10**년도는 **불상**해서 **이(2)천**으로 이사갔다.

② 간접원인

- 기술적 원인 : 안전설계 미흡, 환경설비 개선 미흡
- 교육적 원인 : 안전교육 미실시, 훈련 미실시
- 관리적 원인 : 조직 정비 부족 등

4) 방지대책

① 사고예방 5단계

- 1단계 : 안전관리조직 정비
- 2단계 : 사실 발견 → 현상 파악
- 3단계 : 원인 분석
- 4단계 : 3E대책 수립
- 5단계 : 시험 적용 → 3E대책

> Memory
> **조직**의 **사 원**들은 **3E 시험**을 거쳐야 한다.

② 기타 대책

5) 안전사고가 사회에 미치는 영향

① 근로자에 미치는 영향

- 근로자 생명과 신체적 손해
- 근로자 본인과 가족에 피해

② 기업에 미치는 영향

- 인적 손실 : 노동력 상실, 사기 저하, 작업능률 저하
- 물적 손실 : 재해수습비용 증가, 간접비 증가
- 신뢰성 저하 : 기업이미지 손상
- 기업활동에 미치는 영향 : 평가 시 불이익

③ 사회국가에 미치는 영향

- 국민 세금부담 증가
- 일상생활 지장

제10장 제3절 시공의 근대화

시공의 근대화

1. 계약제도 : TK, SOC, Partnering
   성능발주방식, 신기술지정제도, 기술개발보상제도

2. 재료 : MC화, 건식화, 고강도화

3. 시공 : 가설공사 합리화, 계측관리(정보화시공)
   무소음 · 무진동공법, 고강도화, 자동용접

4. 시공관리 : 4요소(CPM, ISO 9000, VE, LCC)
   6M(성력화, 자재건식화, 기계화)

5. 신기술 : CM, EC

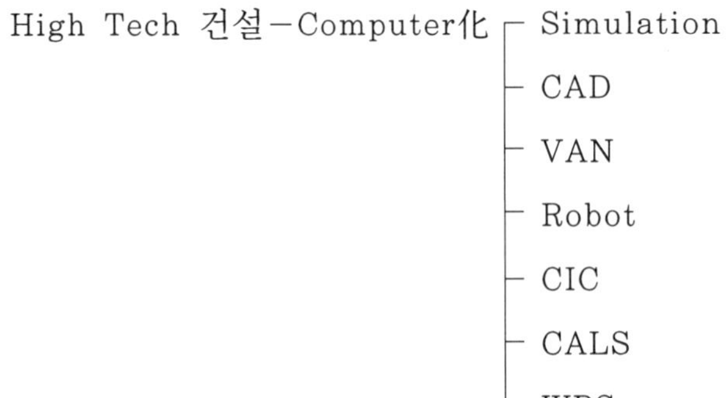

제3절 시공의 근대화

1 시공의 근대화

1. 계획/타당성 조사

- 타당성 분석 : Project Financing, Risk분석

2. 설계

VE, LCC

3. 계약

CM, T/K, SOC, Claim

4. 시공

- 공정관리 : MCX
- 품질관리 : TQC, TQM, Six Sigma
- 정보화 : CALS, CITIS, EVMS, PMIS, ERP, WBS, Mile Stone

5. 제도

EC화, ISO, Lean Construction, 기술개발보상제도, 신기술지정제도, SE, IE

2 타당성 분석

1. 분석목적

- 시공사 : 투자의사 결정
- 정부 : 인허가
- 최적대안 결정

2. 검토사항

> • Memory
> • 법 정에서의 기술적 검토는 재무능력에 따른 경제적 환경이 중요하다.
> • 법 정에서 기술적으로 검토시켰는데 재는 경제와 환경으로 평가하네.

1) 법적 검토

① 정부정책 규제사항

② 제한조치

2) 정책적 검토

① 향후 변화가능성

② 현행 정책 위험요인

3) 기술적 검토

① 공사규모, 위치, 지형형태

② 적용공법

③ 잠재력, 성장가능성

4) 재무적 분석

① 재무능력 검토

② 자금흐름

③ 재무능력 증대

- Project Financing
- Reit's : 부동산 펀드
- ABS : 보유자산의 현금화

5) 경제성 분석

① 비용편익비(B/C) : 편익/비용 > 1(투자가치 ○)
편익/비용 < 1(투자가치 ×)

> **Memory**
> • **비용**을 **순**전히 **내부**에서 **회수**하여 **회계**처리하라.
> • **회**식**비용**을 **회**사 **내부**의 **순**이익으로 충당하다.

② 순현가가치법(NPV) : 현금유입 현재가치 − 투자금액 현재가치
NPV ≧ 0(투자가치 ○), NPV < 0(투자가치 ×)

③ 내부수익률(IRR) : 신뢰성 높음
㉠ 현금유입과 투자가 같게 하는 방법
㉡ 할인율
- 미래가치를 현재가치로 전환할 때 사용하는 요율
- 분류 : 공칭할인율, 실질할인율

④ 회수기간법 : 투자금액을 회수하는 시간

⑤ 회계적 이익률법 : 신뢰성 부족

6) 환경영향 평가

① 생태계 고려

② 오염 여부

③ 사회적으로 미치는 영향

3 Project Financing

외부자금을 조달하는 방법

1) 특징

> **Memory**
> **Pro**가 **복 구**해서 **상**을 **독**식했다.

① 독립된 법인

② Project 자체가 담보

③ 구상권 행사 불가

④ 복잡한 계약절차

⑤ 상대적으로 높은 이자율 적용

2) 기업금융과 비교

구 분	기업금융	Project Financing
자금조달	담보, 보증	Project
금융기관 관리	관여 ×	관여
별도 법인	필요 ×	필요

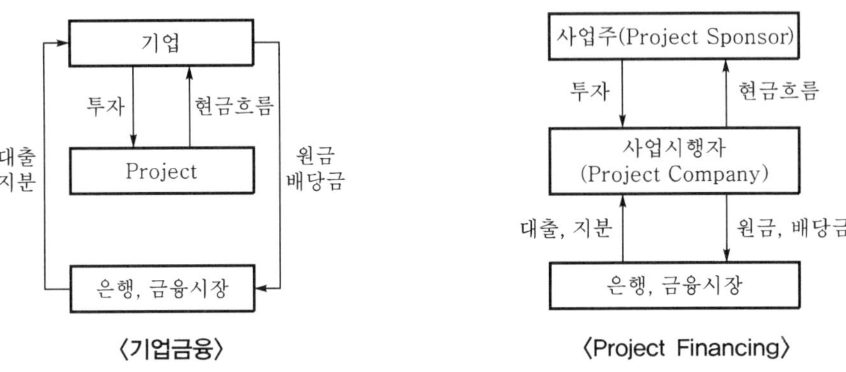

〈기업금융〉 〈Project Financing〉

4 Risk

1) 정의

① 기대한 것을 얻지 못한 것
② 기대와 현실의 차이
③ 불확실성

→ 결과, 예측가능성 결여
→ 계량화가 가능한 불확실성

2) 관리

식 별	분 석	대 응
• 발생영역별 • 성격별 • 건설과정별	• 강도분석 • 확률분석 • Simulation	• 전이 • 회피 • 감소 • 보유

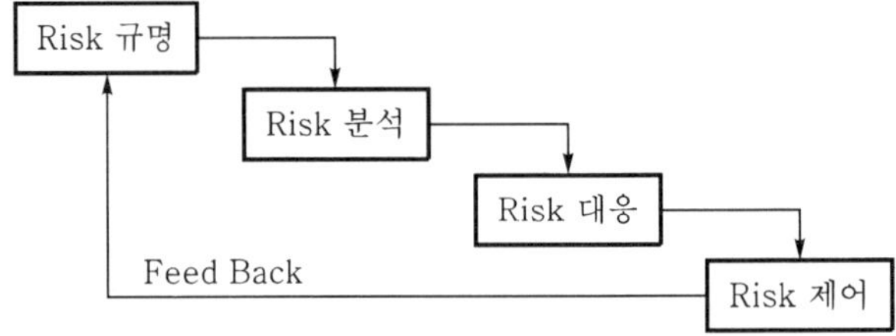

3) 식별

발생영역별	성격별	건설과정별
• 특정사업 • 건설회사 • 건설분야 • 국가차원	• 천재지변 • 물리적/기술적 • 재무적/재정적 • 법적/법률적 • 정책적	• 기획/타당성 • 설계 • 시공 • 유지관리

4) 분석

Memory
확실히 감시(Si)해라.

① 감도분석 : 특정 위험도 인자가 위험도 발생결과에 미치는 영향도를 파악하는 것

② 확률분석 : 위험도에 영향을 주는 모든 변수의 변화를 다양한 확률분포로 표현하는 것

③ Simulation : 각 위험도 변수에 대한 무작위 값을 취하여 수많은 횟수의 반복적 분석을 실시하는 것

5) 대응방법

① 전이 : 위험도를 다른 집단에 전가

② 회피 : 사업포기

③ 감소 : 보증이나 보험

④ 보유 : 위험도를 보유한 채 사업을 진행

5 VE(Value Engineering)

1) VE 기본원리

$$V = \frac{F}{C}$$

여기서, V : 가치, F : 기능, C : 비용(생애주기비용)

최소의 생애주기비용(LCC)으로 필요한 기능을 확보하기 위하여 노력하는 개선활동

2) VE 형태

① 기능 향상형 : $\frac{F}{C} = \frac{\uparrow}{\rightarrow}$

② 기능 혁신형 : $\frac{F}{C} = \frac{\uparrow}{\downarrow}$

Memory
• 향수의 혁신적 절감(강)방안
• 향수의 혁신에서는 비용절감이 강조된다.
• 향수는 혁명에서 절대적임을 강조한다.
• 항상(향상) 혁신을 할 때는 비용절감과 기능을 강조하라!

③ 비용 절감형 : $\frac{F}{C}=\frac{\rightarrow}{\downarrow}$

④ 기능 강조형 : $\frac{F}{C}=\frac{\uparrow}{\uparrow}$

3) 기능착수 전후관계

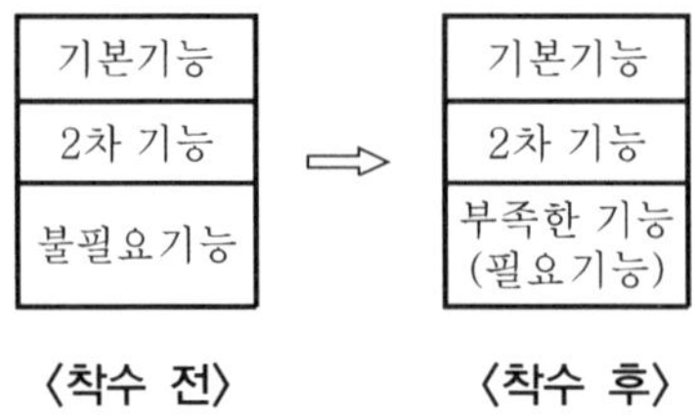

4) VE 종류

① 설계 VE : 대체공법 선정

② 시공 VE : 기능개선, 원가절감

5) VE 사고방식

① 고정관념 제거

② 사용자 중심

③ 기능 중심

④ 팀 구성

> Memory
> • 고단수 사기팀
> • 고정관념을 제거한 사기팀

6) 적용시기

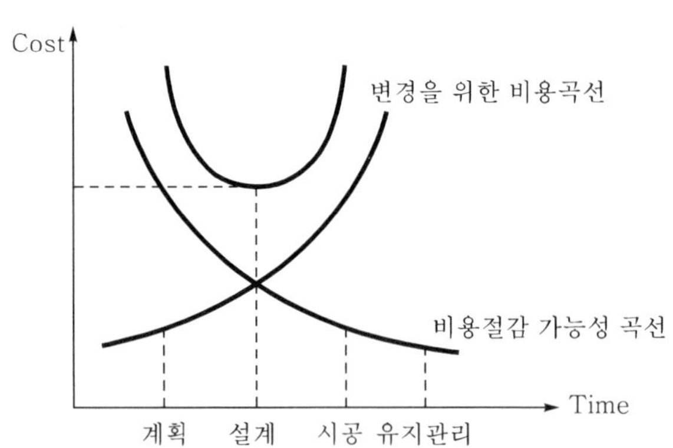

7) 법적 의무화

① 설계검토 시 의무화 : LCC분석

② 100억 이상 공사

8) VE 대상

• Memory
공복시 내가 **원하**는 곳은 번**개반**점

① 공사기간이 긴 공사

② 복잡한 공사

③ 원가절감요소가 많은 공사

④ 하자가 빈번한 공사

⑤ 개선효과가 큰 공사

⑥ 반복효과가 큰 공사

9) VE 추진절차

① 준비단계

- Project 선정
- VE 팀 구성 : 5~8명

② 분석단계

- 기능분류 : 기본기능, 1차 기능, 2차 기능, 부족한 기능
- 기능분석 System 작성 : $\frac{\text{FAST Diagram}}{\text{How} \rightarrow \text{Why}}$
- 대안 모색 : Brain Storming(자유로운 발상에 의한 Idea 창출)
- 최적대안 선정 : 매트릭스방법(XY상관관계에서 최적안 선정)

〈매트릭스방법〉

(안)	효율성	시공성	경제효과	적용성	점 수
1안					
2안					
3안					
4안					

10) 대가 지급

① 실비정산 보수가산식 도급 : 실비정액가산식 도급 적용

② 기술개발보상제도 : 절감액의 70%를 시공사에 보상

b LCC(Life Cycle Cost)

1) 정의

① 구조물의 수명주기 동안 발생하는 모든 비용

② 생산비용(기획~시공)+유지관리비용(유지관리~철거)

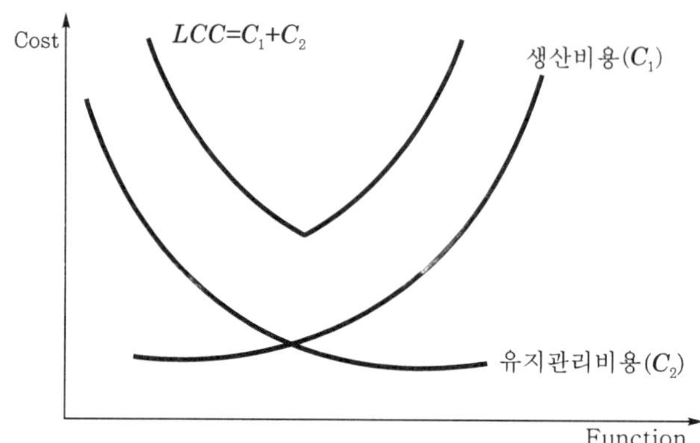

2) 분석방법

① 확정적

- 모든 입력변수를 확정치로 취급
- 계산 편리성, 신뢰도가 낮다.

② 확률적

- 확률개념 도입
- 복잡, 신뢰도 우수

3) 총가치비용($PVLCC$)

현재가치(PV)의 총기대비용(LCC)

$$PVLCC = \sum_{n=0}^{k} \frac{C_k}{(1+i)^k}$$

여기서, i : 할인율
k : 공용연수
C_k : k년 동안에 발생하는 모든 비용

4) 비용판단법

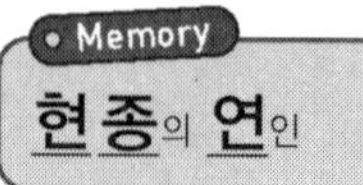

① 현가법

② 종가법

③ 연가법

5) 구성항목

생산비용	유지관리비용	철거비용	사용자비용
• 설계비용 • 직접공사비 • 간접공사비 • 일반관리비 • 이윤 • 신기술도입비용	• 안전진단비 • 운용유지비 • 보수보강비용	• 해체비용 • 폐기물처리비용 • 재활용비용	• 환경비용 • 시간가치비용 • 차량운행비용

7 Lean Construction

1) 정의

"군살이 없는 건설"이라는 뜻으로 낭비를 최소화하는 가장 효율적인 생산 System을 의미

2) 4단계 구분

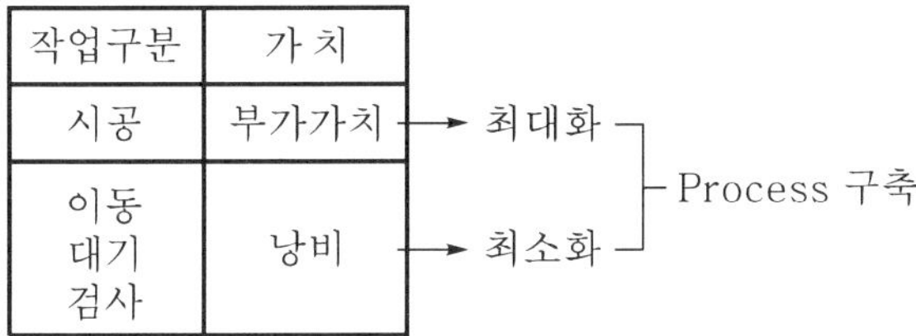

- 길은 … -

철학자는 "길은 생각하는 데 있다"고 말합니다.

과학자는 "길은 창안하는 데 있다"고 말합니다.

입법자는 "길은 법을 정하는 데 있다"고 말합니다.

정치가는 "길은 시간을 잘 보내는 데 있다"고 말합니다.

애주가는 "길은 마시는 데 있다"고 말합니다.

애연가는 "길은 담배 피우는 데 있다"고 말합니다.

정신의학자는 "길은 대화 속에 있다"고 말합니다.

독재자는 "길은 겁을 주는 데 있다"고 말합니다.

재벌은 "돈으로 길을 살 수 있다"고 말합니다.

사업가는 "길은 일하는 데 있다"고 말합니다.

종교인은 "길은 열심히 기도하고 예배드리는 데 있다"고 말합니다.

사탄은 "길은 없다"고 말합니다.

제10장 제4절 공정관리

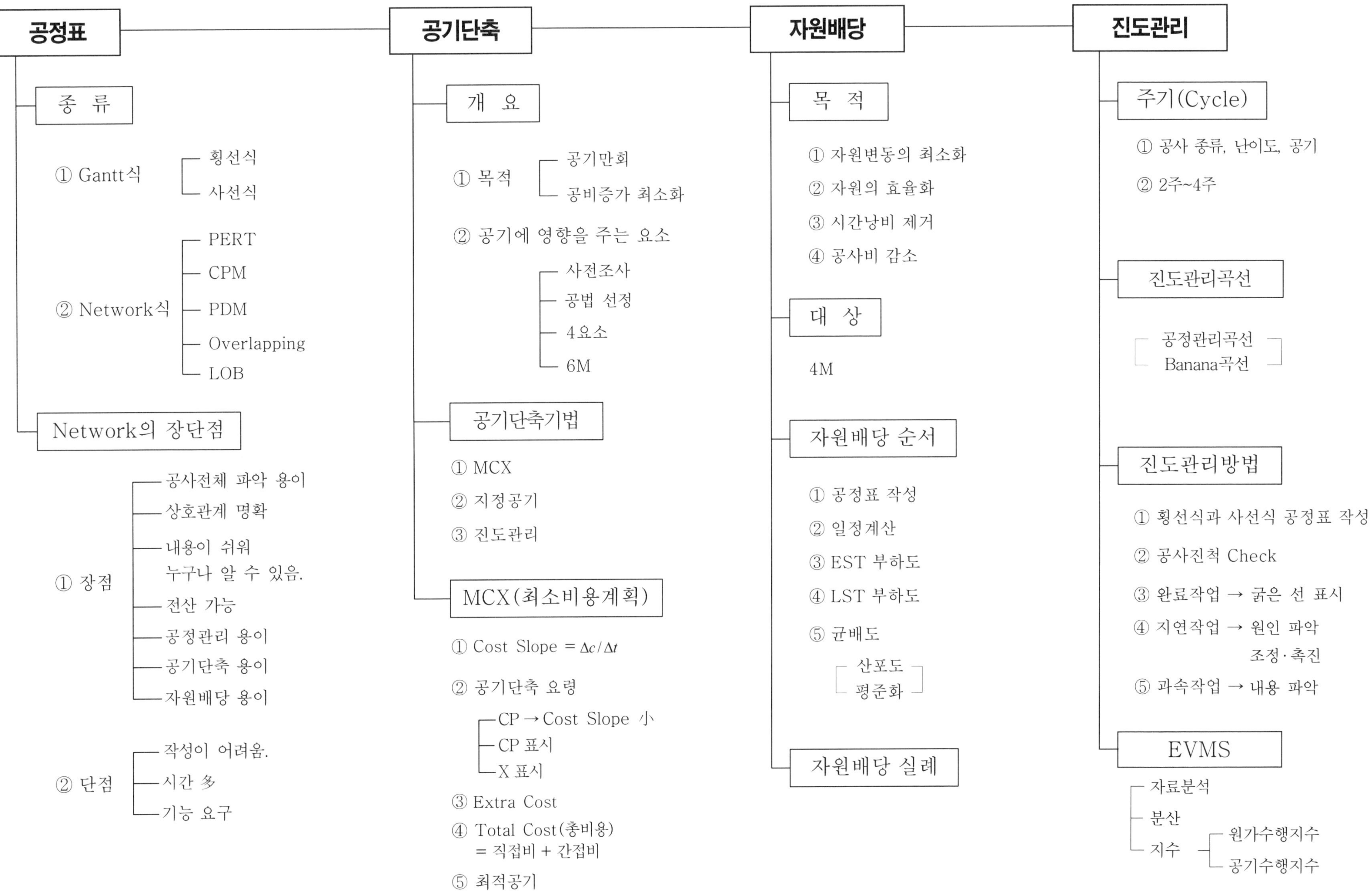

공정표
종 류
① Gantt식
횡선식
사선식
② Network식
PERT
CPM
PDM
Overlapping
LOB
Network의 장단점
① 장점
공사전체 파악 용이
상호관계 명확
내용이 쉬워
누구나 알 수 있음.
전산 가능
공정관리 용이
공기단축 용이
자원배당 용이
② 단점
작성이 어려움.
시간 多
기능 요구
공기단축
개 요
① 목적
공기만회
공비증가 최소화
② 공기에 영향을 주는 요소
사전조사
공법 선정
4요소
6M
공기단축기법
① MCX
② 지정공기
③ 진도관리
MCX(최소비용계획)
① Cost Slope = Δc/Δt
② 공기단축 요령
CP → Cost Slope 小
CP 표시
X 표시
③ Extra Cost
④ Total Cost(총비용)
= 직접비 + 간접비
⑤ 최적공기
직접비 : 공기↓ 공비↑
간접비 : 공기↓ 공비↓
자원배당
목 적
① 자원변동의 최소화
② 자원의 효율화
③ 시간낭비 제거
④ 공사비 감소
대 상
4M
자원배당 순서
① 공정표 작성
② 일정계산
③ EST 부하도
④ LST 부하도
⑤ 균배도
산포도
평준화
자원배당 실례
진도관리
주기(Cycle)
① 공사 종류, 난이도, 공기
② 2주~4주
진도관리곡선
공정관리곡선
Banana곡선
진도관리방법
① 횡선식과 사선식 공정표 작성
② 공사진척 Check
③ 완료작업 → 굵은 선 표시
④ 지연작업 → 원인 파악
조정·촉진
⑤ 과속작업 → 내용 파악
EVMS
자료분석
분산
지수
원가수행지수
공기수행지수

제 4 절 공정관리

1) 정의

건설생산에 필요한 자원 6M을 경제적으로 운영하여 좋고, 싸고, 빠르고, 안전하게 구조물을 완성하는 관리기법

2) 공정표의 종류

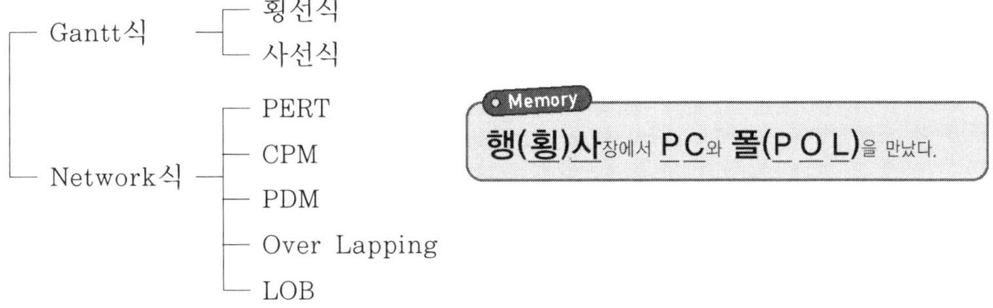

1 횡선식 공정표

1) 정의

공정별 공사를 종축에 순서대로 나열하고, 횡축에 날짜를 표기하여 시간경과에 따른 공정을 횡선으로 표시한 공정표이다.

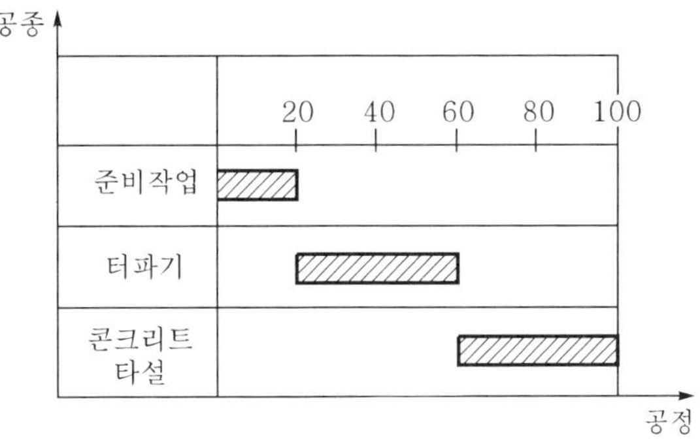

2) 특징

장 점	단 점
• 작성하기 쉽고 간단하다. • 개략공정의 내용을 나타내는데 적합하다. • 즉각적으로 보고 이해하기 쉽다. • 각 공종별 공사와 전체의 공정시기 등이 일목요연하다.	• 작업관계가 표현되지 않는다. • 공사기일이 나타나지 않는다. • 횡선의 길이에 따라 진척도를 개괄적으로 판단해야 한다. • 문제점이 명확하지 않다.

2 사선식 공정표(바나나곡선)

1) 정의

① 횡선식 공정표와 같이 작업의 관련성은 나타낼 수 없으나, 공사의 기성고를 표시하는데 편리한 공정표이다.

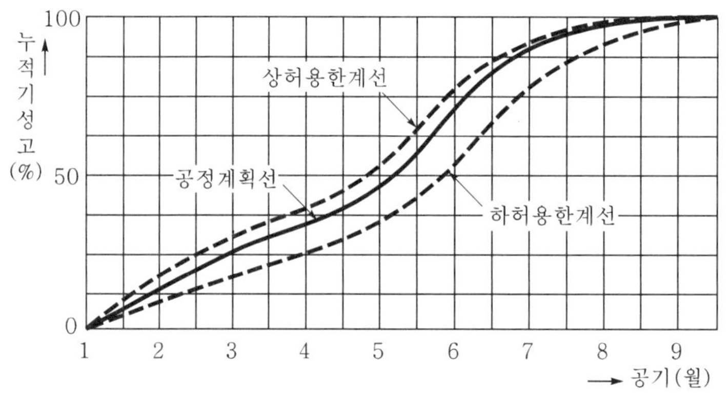

② 바나나곡선은 공정계획선의 상하에 허용한계선을 설치하여 그 한계 내에 들어가게 공정을 조정한다.

2) 특징

장 점	단 점
• 전체 경향을 파악할 수 있다. • 예정과 실적의 차이를 파악하기 쉽다. • 시공속도를 파악할 수 있다.	• 공사의 지연에 대하여 조속히 대처할 수 있다. • 세부사항을 알 수 없다. • 개개의 작업을 조정할 수 없다.

3 Network 공정표

1) 정의

작업의 상호관계를 Event와 Activity에 의하여 망상형으로 표시하고, 그 작업의 명칭, 작업량, 소요시간 등 공정상 계획 및 관리에 필요한 정보를 기입하여 수행을 진척관리하는 공정표

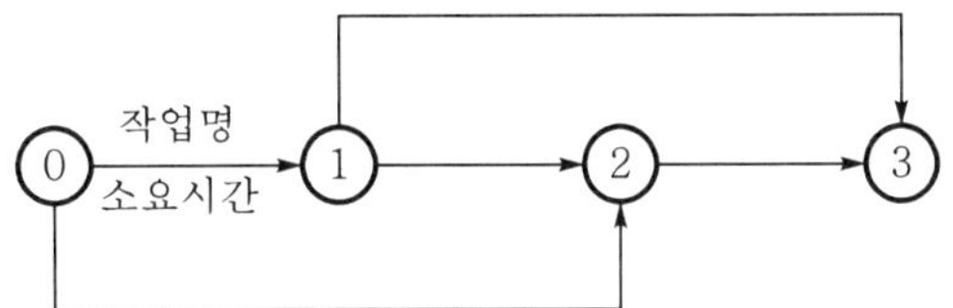

2) 분류별 특성

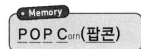

Memory
POP Corn(팝콘)

① PERT(Program Evaluation & Review Technique) : 신규, 경험이 없는 사업, 공기단축

② CPM(Critical Path Method) : 반복, 경험이 있는 사업, 공비절감

③ PDM(Precedence Diagraming Method) : 반복적이고 많은 작업이 동시에 일어날 때 더욱 효과적

④ Overlapping : 각 공정 간의 Overlap 부분을 간단하게 표기

⑤ LOB(Line Of Balance)

㉠ 반복작업이 많은 공사

㉡ 작업의 진도율로 전체 공사의 표현 가능

3) 특징

장 점	단 점
• 상세한 계획수립 용이 • 변화나 변경에 바로 대처 가능 • 각 작업의 흐름 및 상호관계 명확 • 문제점 파악 및 정확한 분석 가능	• 공정표 작성시간이 많이 소요 • 작성 및 검사에 특별기능 필요

4 PDM(Precedence Diagraming Method)

1) 정의

PDM은 ADM(CPM)과 비교하여 Dummy의 생략으로 Activity의 개수가 감소되어 Network 작성이 쉬우며, 반복적이고 많은 작업이 동시에 진행될 때 효율적이다.

2) ADM과 비교

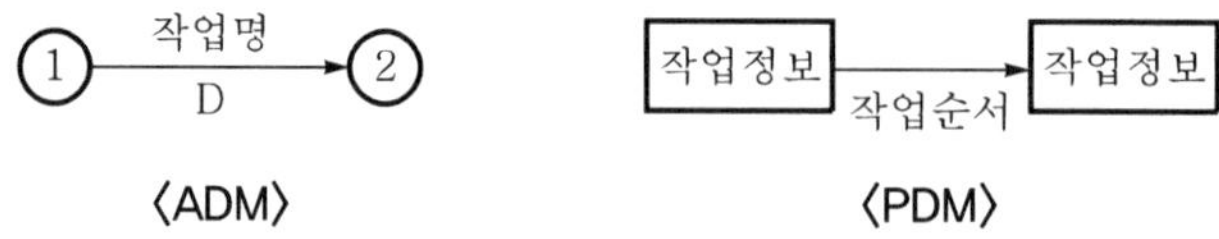

〈ADM〉 〈PDM〉

3) PDM 종류

- 타원형 : 이론
- 네모형 : 실무

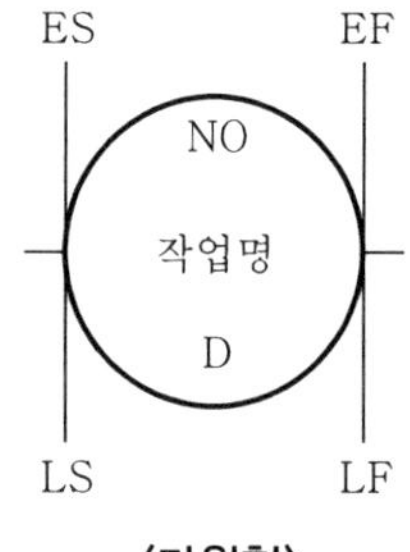

〈타원형〉

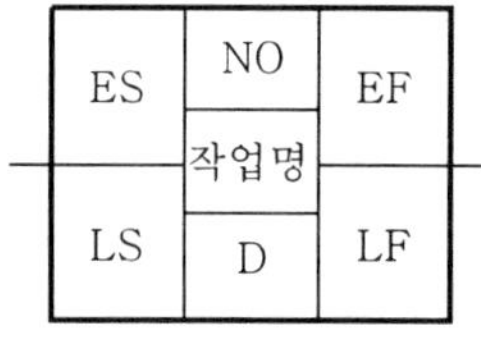

〈네모형〉

4) Dummy가 없다.

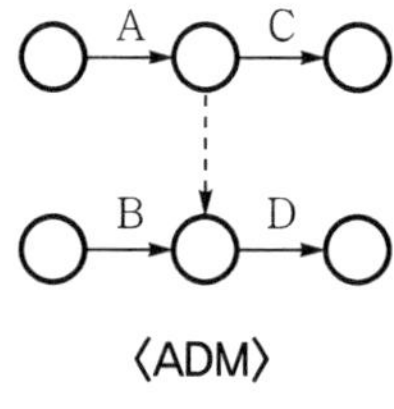

〈ADM〉

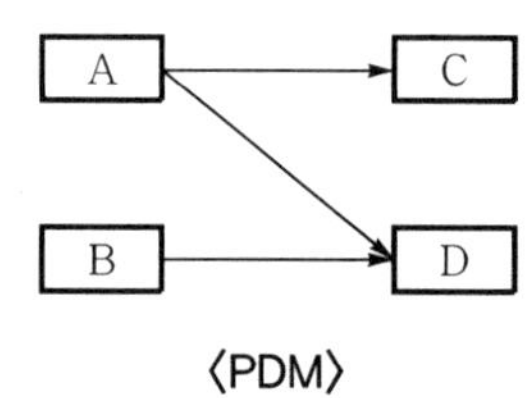

〈PDM〉

5) 선후작업 연결관계

종 류	도 해
• 개시와 개시관계(STS : Start To Start) • 종료와 종료관계(FTF : Finish To Finish) • 개시와 종료관계(STF : Start To Finish) • 종료와 개시관계(FTS : Finish To Start)	개시 선행작업 종료 개시 후속작업 종료 FTS STS FTF STF

6) 특징

① 노드 안에 작업과 관련된 많은 사항을 표시할 수 있다.
② 더미의 사용이 불필요하다.
③ 네트워크가 간단하므로 컴퓨터의 적용이 용이하다.
④ 선후작업의 연결관계를 다양하게 표현할 수 있다.
⑤ 네트워크의 독해, 수정이 쉽다.

5 Overlapping

1) 정의

① PDM기법을 응용 발전시킨 것으로, 선후작업 간의 Overlap관계를 간단히 표시한 기법
② 실제 공사흐름을 현실적 표현 가능
③ 방법 및 특징은 PDM과 동일

2) Overlapping의 실례

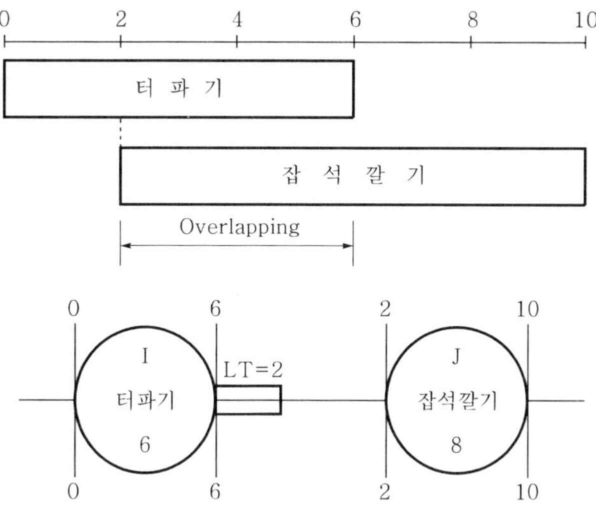

터파기 공사 2일 후에 잡석깔기가 시작된다.

b LOB(Line Of Balance)

1) 정의

① 반복작업에서 각 작업조의 생산성을 유지하면서 그 생산성을 기울기로 하는 직선으로 각 반복작업의 진행을 표시하는 기법

② 각 작업 간 상호관계의 명확한 표현이 가능하며, 작업의 진도율로 전체 공사의 표현 가능

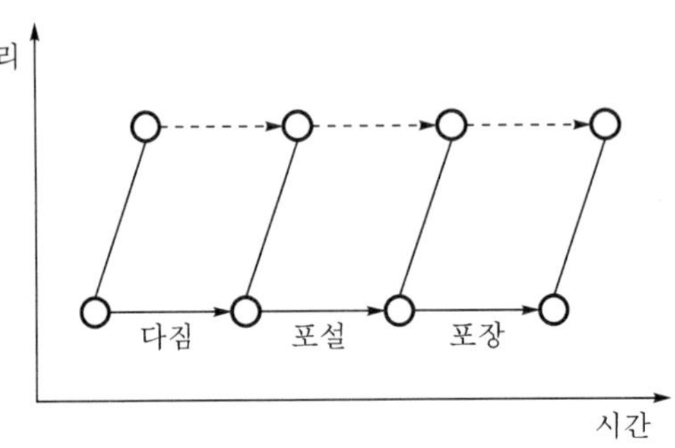

2) 용도

① 반복작업이 많은 공사

② 도로, 공항, 활주로, 터널, 지하철 등

3) 구성요소

① 발산

- 후속작업의 진도율 기울기가 선행작업의 기울기보다 작을 때
- 전체 공기는 진도율 기울기가 작은 작업에 의존함.

② 수렴

- 후속작업의 진도율 기울기가 선행작업의 기울기보다 클 때
- 선후작업의 간섭현상 유발

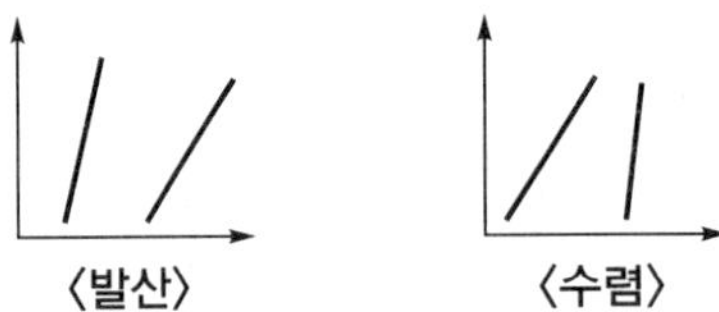

〈발산〉 〈수렴〉

③ 간섭

- 작업동선의 혼선과 위험의 증대, 양중작업 증대, 작업능률의 저하 유발
- 수렴이 발생하며 경제성, 안전성, 품질 확보에 어려움.

④ 버퍼(Buffer=Bumper)

- 간섭을 피하기 위한 연관된 선후작업 간의 여유시간
- 주공정선에는 최소한의 버퍼를 두어 공기연장 예방

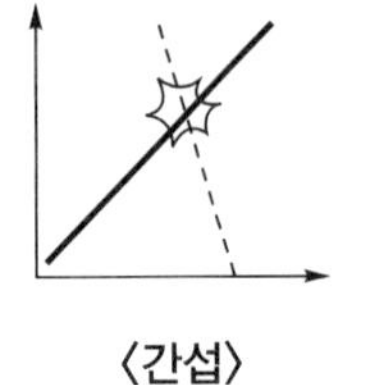

〈간섭〉

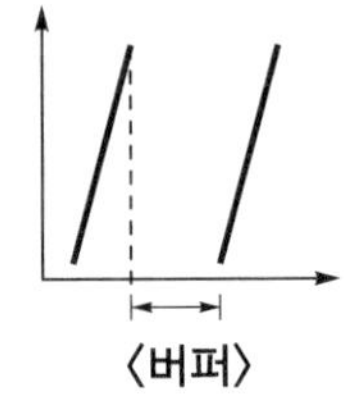

〈버퍼〉

7 용어설명

1. Dummy

1) 정의

Dummy란 작업의 중복을 피하거나 작업의 선후관계를 규정하기 위한 것으로, 시간의 소요가 없는 명목상의 작업을 말한다.

2) Dummy의 종류

① Numbering Dummy : 작업의 중복을 피하기 위한 Dummy

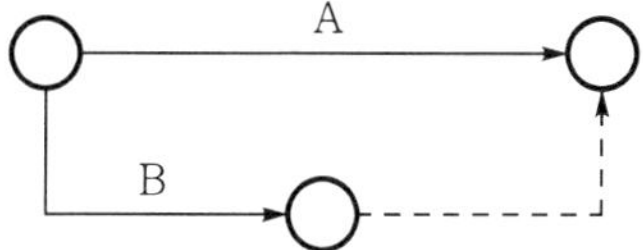

② Logical Dummy : 작업의 선후관계를 규정하기 위한 더미

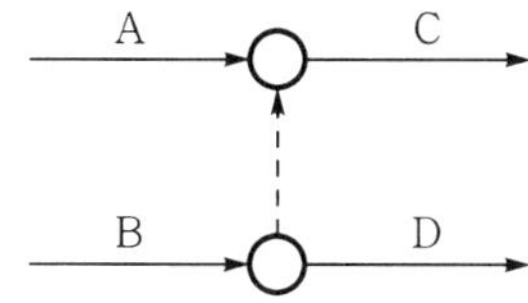

3) 특징

① 점선 화살표(⋯→)로 표시

② 소요시간은 0(zero)

③ CP가 될 수 있음.

2. CP(Critical Path)

1) 정의

Network에서 최초 개시점에서 마지막 종료점까지 연결되어 있는 여러 개의 Path 중 가장 긴 Path

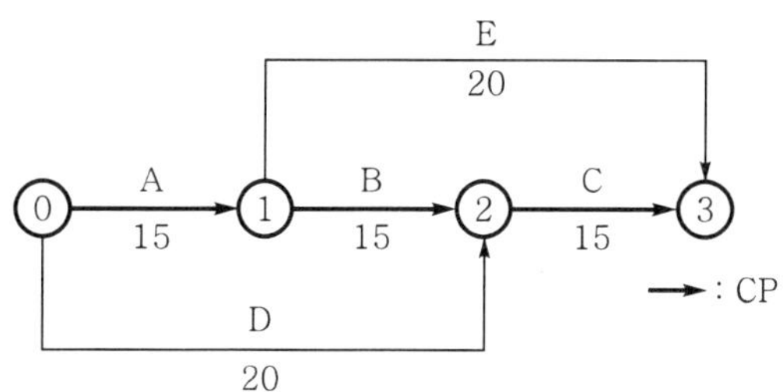

2) 특징

① 여유시간이 전혀 없다(TF=0).

② 최초 개시에서 최종 종료에 이르는 여러 가지 Path 중 가장 길다.

③ CP는 1개만 있는 것이 아니고 2개 이상 있을 수도 있다.

④ Dummy도 CP가 될 수 있다.

⑤ CP에 의하여 공기가 결정된다.

⑥ CP는 일정계획을 수립하는 기준이 된다.

⑦ CP상의 Activity는 중점적 관리의 대상이 된다.

3) 표시법

① 공기가 가장 긴 것으로 TF=0인 작업을 찾는다.

② 굵은 선 또는 2줄로 표시한다.

3. Milestone

1) 정의

사업을 계획기간 내에 완성하기 위하여 사업추진과정에서 관리목적상 반드시 지켜야 하는, 특히 중요한 몇몇 작업의 시작과 종료를 의미하는 특정시점

2) 마일스톤의 종류

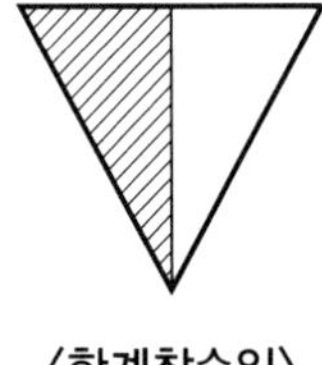

〈한계착수일〉

〈한계완료일〉

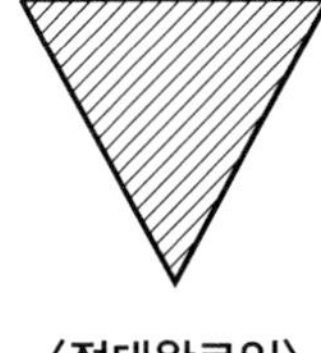

〈절대완료일〉

① 한계착수일(Not Earlier Than Date)
지정된 날짜보다 일찍 작업에 착수할 수 없는 한계착수일

② 한계완료일(Not Later Than Date)
지정된 날짜보다 늦게 완료되어서는 안 되는 한계완료일

③ 절대완료일(Not Later & Not Earlier Than Date)
정확한 날짜에 완성되어야 하는 절대완료일

3) 마일스톤 선정대상

① 토목, 건축, 전기, 설비 등 직종별 교차점

② 전체 공사에 영향을 미치는 특정작업의 착수시점

③ 전체 공사에 영향을 미치는 특정작업의 완료시점

8 일정계산

1) EST(최초개시시간)

① 전진계산

② 최대값

2) EFT(최초완료시간)

EST+D(공기)

3) LFT(최저완료시간)

① 후진계산

② 최소값

4) LST(최저개시시간)

LFT−D(공기)

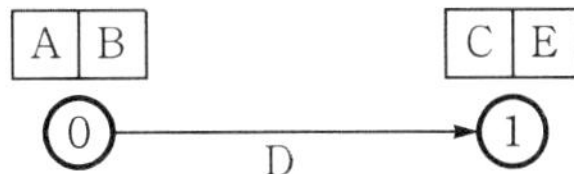

EST : A, EFT : A+D, LFT : E, LST : E−D

ex) 실례

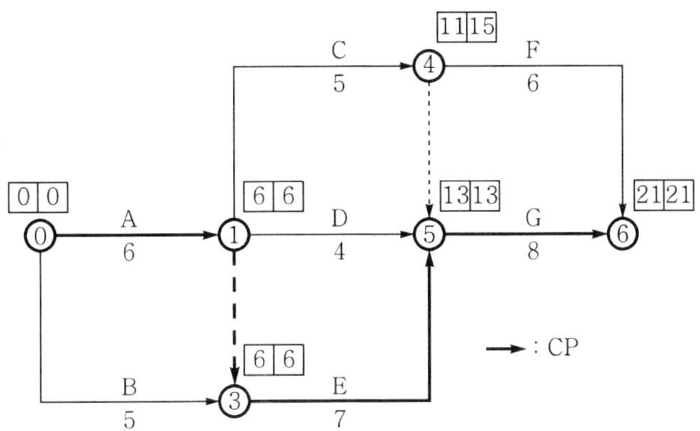

9 공기단축

1) 분류

① MCX(Minimum Cost Expediting, 최소비용계획) : 공기와 비용의 관계를 조사하여 최소비용으로 공기단축

② 진도관리에 의한 방법

③ Network 공정표에 의한 방법

2) MCX

① 비용구배(Cost Slope)

$$\text{Cost Slope} = \frac{\text{급속비용(Crash Cost)} - \text{정상비용(Normal Cost)}}{\text{정상공기(Normal Time)} - \text{급속공기(Trash Time)}}$$

$$= \frac{\triangle \text{Cost}}{\triangle \text{Time}}$$

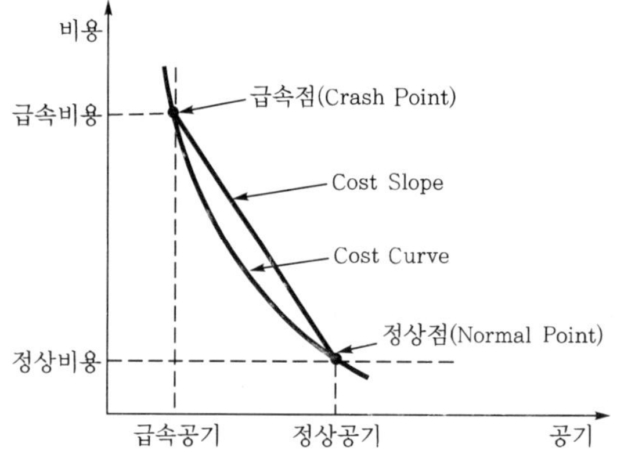

- 정상공기(표준공기) : Normal Time
- 급속공기(특급공기) : Crash Time
- 정상비용(표준비용) : Normal Cost
- 급속비용(특급비용) : Crash Cost
- 정상점(표준점) : Normal Point
- 급속점(특급점) : Crash Point

② 급속점(Crash Point)

- 급속공기와 급속비용이 만나는 점
- 소요공기를 더 단축할 수 없는 단축한계점

③ 총공사비

- 총공사비 = 정상비용 + 추가비용
- 추가비용 = 단축일수 × 비용구배

④ 최적공기 : 가장 경제적인 공기(시공속도)

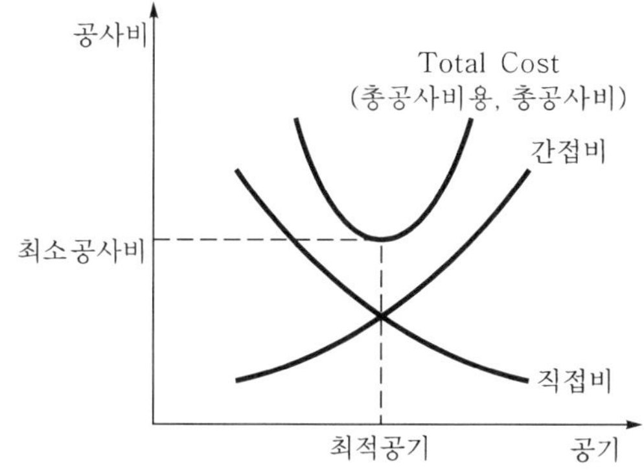

3) 채산 시공속도

① 손익분기점은 수입(단가×시공량)과 직접비가 일치하는 곳이다.

② 매일 기성고가 손익분기점 이상이 되는 시공량을 채산 시공속도라 한다.

③ 시공속도를 너무 크게 하여도 이익은 비례해서 증가하지 않는다.

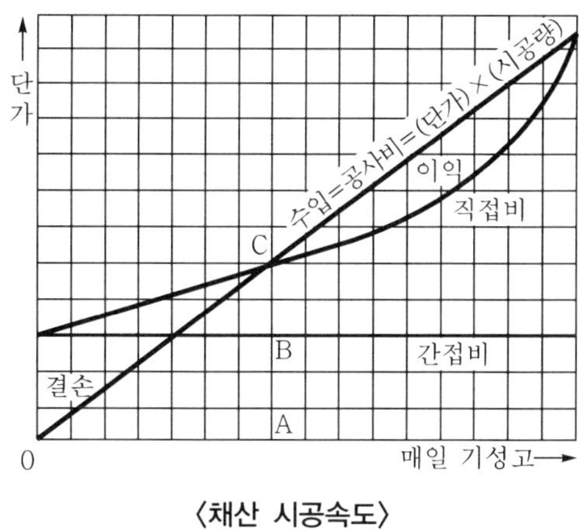

〈채산 시공속도〉

10 EVMS(Earned Value Management System)

1) 정의

① EVMS(Earned Value Management System)기법은 프로젝트에 있어서 현재의 정확한 성과측정과 향후 예측을 위한 비용(Cost)과 공정(Time)의 통합관리기법이다.

② EV(Earned Value)란 어떤 노력을 통해 획득된 가치를 말하는 것으로, 특정시점에서 실제 수행된 작업량 또는 진도율과 유사한 개념이다.

③ Earned Value : 노력을 통해서 얻은 가치

④ 현재+미래

⑤ 공정+공사비

2) 기본요소

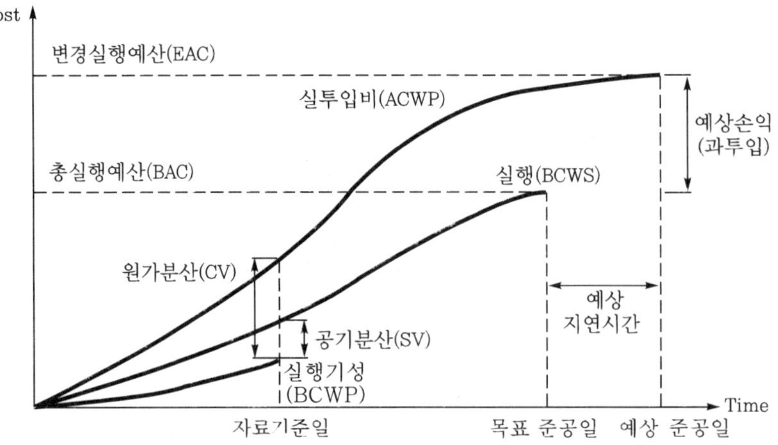

3) 용어

종 류	약 어	용 어	내 용
실행금액	BCWS	Budgeted Cost for Work Scheduled(Planned Value)	• 투입예정된 계획공사비 • 실행금액=실행물량×실행단가
실행기성	BCWP	Budgeted Cost for Work Performed(Earned Value)	• 현재시점까지 지불된 달성공사비 • 실행기성=실제 물량×실행단가
실투입비	ACWP	Actual Cost for Work Performed(Actual Cost)	• 현재시점까지 실제 투입공사비 • 실투입비=실제 물량×실제 단가
총실행예산	BAC	Budget At Completion	• 완료시점을 기준으로 각 작업항목들의 실행의 합계
변경실행예산	EAC	Estimate At Completion	• 추정준공일까지 최종공사비 추정액 • EAC=BAC/CPI
공정편차	SV	Schedule Variance	• 현재 건설공사가 공정계획 내에 있는지 확인하는 척도 • SV=BCWP−BCWS
공사비편차	CV	Cost Variance	• 현재 실행기성이 실투입비 원가범위 내에 있는지 확인 • CV=BCWP−ACWP
공정수행지수	SPI	Schedule Performance Index	• 현재 실행기성을 바탕으로 공사완료된 부분이 이미 산정된 예산대로 진행되는지 확인하는 척도 • SPI=BCWP/BCWS
공사비 수행지수	CPI	Cost Performance Index	• 현재 실행기성을 바탕으로 공사완료된 부분이 이미 산정된 예산대로 진행되는지 확인하는 척도 • CPI=BCWP/ACWP

FORM

Ⅰ. 서 론(개요)

- 정의(Where, Why, How)
- 장점

Ⅱ. ① 종류
② 특징(장점, 단점)
③ 필요성(용도, 도입배경)
④ 사전조사
⑤ 공법 선정
⑥ Flow Chart

Ⅲ. 본 론
① 재료
② 시공순서
③ 시공 시 주의사항

※ 그 림

Ⅳ. ① 문제점 → ② 대책
③ 개발방향

Ⅴ. 결 론

- 문제점
- 대책

시공계획

1. 사전조사 : 설계도서 검토, 입지조건, 공해, 기상, 관계법규, 계약조건 검토, 지반조사

2. 공법 선정 : 시공성, 경제성, 안전성, 무공해성

3. 공사의 4요소 : 공정관리(공기단축), 품질관리(질우수), 원가관리(경제성), 안전관리(안전성)

4. 6M :
   - Man { 노무절감, 전문인력 }
   - Material { 자재건식화, 자재관리 }
   - Machine { 기계화, 초기투자비 }
   - Money (자금)
   - Method (시공법)
   - Memory (기술축적)

5. 관리 : 하도급관리, 실행예산, 현장원 편성, 사무관리, 대외 업무관리

6. 가설 : 동력, 용수, 수송, 양중

7. 구조물의 3요소 : 구조, 기능, 미

8. 공사내용 : 가설, 토공, 기초, 콘크리트, 지반개량

9. 기타 : 환경친화적 설계와 시공, 실명제, 민원

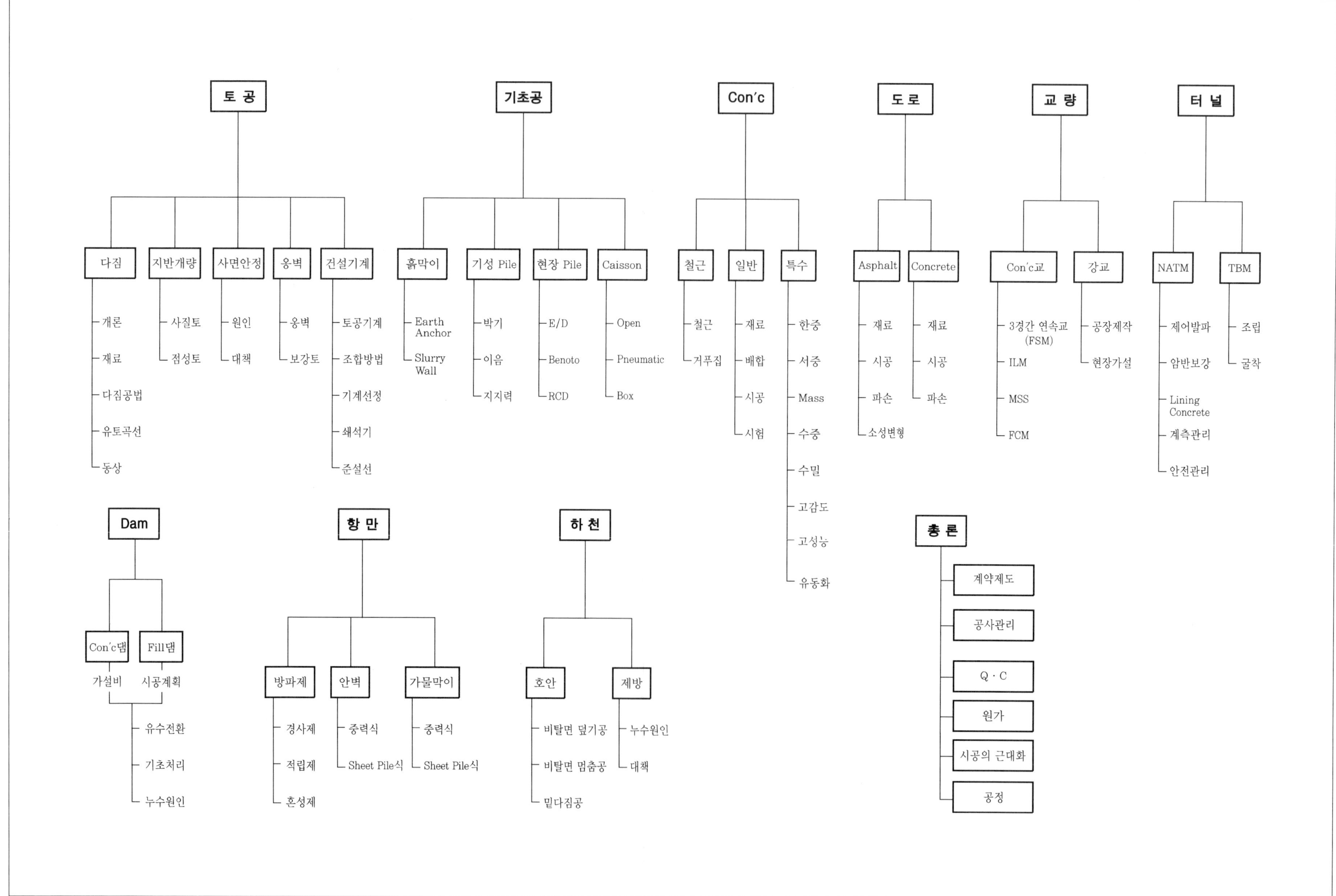
토 공
다짐
개론
재료
다짐공법
유토곡선
동상
지반개량
사질토
점성토
사면안정
원인
대책
옹벽
옹벽
보강토
건설기계
토공기계
조합방법
기계선정
쇄석기
준설선
기초공
흙막이
Earth Anchor
Slurry Wall
기성 Pile
박기
이음
지지력
현장 Pile
E/D
Benoto
RCD
Caisson
Open
Pneumatic
Box
Con'c
철근
철근
거푸집
일반
재료
배합
시공
시험
특수
한중
서중
Mass
수중
수밀
고강도
고성능
유동화
도 로
Asphalt
재료
시공
파손
소성변형
Concrete
재료
시공
파손
교 량
Con'c교
3경간 연속교 (FSM)
ILM
MSS
FCM
강교
공장제작
현장가설
터 널
NATM
제어발파
암반보강
Lining Concrete
계측관리
안전관리
TBM
조립
굴착
Dam
Con'c댐
Fill댐
가설비
시공계획
유수전환
기초처리
누수원인
항 만
방파제
경사제
직립제
혼성제
안벽
중력식
Sheet Pile식
가물막이
중력식
Sheet Pile식
하 천
호안
비탈면 덮기공
비탈면 멈춤공
밑다짐공
제방
누수원인
대책
총 론
계약제도
공사관리
Q · C
원가
시공의 근대화
공정

토질 조사

토·조
- 조사: 예 – 현 – 본
  - 자 지 지 기 지 인 하 / 지 지 지 B S S 인 / P B S S 흙 토 강
- 현
  - B: Au, 수, 회, 충
  - S: 관:S, 회:V, 인:I
  - S: 교, 불
- 시
  - 실
    - 흙: A, 입
    - 토: G_s, ω, γ_d, $\gamma_{d\max}$
    - 강: 직, 3축, 1축
  - 지
    - P: $K=\frac{q}{y}$
    - C: 현/C → 수/C

흙.주

A
W
S

간 $e=\frac{V_V}{V_S}$

간 $n=\frac{V_V}{V}\times100\,\%$

포 $S=\frac{V_W}{V_V}\times100\,\%$

함 $\omega=\frac{W_W}{W_S}\times100\,\%$

함 $\omega'=\frac{W_W}{W}\times100\,\%$

A.한계

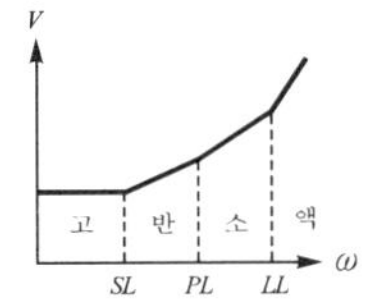

소/수 $PI=LL-PL$

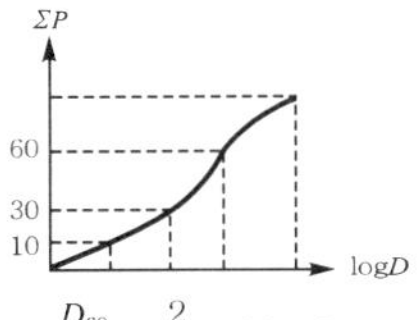

균/수 $C_u=\frac{D_{60}}{D_{10}}=\frac{2}{0.1}=20>10$

곡/수 $C_g=\frac{D_{30}^2}{D_{10}D_{60}}=\frac{0.5^2}{0.1\times2}=1.44$

다 짐

개론
- 정: 다 공 단 동 / 압 간 장 적
- 목: 지大, 전大, 투小, 간小
- 곡선

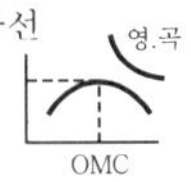

- 다짐도: $R_c=\frac{\gamma_d}{\gamma_{d\max}}\times100\,\%$
- 영향: 함수비, 흙, 다/에, 다/횟

재료
- 공/안

구	노	노
최/입	100	300
5.0/통	25/100	
0.08/통	0/25	
수/C	10↑	2.5↑
소/지	10↓	
액/한	50↓	50↓
1층	20↓	30↓
다짐	95↑	90↑

- C_u>10, 1<C_g<3
- 양, 이×, 배, 시, 장, 압, 지, 전, 투

유.곡
- 유, 유/성, 장/선, 유/무
- 절/구, 극/극, 산/골, 토/파/부, 평/운, 전토

시공
- 전: 점, 자, 전, 짓, 사
- 진: 사, 공, 진, 사
- 충: 충, 협, 사 – R, T

시/주
- 재, 시, 취
- 구/접, 편/편, 절/경, 확

다/판
- 건: $R_c=\frac{\gamma_d}{\gamma_{d\max}}\times100\,\%$
- 강: P, 수/C
- 포: $S=\frac{G_s\omega}{e}$
- 상: $D_r=\frac{e_{\max}-e}{e_{\max}-e_{\min}}\times100\,\%$
- 변: P/R, B/B
- 다/횟 – 다/기

흙동
- 심도
  - 현: 동/심, T.P
  - 동 $Z=C\sqrt{F}$
  - 열 $Z=\sqrt{\frac{48kF}{L}}$
- 원인: 온, S, 모
- 대책: 단, 동/방, 지, 지/침, 배, 지/용, 지, 안

구.접

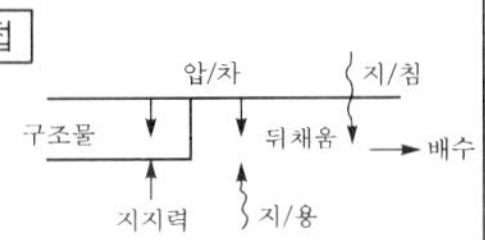

편.편

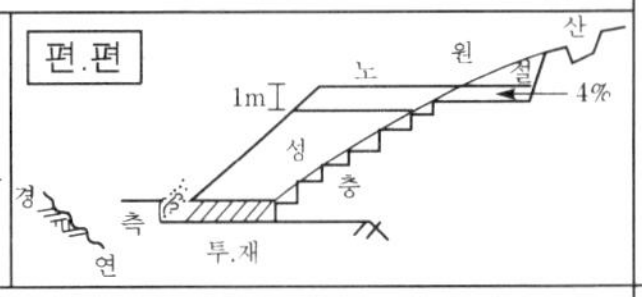

연약지반

개론
- 정

사	N	q_u	상
	10↓	1.0↓	35↓
점	N	q_u	C
	4↓	0.5↓	0.25↓

- 목: 전/증, 부/방, 액/방, 투/감, 주/안
- 사전
  - 현: P, S, B, S
  - 실: 흙, 토, 강

공.종
- 사: 진, 모, 전, 폭, 약 – 현, 용, 동
- 점
  - 치: 굴, 미, 폭
  - 압: P, S, 사
  - 탈: S/D, P/D, P/D
  - 배: D/W, W/P
  - 고: 생, 소, 동
  - 동
  - 전기
  - 침투압
  - 대기압
  - 표면
- 사/점: 입, S/C, 화/혼

관리
- 계측

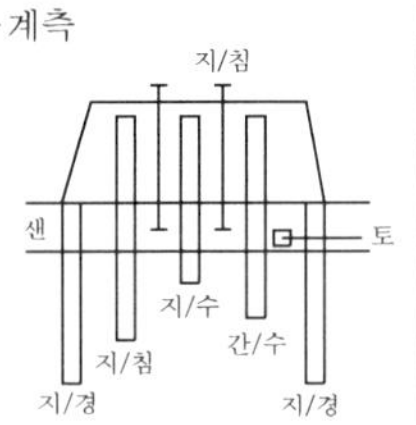

- 침
  - 전: $S_t=S_i+S_c+S_s$
  - 압: $S_c=\frac{C_c}{1+e}H\log\frac{P'+\Delta P}{P'}$
  - 침: $t=\frac{T_v}{C_v}Z^2$
  - 평: $\overline{U}=\frac{S_t}{S_c}\times100\,\%$
  - 잔: $\Delta S=(1-U)S_c$

사면안정

개론
- 종류
  - 무
  - 유
  - 직
  - 암: 원형, 평면, 쐐기, 전도
- 붕괴
  - L/C
  - L/S

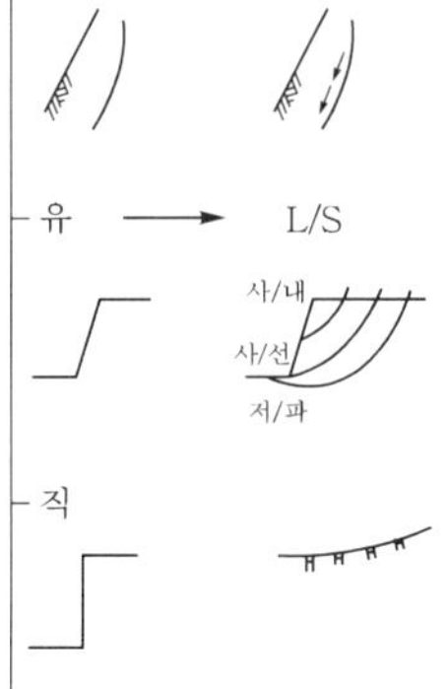

원인
- 외: 사, 세, 차, 진, 지, 지
- 내: 절, 성, 토, 단, 풍, 지, 질, 지

대책
- 식생: 식, 식, 떼, S/S
- 구조: 콘/블, C/격, 돌, 블, 숏, 편
- 응급: 지×, 배, 수, 지/용, 흙, 압
- 항구: S/N, E/A, R/A, P, 옹(철/난)

옹벽/보강토

개론
- 옹: 중, 역, 부
- 토
  - 주: $P_A=\frac{1}{2}rH^2K_a$, $K_a=\frac{1-\sin\phi}{1+\sin\phi}=\tan^2\left(45°-\frac{\phi}{2}\right)$
  - 정: $P_o=\frac{1}{2}rH^2K_o$, K_o=1-sinϕ
  - 수: $P_p=\frac{1}{2}rH^2K_p$, $K_p=\frac{1+\sin\phi}{1-\sin\phi}=\tan^2\left(45°+\frac{\phi}{2}\right)$
- 안
  - 활 $=\frac{\Sigma 기.마}{\Sigma 수}\geq1.5$
  - 전 $=\frac{M_r}{M_d}\geq2.0$
  - 지: $\frac{지.허}{연.합}>1.0$

재료
- 공/안
  - 최 100 이하
  - 입: 5:25~100%, 0.08:0~20%
  - PI< 10
  - C_u>10
  - 1<C_g<3
- 양/섭, 이×, 배, 시, 장, 압小, 투小, 지大, τ大

시공
- 뒤
- 배
- 이
- 철

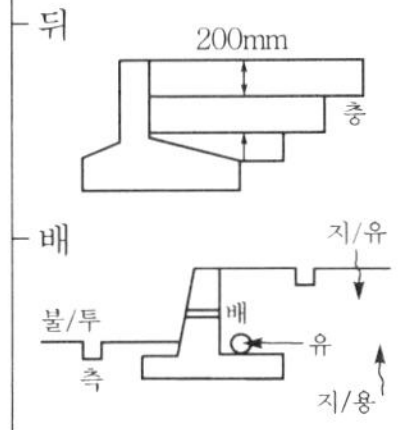

종	기	간	시
신	온/균	15	철/지
수	전/균	9	철/단

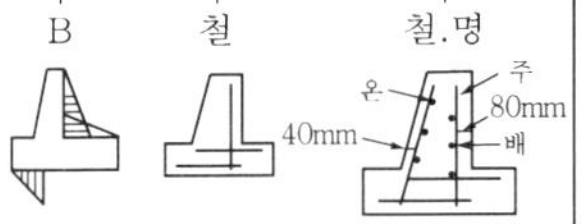

보강토

개론
- 원: 점/무+보=겉/점
- 특: 4, 용小, 외
- 용: 옹,고/R,교

재료

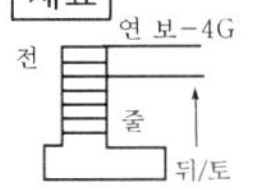

시공
- ① 기/터
- ② 기/C
- ③ S
- ④ 뒤
- ⑤ 보
- ⑥ 연
- ⑦ 다

시.유
- 재
- 시

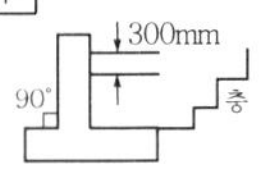

건설 기계

토.기
- 굴: P/S, D/S, D, C, T, B
- 적: S계, P/L
- 운: D/T, S, B, B/C
- 정: G, B
- 다
  - 전: R/R – T, M; T/R; T/R; B
  - 진: 진/R, 진/T/R, 진/C
  - 충: R, T

조합
- 원칙: 작/균, 조/중, 조/감
- 경
  - 기/시
  - 주/시
  - 종/시
  - 조/시
  - 기/산
  - $Q=\frac{60qfE}{C_m}$
  - 덤/용
  - 작
  - C/T: $C_m=t_1+t_2+t_3+t_4+t_5$
  - 토(f)
  - 시
  - 경
  - 안

ex)

공 \ 작	굴	적	운	정	다
도	B	P/L	D/T	G	R
축	B	P/S	D/T	B	R
댐	B	P/L	S, B/C	B	R

선정
- 공, 공, 토, 표, 특, 기, 기, 운, 주, 범, 시, 경, 안, 무

쇄석
- 구: 원공 → 1차 → 2차 → 3차 → 입/분 → 세정 → 저장
- 1차: J/C, G/C, I/C, H/C
- 2차: C/C, R/C, H/M/C
- 3차: T/C, R/M, B/M

준설
- P/D, D/D, G/D, B/D, D/S/D, 쇄암

흙막이

공.종
- 지: 자, 버, E/A
- 구: H/P, S/P, S/W

순서
- E/A
  - 종: 용:영,가 / 지:미,지,복
  - 순: ①인 ②천 ③인 ④G_1 ⑤양 ⑤인 ⑥안 ⑦G_2
- H/P
  - 순: ①H ②토 ③피 ④버 ⑤동
- S/P
  - 순: ①S/P ②띠 ③버 ④동
- S/W
  - 종: 벽,주
  - 순: ①G/W ②E ③S ④I/P ⑤철 ⑥T/P ⑦C ⑧I/P
  - 주 – 수,선,S,기,피, 공,C,안,공,규

시.주
- 배수
  - 중: 표,지,D/W
  - 강: W/P,전D/W
- 침.균
  - S, 측, 뒤, 배, 지
  - B, H, P, 피, 소
- 계측

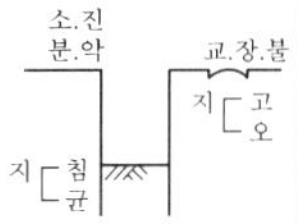

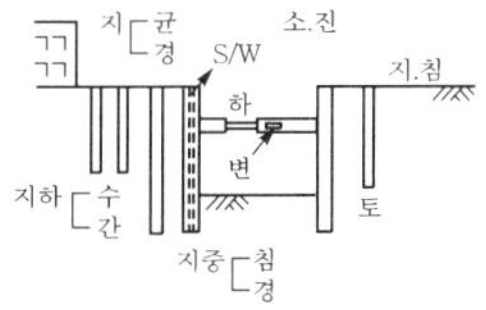

- 지.대
  - 차: 흙: S/P,S/W; 고: 생,소,동; 약: A,B,C,ㄱ,ㄴ,고
  - 배: 중, 강

공해

기초공

기성C
- 박: 타, 진, 압, W/J, P/B, S, 중
- 이: 장, 충, B, W
- 지
- 정: T: $R_u=R_p+R_f$; M: $R_a=30+\frac{1}{5}+\frac{1}{2}$
- 동: S: $R_a=\frac{WH}{S}$; E/N: $R_a=\frac{WH}{S+2.54}$
- 말/재: 정, 재
- 말/박
- 소/진
- R/C
- 자

주.사(두)
- 박: 타, H/중, H/낙, 타/횟, 편타
- 이
- 지

공해(무)
- 기: 타: 저/H, 방/C, 강/P; 진, 압, J, P, 中
- 현: 관, 굴, P

부.마
- 영: 지, 구, 지/감, P
- P/마: 정, 부
- P/중
- 원인
- 대책

현장C
- 관: P, S, F, R, C
- 굴

공	기	보	지
E/D	D/B	B	점
B	H/G	C	자
R	특B+S	정	사,암

- P/C: CIP, PIP, MIP

주.사
- 수, 선, S, 기, 피, 공, C, 안, 공, 규

순서
- E/D: 굴/B, 철, T, C/타
- C: 굴, 철, T, 자, M
- P: A/삽, A/인, 흙, M/주
- M: A/삽, A/인, 흙, 시/주

케이
- O/C: 거
- 육: 구,굴,침,지 / 저/C,속,C/C
- 수: 축, 예, 비
- P/C
- B/C: 구, 진, 예, 가, 부, 거, 속

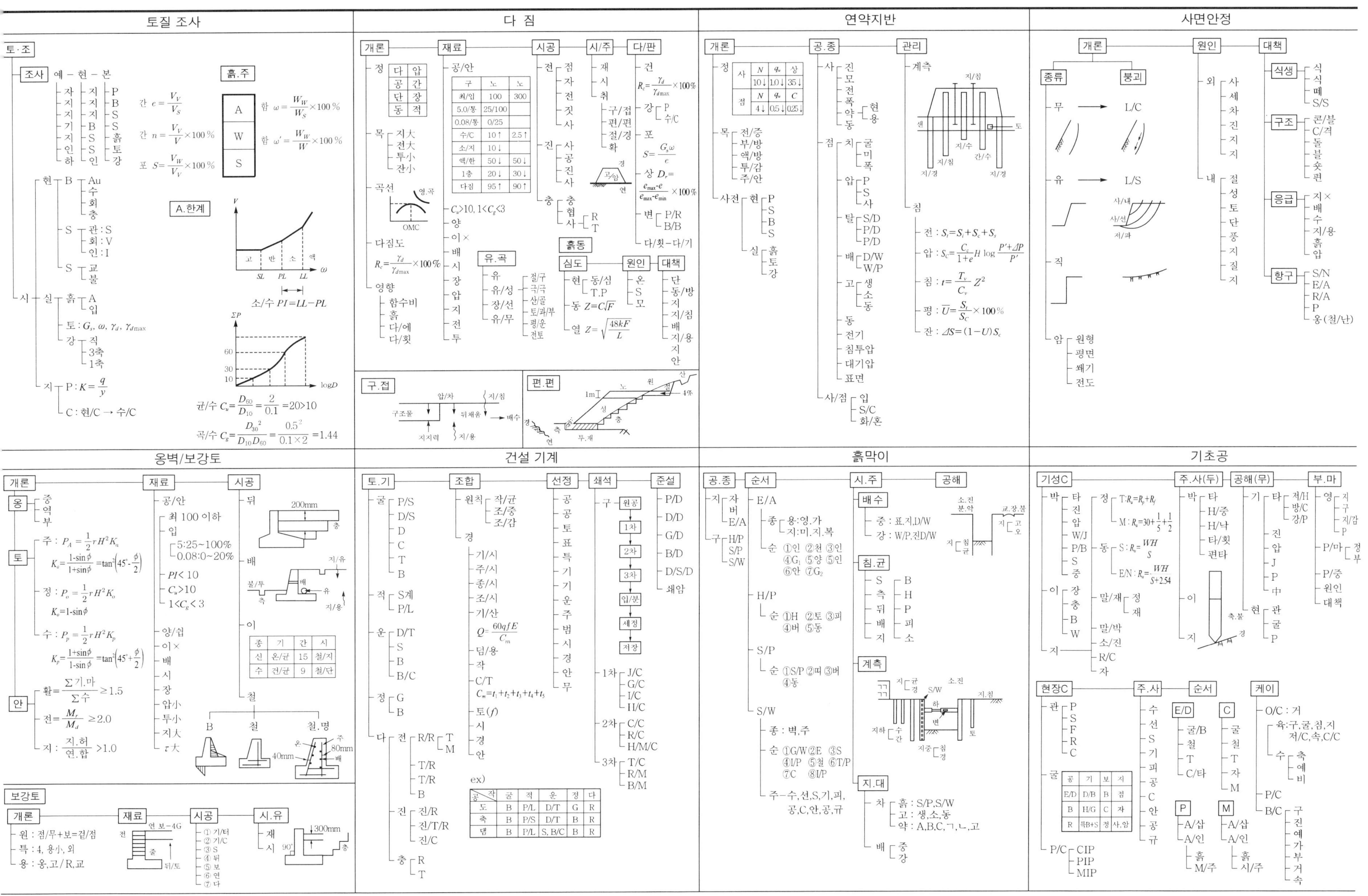

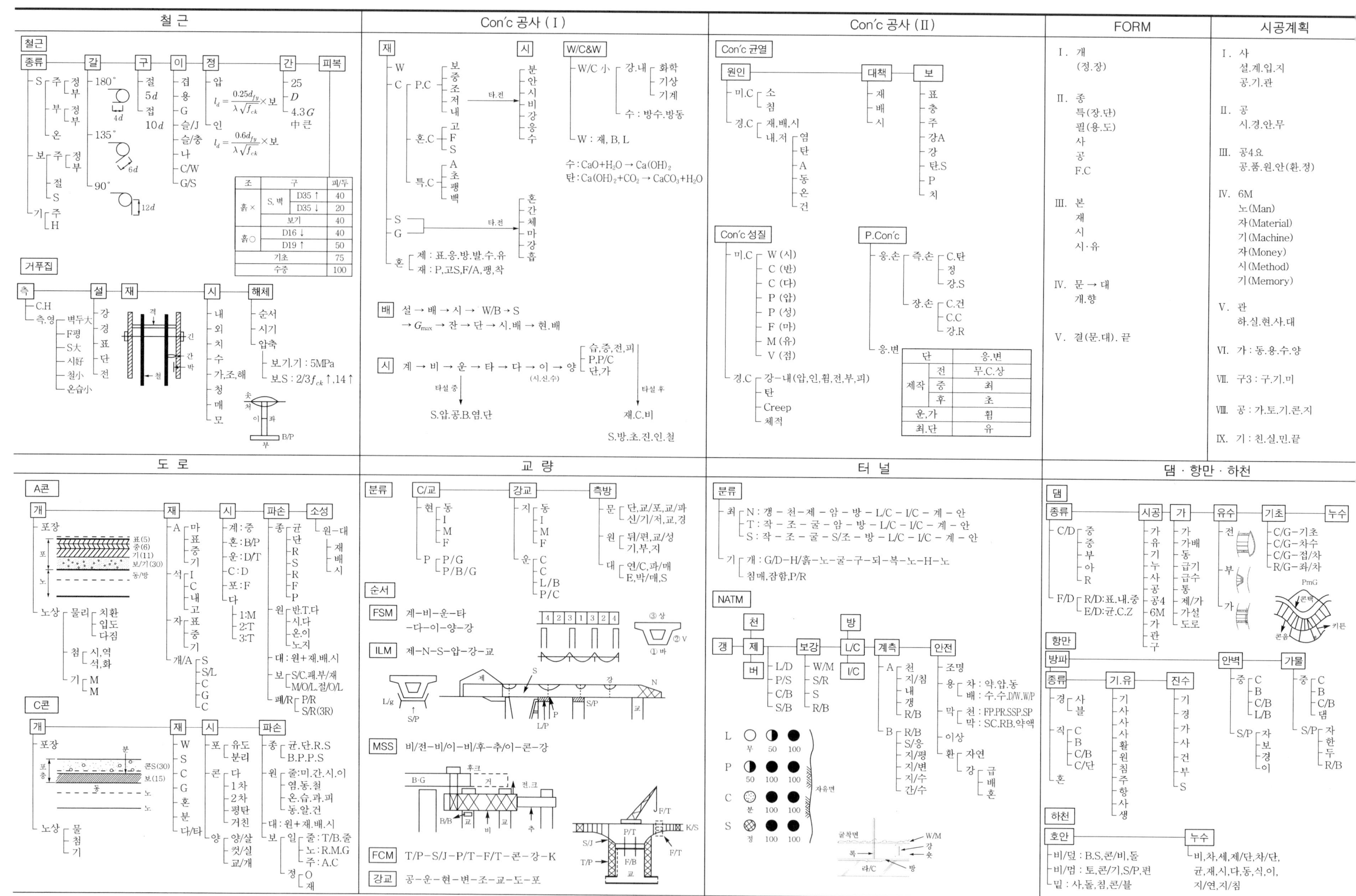
철 근
Con'c 공사 (Ⅰ)
Con'c 공사 (Ⅱ)
FORM
시공계획
철근
종류
갈
구
이
정
간
피복
거푸집
Con'c 균열
원인
대책
보
Con'c 성질
P.Con'c
Ⅰ. 개 (정.장)
Ⅱ. 종 특(장.단) 필(용.도) 사 공 F.C
Ⅲ. 본 재 시 시·유
Ⅳ. 문 → 대 개.향
Ⅴ. 결(문.대). 끝
Ⅰ. 사 설.계.입.지 공.기.관
Ⅱ. 공 시.경.안.무
Ⅲ. 공4요 공.품.원.안(환.정)
Ⅳ. 6M 노(Man) 자(Material) 기(Machine) 자(Money) 시(Method) 기(Memory)
Ⅴ. 관 하.실.현.사.대
Ⅵ. 가 : 동.용.수.양
Ⅶ. 구3 : 구.기.미
Ⅷ. 공 : 가.토.기.콘.지
Ⅸ. 기 : 친.실.민.끝
배 설 → 배 → 시 → W/B → S → Gmax → 잔 → 단 → 시.배 → 현.배
시 계 → 비 → 운 → 타 → 다 → 이 → 양
S.압.공.B.염.단
재.C.비
S.방.초.진.인.철
수 : CaO+H2O → Ca(OH)2
탄 : Ca(OH)2+CO2 → CaCO3+H2O
도 로
교 량
터 널
댐 · 항만 · 하천
A콘
C콘
분류
순서
FSM 계−비−운−타 −다−이−양−강
ILM 제−N−S−압−강−교
MSS 비/전−비/이−비/후−추/이−콘−강
FCM T/P−S/J−P/T−F/T−콘−강−K
강교 공−운−현−변−조−교−도−포
NATM
최 N : 갱 − 천 − 제 − 암 − 방 − L/C − I/C − 계 − 안
T : 작 − 조 − 굴 − 암 − 방 − L/C − I/C − 계 − 안
S : 작 − 조 − 굴 − S/조 − 방 − L/C − I/C − 계 − 안
기 개 : G/D−H/흙−노−굴−구−되−복−노−H−노
첨매,잠함,P/R
댐
항만
하천
호안
누수
비/덮 : B.S.콘/비,돌
비/멈 : 토,콘/기,S/P,편
밑 : 사,돌,침,콘/블
비,차,세,제/단,차/단, 균,재,시,다,동,식,이, 지/연,지/침

[저자소개]

▸ 권유동(權裕烔)

- 서울대학교 토목공학과 졸업
- (주)현대건설 토목환경사업본부 근무
- 와이제이건설·Green Convergence 연구소 소장
- 토목시공기술사
- 토목품질시험기술사
- 저서 : 《토목시공기술사 길잡이》, 《토목품질시험기술사 길잡이》, 《건축물에너지평가사 실기》

▸ 김우식(金宇植)

- 한양대학교 공과대학 졸업
- 부경대학교 대학원 토목공학 공학박사
- 한양대학교 공과대학 대학원 겸임교수
- 한국기술사회 감사
- 국민안전처 안전위원
- 제2롯데월드 정부합동안전점검단
- 기술고등고시 합격
- 국가직 기좌(시설과장)
- 국가공무원 7급, 9급 시험출제위원
- 국토교통부 주택관리사보 시험출제위원
- 한국산업인력공단 검정사고예방협의회 위원
- 브니엘고, 브니엘여고, 브니엘예술중·고등학교 이사장
- 토목시공기술사, 토질 및 기초기술사, 건설안전기술사
- 건축시공기술사, 구조기술사, 품질기술사

▸ 이맹교(李孟敎)

- 동아대학교 공과대학 수석 졸업
- 국내 현장소장 근무
- 해외 현장소장 근무
- 국토교통부장관상, 고용노동부장관상, 부산광역시시장상, 건설기술교육원원장상 수상
- 부산토목·건축학원 원장
- 토목시공기술사, 건설안전기술사, 품질시험기술사, 건축시공기술사
- 저서 : 《토목시공기술사 길잡이》, 《토목품질시험기술사 길잡이》, 《인생설계도(자기계발도서)》

길잡이
토목시공기술사 (장판지랑 암기법)

2010. 5. 20. 초 판 1쇄 발행
2025. 1. 8. 개정증보 2판 1쇄 발행

지은이 | 권유동, 김우식, 이맹교
펴낸이 | 이종춘
펴낸곳 | BM (주)도서출판 성안당
주소 | 04032 서울시 마포구 양화로 127 첨단빌딩 3층(출판기획 R&D 센터)
10881 경기도 파주시 문발로 112 파주 출판 문화도시(제작 및 물류)
전화 | 02) 3142-0036
031) 950-6300
팩스 | 031) 955-0510
등록 | 1973. 2. 1. 제406-2005-000046호
출판사 홈페이지 | **www.cyber.co.kr**
ISBN | 978-89-315-1174-1 (13530)
정가 | **37,000원**

이 책을 만든 사람들
기획 | 최옥현
진행 | 이희영
교정·교열 | 문 황
전산편집 | 오정은
표지 디자인 | 임흥순
홍보 | 김계향, 임진성, 김주승, 최정민
국제부 | 이선민, 조혜란
마케팅 | 구본철, 차정욱, 오영일, 나진호, 강호묵
마케팅 지원 | 장상범
제작 | 김유석

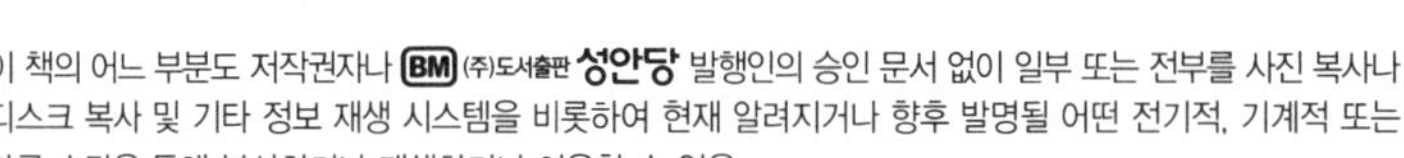

※ 잘못된 책은 바꾸어 드립니다.

본 서적에 대한 의문사항이나 난해한 부분에 대해서는 저자가 직접 성심성의껏 답변해 드립니다.

- **서울 지역** : 02) 749-0010(종로기술사학원) 팩스 02) 749-0076
  02) 522-5070(JR사당분원)
- **부산 지역** : 051) 644-0010(부산토목·건축학원) 팩스 051) 643-1074
- **대전 지역** : 042) 254-2535(현대토목·건축학원) 팩스 042) 252-2249

*특히, **팩스**로 문의하시는 경우에는 독자의 **성명**, **전화번호** 및 **팩스번호**를 꼭 **기록**해 주시기 바랍니다.

- http://www.jr3.co.kr
- NAVER 카페 http://cafe.naver.com/civilpass (카페명 : **종로 토목시공기술사** 공부방)
- acpass@daum.net, sadangpass@naver.com